Hans Bandemer
Siegfried Gottwald

Einführung in Fuzzy-Methoden

Hans Bandemer
Siegfried Gottwald

Einführung in Fuzzy-Methoden

Theorie und Anwendungen unscharfer Mengen

4., überarbeitete und erweiterte Auflage

Akademie Verlag

Autoren:

Prof. Dr. rer. nat. habil. Hans Bandemer
Bergakademie Freiberg
Prof. Dr. rer. nat. habil. Siegfried Gottwald
Universität Leipzig

1. Auflage 1989
2., unveränderte Auflage 1990
3., unveränderte Auflage 1992
4., überarbeitete und erweiterte Auflage 1993

Mit 11 Abbildungen und 3 Tabellen

Lektorat: Dipl.-Math. Gesine Reiher
Herstellerische Betreuung: Christian P. Biastoch

Die Deutsche Bibliothek – CIP-Einheitsaufnahme

Bandemer, Hans:
Einführung in Fuzzy-Methoden : Theorie und Anwendungen
unscharfer Mengen / Hans Bandemer ; Siegfried Gottwald. –
4., überarb. und erw. Aufl. – Berlin : Akad. Verl., 1993
 ISBN 3-05-501601-7
NE: Gottwald, Siegfried:

© Akademie Verlag GmbH, Berlin 1993
Der Akademie Verlag ist ein Unternehmen der VCH-Verlagsgruppe

Druck: GAM Media GmbH, W-1000 Berlin 61
Bindung: Dieter Mikolai, W-1000 Berlin 10

Printed in the Federal Republic of Germany

Vorwort

Die sich seit Mitte der 60er Jahre entwickelnden Anwendungen unscharfer Mengen und darauf gegründeter Methoden sowie die dazugehörende Theorie stehen im Widerstreit der Meinungen: vielfach fast euphorische Erwartungen hinsichtlich Anwendbarkeit auf bisher unlösbare Probleme der mathematischen Modellierung bei Ingenieuren, dagegen oft ablehnender Skeptizismus bei Mathematikern. Diese Lage der Dinge hat uns lange zögern lassen, mit einer breit angelegten Darstellung dieses Gebietes an die Öffentlichkeit zu treten. Wiederholte und zunehmend häufiger gestellte Anfragen von potentiellen Anwendern haben schließlich zum vorliegenden Buch den Anstoß gegeben.

Manövrierend zwischen Skylla und Charybdis, soll die Darstellung sowohl für den Anwender einfach genug als auch für den Mathematiker theoretisch sauber und klar sein. Stärker mathematisch orientierte Passagen wurden daher in Kleindruck beigegeben; sie können vom nur an Anwendungen interessierten Leser (wenigstens zunächst) übergangen werden. Wir hoffen, auf diese Weise sowohl in erster Linie an Anwendungen interessierte Ingenieure und Naturwissenschaftler als auch mehr theoretisch orientierte Mathematiker anzusprechen. Da Anwendungen ein Kernpunkt für neuartige theoretische Vorstellungen sind, haben wir uns stets auch bemüht, nicht nur die am meisten anwendungsrelevant erscheinenden Themen zu besprechen, sondern zudem auf realisierte Anwendungen wenigstens zu verweisen.

Die inzwischen zu diesem Themenkreis vorliegende Literatur ist zu umfangreich, als daß sie alle hätte berücksichtigt werden können. Es war unser Bestreben, die z. Z. zentralen theoretischen Fragestellungen und ebenso vielversprechende Anwendungen auf reale bzw. Laborsituationen anzuführenn, die in offiziellen Publikationen vor-

Anwendern zugenommen hat. Vor allem für die Anwender, im wesentlichen also bei Automatisierungsaufgaben, in der Datenanalyse und im Bereich der Anwendungen von Methoden künstlicher Intelligenz wie dem Entwurf von Expertensystemen, haben in jüngster Zeit sogar in aktuellen Konsumgütern wie Kameras und Waschmaschinen anzutreffende unscharfe Regler die Bedeutung des Themengebiets unseres Buches überzeugend demonstriert. Es war für uns deshalb besonders erfreulich, daß die wesentlichen Grundprinzipien, auf denen diese Entwicklungen basieren, schon in der ersten Auflage das ihnen gebührende Gewicht bekommen hatten. Wir haben uns bei der Überarbeitung daher einerseits mit Hinweisen auf neuere Anwendungen begnügen können, andererseits aber z. T. umfangreichere Änderungen und Ergänzungen bei den mehr theoretischen Themen vornehmen können. Da es sich dabei aber vorzugsweise um die Bereiche der unscharfen Maße und die Analyse unscharfer Daten handelt, sind auch dies Teile der Theorie, die den Anwendungen sehr nahe liegen. Wir hoffen daher, daß wie bisher viele Anwender, die die notwendige theoretische Mühe für eine nicht nur praktizistische Beschäftigung mit unserem Gegenstand nicht scheuen, aus der Lektüre dieses Buches auch weiterhin Gewinn ziehen werden.

Wir danken wiederum dem Akademie-Verlag, speziell Frau Reiher, für das Eingehen auf unsere Wünsche und für die verständnisvolle Kooperation. Unseren Ehefrauen danken wir für das stimulierende Interesse und die verständnisvolle Rücksichtnahme, mit denen sie unsere Arbeit an diesem Buch auch diesmal gefördert haben.

Die Autoren

Inhaltsverzeichnis

Kapitel 1

Einleitung

1.1 Motive für die Betrachtung unscharfer Mengen

Die in den Technikwissenschaften ebenso wie etwa in den Natur-
wissenschaften oder der Ökonomie übliche mathematische Modellierung benutzt vorzugsweise das Instrumentarium der klassischen
Mathematik. Dies erzwingt i. allg. eine ganze Reihe von Idealisierungen, um von konkreten Problemen zu einem diesen Problemen angepaßten mathematischen Ansatz zu gelangen. Ein Gesichtspunkt derartiger Idealisierungen sind genaue Festlegungen hinsichtlich des Verständnisses der benutzten Begriffe. So sind z. B. für das
Betreiben chemischer Prozesse oft Normalwerte oder auch Gefah-
renbereiche für Temperaturen oder Drücke festzulegen, sind für die
spanende Metallverarbeitung etwa bei automatisierter Produktion,
evtl. von der gewünschten Qualität der Erzeugnisse oder der Mate-
rialgüte abhängende, „normale" Drehzahl- oder Vortriebswerte zu
fixieren oder es ist für dabei benutzte Schneidwerkzeuge festzulegen, ab welchem Schärfezustand sie als verschlissen zu gelten haben. Ein anderer Gesichtspunkt derartiger Idealisierungen ist oft
die Annahme, über genaue Daten oder über Daten mit genau bestimmten Fehlergrenzen verfügen zu können. Auch dies ist vielfach eine sehr optimistische Voraussetzung. In wichtigen Anwendungsfällen aber ist es sogar unmöglich, relevante Daten auch nur
einigermaßen genau genug zu gewinnen - mag es sein, daß Parameter

ablaufender physikalischer oder chemischer Prozesse der Messung
nicht zugänglich sind (wie etwa die genaue Temperaturverteilung in
einer Glasschmelze), oder mag der Fall vorliegen, daß für wichtige
Kenngrößen gar keine objektive Meßskala vorliegt (wie etwa bei der
Bewertung von Geruchsbelästigungen, bei medizinischen Diagnosen
durch Befühlen/Betasten oder bei der Beurteilung des Geschmacks
von Lebensmitteln).

In allen solchen Fällen, in denen genaue Begriffsbestimmungen
bzw. Daten erforderlich sind, bedeutet dies aus mathematischer
Sicht, daß immer bestimmte Mengen von Objekten (Zustände einer
Anlage, Temperaturwerte, Drehzahlen, Lebensmittel,...) zu charakterisieren sind.

Diese gewöhnlichen Mengen, die hier auch scharfe Mengen genannt werden sollen im Unterschied zu den unscharfen Mengen, die
in diesem Buch im Mittelpunkt des Interesses stehen werden, sind
durch und als die Gesamtheit ihrer Elemente charakterisiert.

Die Elemente solch einer scharfen Menge können durch Aufzählung angegeben werden oder durch eine für diese Elemente charakteristische Eigenschaft. So kann man eine Menge $\mathcal{M}$ mit den Elemente
$a_1, a_2, \ldots, a_{10}$ darstellen als

$$\mathcal{M} = \{a_1, a_2, \ldots, a_{10}\} \tag{1.1}$$

oder auch als

$$\mathcal{M} = \{a_i \mid 1 \leq i \leq 10\}. \tag{1.2}$$

Sind jedoch diese Elemente $a_1, \ldots, a_{10}$ von $\mathcal{M}$ zugleich Objekte eines
umfassenderen Bereiches $\mathcal{X}$ von Objekten, so empfiehlt sich häufig
eine andere Beschreibung der Menge $\mathcal{M}$, nämlich durch ihre charakteristische Funktion, d. h. durch diejenige 0-1-wertige Funktion
$m_{\mathcal{M}} : \mathcal{X} \to \{0,1\}$, für die

$$\forall x \in \mathcal{X}: \quad m_{\mathcal{M}}(x) = \begin{cases} 1, & \text{falls } x \in \mathcal{M} \\ 0 & \text{sonst} \end{cases} \tag{1.3}$$

gilt. Der Funktionswert 1 *markiert* also die Elemente von $\mathcal{M}$ unter
allen Objekten von $\mathcal{X}$. (Daß in praxi statt 1 gelegentlich eine andere
Marke gewählt wird, ändert das Prinzip nicht und kann daher außer
Betracht bleiben.)

So wird man etwa innerhalb einer Personaldatenbank einer Gehaltsstelle die Festlegung der Menge $\mathcal{M}$ aller kinderreichen Mitarbeiter dadurch realisieren, daß man in der Namensliste $\mathcal{X}$ aller Mitarbeiter den Elementen von $\mathcal{M}$, also den Kinderreichen, eine – für ihre Eigenschaft, zu $\mathcal{M}$ zu gehören, charakteristische – Marke zuordnet.

Es ist nur ein unwesentlicher Unterschied, ob man eine Menge $\mathcal{M}$ in der Form (1.1) bzw. (1.2) oder als charakteristische Funktion (1.3) angibt. Alle diese Darstellungsweisen können ohne große Mühe ineinander übersetzt werden. Für die unscharfen Mengen dagegen wird sich die Darstellung durch – verallgemeinerte – charakteristische Funktionen als die zu bevorzugende erweisen.

Zunächst zur Grundidee der unscharfen Mengen. Sie wird am einfachsten klar, wenn man beachtet, daß für viele Anwendungen wünschenswerte „Übergänge" zwischen Zugehörigkeit und Nichtzugehörigkeit zu einer Menge (bzw. gleichwertig zwischen Zutreffen und Nichtzutreffen eines Begriffes) mittels der gewöhnlichen, scharfen Mengen nicht erfaßt werden. Dies ist einer der wesentlichen Gründe für die Notwendigkeit der eingangs im Zusammenhang mit mathematischer Modellierung erörterten Idealisierungen. Die in

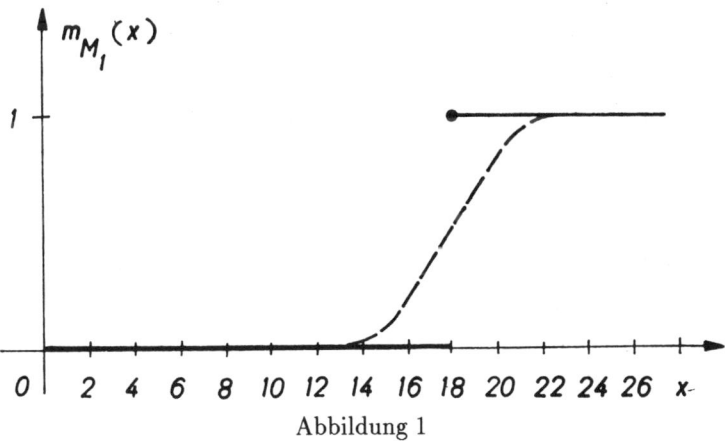

Abbildung 1

Abb. 1 dargestellte charakteristische Funktion beschreibt z. B. die Menge aller nichtnegativen reellen Zahlen > 18. Der Sprung im Punkt $x = 18$ ist dabei natürlich. Ebenso natürlich ist die Darstellung von Abb. 1, wenn man die Menge $\mathcal{M}_1$ als Menge der Lebensalter eines volljährigen Deutschen ansieht. Diese Natürlichkeit geht jedoch verloren, will man $\mathcal{M}_1$ als Menge der Zeitpunkte verstehen, zu denen ein Mensch (biologisch) voll ausgewachsen ist, oder auch, wenn man $\mathcal{M}_1$ als Menge der Temperaturwerte eines ausreichend beheizten Zimmers nimmt.

Das Problem ist nicht, daß in den letzten beiden Beispielfällen der Sprungpunkt in Abb. 1 nicht beim Argumentwert $x = 18$, sondern an einer anderen Stelle zu lokalisieren wäre. Das Problem ist vielmehr eben dieser Sprung: zeigt er doch an, daß eine Person von einem bestimmten Zeitpunkt an biologisch voll ausgewachsen ist — und daß sie dies zu jedem vorhergehenden Zeitpunkt (ganz und gar) nicht ist, bzw. zeigt er an, daß von einem bestimmten Temperaturwert an ein Zimmer als ausreichend beheizt empfunden wird — und daß dies für jeden kleineren Temperaturwert nicht der Falle ist. Daher erfaßt der Sprung in der charakteristischen Funktion jeweils das Gefühl nicht, daß es einen *gleitenden* Übergang gibt zur vollen biologischen Reife eines Individuums bzw. von den Temperaturen eines als zu kalt empfundenen Zimmers zu denen eines als ausreichend beheizt empfundenen. (Dabei kann in beiden Fällen außer Betracht bleiben, daß es auch noch Unterschiede von Individuum zu Individuum gibt. Auch wenn man eine bestimmte Person betrachtet, kann man die erwähnten *gleitenden* Übergänge feststellen.)

Man kann leicht Beispiele für weitere Mengen finden, bei denen in ganz entsprechender Weise jede Festlegung von Sprungpunkten für ihre charakteristischen Funktionen willkürlich ist. Man versuche etwa, durch charakteristische Funktionen (über der Menge $I\!R^+$ der nichtnegativen reellen Zahlen oder über geeigneten anderen Grundbereichen) zu beschreiben, was heißt:

- geringer Benzinverbrauch eines Personenkraftwagens,
- ausreichende Speicherkapazität eines Großrechners,
- hohe Tourenzahl einer Drehbank,
- ausreichender Sicherheitsabstand zweier Kraftfahrzeuge auf einer Landstraße,
- helle Beleuchtung an einem Arbeitsplatz,
- gesundheitsschädliche Strahlendosis.

Die Anschauung liefert in jedem dieser Fälle die Überzeugung, daß es einen allmählichen, gleitenden Übergang gibt von der (wirklichen, echten) Zugehörigkeit zu solchen Mengen zur (wirklichen, echten) Nichtzugehörigkeit. Diese Intuition erfassen die gewöhnlichen, scharfen Mengen nicht. Die unscharfen Mengen sollen aber gerade solche Anschauungen mit erfassen. Dazu müssen sie einen „gleitenden", abgestuften Übergang von Zugehörigkeit zu Nichtzugehörigkeit gestatten.

Mathematisch ist dieser Effekt auf einfache Weise dadurch zu erreichen, daß die bei den gewöhnlichen charakteristischen Funktionen wie (1.3) auftretenden Zugehörigkeitswerte 0, 1 für Elemente bez. einer Menge ergänzt werden durch zusätzliche, „zwischen" 0 und 1 liegende Zugehörigkeitswerte. Es gibt keine von vornherein ausgezeichneten Werte „zwischen" 0 und 1, die diese Rolle übernehmen müßten. Es hat sich jedoch eingebürgert und bewährt, vorzugsweise das reelle Einheitsintervall

$$I = [0,1] = \{x \in I\!\!R \mid 0 \leq x \leq 1\}$$

als Menge der verallgemeinerten Zugehörigkeitswerte für unscharfe Mengen zu wählen. Andere Festlegungen sind möglich; der jeweilige Anwendungsfall muß über die geeignetsten Zugehörigkeitswerte entscheiden. In Abb. 1 ist (gestrichelt) eine Kurve eingezeichnet, die vom Typ her die Vorstellungen vom gleitenden Übergang im betrachteten Beispiel durch von 0 auf 1 wachsende Zugehörigkeitswerte darstellen könnte.

So wie zur Behandlung nur unscharf abgegrenzter bzw. abgrenzbarer Begriffe läßt sich das Konzept der unscharfen Mengen auch zur Behandlung unscharfer Daten anwenden. Man braucht unscharfe Daten nur als unscharf gegebene Mengen von (möglichen) Meßwerten anzusehen. Nicht immer ist dazu eine besondere Deutung nötig: in der Bildverarbeitung können unscharfe Daten z. B. als Grautonbilder in natürlicher Weise anfallen, etwa wenn man zweidimensionale Bilder dreidimensionaler Objekte studiert. Ähnlich erhält man in natürlicher Weise unscharfe Daten aus flächigen Beobachtungen, z. B. bei Härtemessungen, und in zahlreichen weiteren Fällen (siehe dazu Abschnitt 2.2 und Kapitel 6).

Schließlich ist es ein Erfahrungswert, daß sich komplizierte technische, technologische, chemische, ökonomische etc. Prozesse häufig

kürzer und doch für praktische Bedürfnisse ausreichend genau durch
angemessene qualitative Beschreibungen statt durch präzise mathematische Modelle beherrschen oder auch darstellen lassen. Man
denke etwa an viele Bedienungsanleitungen, Rezepturen, Entscheidungskriterien usw. Überhaupt scheint es eine Art Komplementa-
rität zu geben zwischen einerseits der Komplexität von Systemen
bzw. Prozessen und andererseits der Möglichkeit ihrer handhabbaren Beschreibung allein mit klassischen Methoden, d. h. scharfen
Begriffen: mit steigender Komplexität von Systemen werden unscharfe Begriffe zu deren Beherrschung immer wichtiger.

1.2   Die Entwicklung von Theorie und Anwendungen

Erfahrungen und Überlegungen der im Abschnitt 1.1 dargelegten
Art führten den amerikanischen Systemtheoretiker L. A. ZADEH ab
Mitte der 60er Jahre dazu, den Übergang von der mit traditionellen mathematischen Mitteln arbeitenden mathematischen Modellierung zur Benutzung unscharf abgegrenzter Mengen in einer qualitativ neuartigen Modellbildungsstrategie zu propagieren; vgl. ZADEH
(1965, 1965a, 1969, 1971a, 1973). Damit wurde ein Weg gewie-
sen, um den schon lange – z. B. in philosophischer Literatur (vgl.
GOGUEN (1968/69)) – bemerkten Effekt vager, d. h. unscharf abgegrenzter Begriffe einer mathematisch sauberen Behandlung zugänglich zu machen. Eine in sich geschlossene mathematische Grund-
legung dafür ist sowohl kategorientheoretisch (vgl. GOGUEN (1974)
und insbesondere RODABAUGH/KLEMENT/HÖHLE (1992)) als auch
durch eine Kombination von (üblicher) Mengenlehre und mehrwertiger Logik (vgl. etwa GILES (1976, 1979), GOTTWALD (1979a, 1981,
1984b), NOVAK (1986)) geliefert worden.

Für potentielle Anwendungen wird durch diesen Ansatz ein wei-
tes Feld erschlossen. Ausdruck dafür ist das immer noch stark an-
steigende Interesse, das unscharfe Mengen und deren Anwendungen
seit den ersten Publikationen von ZADEH erfahren. Frühe, aber
durchaus noch empfehlenswerte Überblicksdarstellungen der Entwicklung etwa bis 1975 bzw. 1980 geben GAINES (1976), ZIMMER-
MANN (1979) und GOTTWALD (1981); das Buch DUBOIS/PRADE

(1980) ist eine repräsentative Zusammenfassung der bis etwa 1978 erschienenen Literatur. Zu diesem Buch, das für viele Jahre Standardwerk war, sind in jüngerer Zeit eine Reihe weiterer, thematisch breit angelegter Lehrbücher bzw. Monographien über unscharfe Mengen und deren Anwendungen getreten, von denen ZIMMERMANN (1985, 1987) und NOVAK (1989) besonders erwähnenswert sind, aber auch POSPELOV (1986) und TERANO/ASAI/SUGENO (1991) einen guten Zugang geben.

Waren anfangs die auf Anwendungen unscharfer Mengen gerichteten Arbeiten überwiegend theoretische Erörterungen über potentielle Anwendungsvarianten, so sind in den letzten Jahren solche Publikationen zunehmend durch Arbeiten abgelöst worden, in denen konkrete Anwendungen entweder für den Labormaßstab oder für den großtechnischen Einsatz diskutiert bzw. vorgestellt werden. Als besonders fruchtbar hat sich dabei das Konzept des unscharfen Reglers erwiesen (vgl. Abschnitt 4.2) und die dafür wesentliche Idee der Beschreibung nur qualitativ vorliegender Informationen mittels unscharfer Mengen. Waren es zunächst im Labormaßstab die Steuerung einer Dampfmaschine und ihres Dampferzeugers, bzw. von Wärmeaustauschern, so gelang bald der erfolgreiche großtechnische Einsatz bei der Steuerung des Zementbrennprozesses (vgl. HOLMBLAD/ØSTERGAARD (1982)). Seither sind viele weitere Anwendungsvarianten diskutiert und realisiert worden (vgl. Abschnitt 4.5). Auch andere Prinzipien, beispielsweise solche der Klassifizierung, der Gestalterkennung, der Modellierung technischer Systeme, chemischer Prozesse, ökonomischer Planung usw., sind erfolgreich realisiert worden; KANDEL (1982), CARLSSON (1984), SCHMUCKER (1984), BOCKLISCH (1987), SMITHSON (1987), ROMMELFANGER (1988), D'AMBROSIO (1989), MIYAMOTO (1990) liefern ausgewählte Beispiele.

Die Verarbeitung unscharfer numerischer Informationen bildet oft ein Teilproblem solcher Ansätze, hat aber auch eigenständiges Interesse (vgl. KAUFMAN/GUPTA (1985)). Analoges gilt für die Betrachtung von Gleichungen und Gleichungssystemen für unscharfe Relationen (vgl. DINOLA/SESSA/PEDRYCZ/SANCHEZ (1989) und PEDRYCZ (1989)).

Mit den Arbeiten ZADEH (1973, 1975, 1978, 1978a) trat eine Akzentverschiebung in den Vordergrund des Interesses: an Proble-

men der Wissensverarbeitung und der Künstlichen Intelligenz orientierte Versuche der direkten Verarbeitung unscharfer, qualitati-
ver Information unter unmittelbarer Nutzung von Ausdrucksmit-
teln der Umgangssprache. Damit einher geht die Deutung unscharfer Mengen als „elastischer" Beschränkungen für die Werte geeigneter Variablen und der Zugehörigkeitswerte als Bewertungen für die
Möglichkeit (Leichtigkeit, Uneingeschränktheit), daß die fragliche
Variable einen gewissen Wert annimmt. (Wobei diese „Möglichkeit" nicht im Sinne der Wahrscheinlichkeitstheorie zu verstehen
ist (vgl. Abschnitte 3.3 und 5.3)). Dadurch soll sowohl die direkte Speicherung und Verarbeitung unscharfer Informationen in
Daten- bzw. Wissensbanken als auch die unmittelbare Nutzung solcher Informationen z. B. im Mensch–Maschine–Dialog oder auch
innerhalb von Expertensystemen realisierbar werden. Diesem sowohl als *Fuzzy-Logik* wie auch als *approximatives Schließen* bezeichneten Ansatz sind zahlreiche neuere Arbeiten gewidmet; eine Auswahl ist: ZEMANKOVA-LEECH/KANDEL (1984), DUBOIS/PRADE
(1985), GOODMAN/NGUYEN (1985), O'HIGGINS HALL/KANDEL
(1986), PRADE/NEGOITA (1986), DEBESSONET (1991), KRUSE/
SCHWECKE/ HEINSOHN (1991), SOMBÉ (1991), während ZADEH
(1987) eine Zusammenfassung aller hierfür relevanten und meist
bahnbrechenden Arbeiten dieses Autors gibt. (In Abschnitt 4.4 werden einige der grundlegenden Ideen dieses Ansatzes erläutert.)

Die Modellierung verschiedenartigster Systeme und Prozesse in
Technik und Ökonomie unter Heranziehung unscharfer Mengen und
die Versuche zur direkten Verarbeitung unscharfer, umgangssprachlich formulierter Informationen (etwa in modernen Expertensystemen) sind momentan die hauptsächlichsten Trends in den anwen-
dungsorientierten Untersuchungen zu unscharfen Mengen.

Zahlreiche Veröffentlichungen erscheinen in Sammelbänden; die
Zeitschrift *Fuzzy Sets and Systems*, die auch regelmäßig Zusammen-
stellungen der neuesten Publikationen enthält, ist das offizielle Pu-
blikationsorgan der IFSA, der *International Fuzzy Systems Associa-
tion* und der traditionsreichste Publikationsort für Arbeiten über unscharfe Mengen. Zum Themengebiet des approximativen Schließens
muß aber das *International Journal of Approximate Reasoning* unbedingt ebenfalls genannt werden.

1.3 Zum vorliegenden Buch

Dieses Buch gibt die wesentlichen Grundbegriffe an und orientiert sich auf deren Bedeutung für wichtige Anwendungen. Solche hauptsächlichen Anwendungen werden in ihren Grundgedanken erläutert. Durch zahlreiche Literaturhinweise wird potentiellen Anwendern – Ingenieuren, Naturwissenschaftlern, Ökonomen und Managern, aber auch Informatikern und an Anwendungen interessierten Mathematikern – der Zugang zur weiterführenden Literatur eröffnet. Gelegentliche – wie die spezieller mathematischen Textteile ebenfalls im Kleindruck beigefügte – Anmerkungen verweisen auf andernorts abweichend benutzte Bezeichnungsweisen bzw. Terminologien. Die rein mathematischen Aspekte sind bei dieser Darstellung nicht in den Vordergrund gestellt worden. Die übliche Mathematikausbildung für Ingenieure und Ökonomen an Technischen Hochschulen und Universitäten, aber auch an Fachhochschulen reicht zum Verständnis aus.

Die hier gewählte mathematische Bezeichnungsweise bewegt sich im Rahmen des Üblichen. Die vielfach notwendige Unterscheidung gewöhnlicher und unscharfer Mengen geschieht in der Regel dadurch, daß kursive Großbuchstaben wie $A, B, \ldots, M, N, \ldots$ unscharfe Mengen, Großbuchstaben in Schreibschrift wie $\mathcal{A}, \mathcal{B}, \ldots, \mathcal{M}, \ldots$, $\mathcal{X}, \mathcal{Y}, \mathcal{Z}$ dagegen gewöhnliche, also scharfe Mengen bezeichnen.

Formeln werden je Kapitel fortlaufend numeriert: Formel $(m.n)$ ist die n-te Formel im Kapitel m. Die Literaturverweise schließlich werden, wie schon vorstehend gehandhabt, durch Angabe der Autoren- bzw. Herausgebernamen und der Erscheinungsjahre gegeben.

Kapitel 2

Unscharfe Mengen

2.1 Grundbegriffe

Eine *unscharfe Menge* A wird charakterisiert durch eine verallgemeinerte charakteristische Funktion $m_A : \mathcal{X} \to [0,1]$, die *Zugehörigkeitsfunktion* von A genannt wird und über einem (von Fall zu Fall geeignet festzulegenden) *Grundbereich* $\mathcal{X}$ definiert ist. Soll der Grundbereich $\mathcal{X}$ einer unscharfen Menge A betont werden, so nennt man A eine *unscharfe Menge über* $\mathcal{X}$ oder auch eine *unscharfe Teilmenge* von $\mathcal{X}$. Meist jedoch wird der jeweilige Grundbereich aus dem Kontext klar sein und dann nicht extra erwähnt werden. Die Schreibschriftbuchstaben $\mathcal{X}, \mathcal{Y}, \ldots$ sollen weiterhin i. allg. Grundbereiche bezeichnen, ohne daß dies jeweils extra betont wird.

Es ist klar, daß für jede gewöhnliche, d. h. *scharfe Menge* $\mathcal{M}$ deren gewöhnliche charakteristische Funktion $m_{\mathcal{M}}$ eine derartige Zugehörigkeitsfunktion ist. Deswegen betrachten wir die scharfen Mengen als spezielle unscharfe Mengen, nämlich als diejenigen, bei denen nur 0 und 1 als Zugehörigkeitswerte auftreten. Unscharfe Mengen A, B sind genau dann *gleich*, wenn ihre Zugehörigkeitsfunktionen gleich sind:

$$A = B \quad \Leftrightarrow \quad m_A(x) = m_B(x) \quad \text{für alle } x \in \mathcal{X}. \tag{2.1}$$

Mit $\mathit{I\!F}(\mathcal{X})$ werde die Gesamtheit aller unscharfen Mengen über $\mathcal{X}$ bezeichnet.

Will man eine spezielle unscharfe Menge A über einem Grundbereich $\mathcal{X}$ beschreiben, so gibt man ihre Zugehörigkeitsfunktion m_A

an – und zwar entweder durch einen Funktionsausdruck oder eine Wertetabelle, oder auch durch eine Skizze des Graphen von m_A. Besonders für endliche Grundbereiche $\mathcal{X}$ ist die Beschreibung der Zugehörigkeitsfunktionen unscharfer Mengen durch Funktionstabellen nützlich. Ist etwa $\mathcal{X}_0 = \{a_1, a_2, \ldots, a_6\}$, so beschreibt die Tabelle

$$C: \quad \begin{array}{cccccc} a_1 & a_2 & a_3 & a_4 & a_5 & a_6 \\ 0,3 & 0,7 & 0,9 & 0,6 & 0 & 0,2 \end{array} \qquad (2.2)$$

eine unscharfe Menge C mit $m_C(a_2) = 0,7$ und $m_C(a_6) = 0,2$. Hat man für die Elemente des Grundbereiches $\mathcal{X}$ eine natürliche Anordnung festgelegt, wie sie z. B. bei den Elementen von $\mathcal{X}_0$ durch die Größe ihrer Indizes gegeben ist, dann kann man die Tabelle auch einfach durch den Vektor der Zugehörigkeitswerte ersetzen, also

$$\boldsymbol{m}_A = (m_A(x_1), \ldots, m_A(x_n)) \qquad (2.3)$$

als Darstellung wählen. Für konkrete Rechnungen ist dies oft sehr nützlich.

Für C wird auch die Darstellung in Form einer „Summe" benutzt:

$$C = 0,3/a_1 + 0,7/a_2 + 0,9/a_3 + 0,6/a_4 + 0/a_5 + 0,2/a_6, \qquad (2.4)$$

in der der „Summand" $0/a_5$ auch fehlen darf. Wir werden diese *Summendarstellung* einer unscharfen Menge hier jedoch nicht verwenden. Sie tritt bei endlichen Grundbereichen $\mathcal{X}$ für $A \in I\!\!F(\mathcal{X})$ auch in der Form

$$A = \sum_{x \in \mathcal{X}} \mu_A(x) \, / \, x \qquad (2.5)$$

und bei unendlichen Grundbereichen $\mathcal{X}$ in der Form

$$A = \int_{x \in \mathcal{X}} \mu_A(x) \, / \, x \qquad (2.6)$$

auf. In allen diesen Fällen bezeichnet „/" keine Quotientenbildung und sind Summenzeichen $\sum$ bzw. Integralzeichen $\int$ rein symbolisch zu verstehen.

Als wichtige Beispiele unscharfer Mengen hat man sofort die durch

$$\forall x \in \mathcal{X} : m_\emptyset(x) = 0 \qquad (2.7)$$

beschriebene *leere unscharfe Menge* $\emptyset$ und die *Universalmenge* X
über $\mathcal{X}$ mit

$$\forall x \in \mathcal{X} : m_X(x) = 1. \tag{2.8}$$

Gelegentlich betrachtet man zu beliebigem $\alpha \in [0,1]$ dessen α-*Universalmenge* $X^{[\alpha]}$, die charakterisiert ist durch

$$\forall x \in \mathcal{X} : m_{X^{[\alpha]}}(x) = \alpha. \tag{2.9}$$

Soll als weiteres Beispiel etwa die unscharfe Menge A aller reellen
Zahlen, die nahezu gleich 10 sind, festgelegt werden, so wird man
zuerst $\mathcal{X} = I\!R^+$ wählen. Dann kann A beispielsweise durch den
Ansatz

$$m_A(x) = \max \left\{ 0, 1 - \frac{(10 - x)^2}{2} \right\} \tag{2.10}$$

bestimmt werden, wofür wir abkürzend einfacher

$$m_A(x) = \left[1 - \frac{(10 - x)^2}{2} \right]^+ \tag{2.11}$$

schreiben wollen.

Allerdings könnte für diese unscharfe Menge A auch ein Ansatz
mit einer anderen Zugehörigkeitsfunktion, z. B. mit

$$
\begin{aligned}
m_A(x) &= [1 - |x - 10|/2]^+ \\
&= \begin{cases}
0, & \text{wenn } x \leq 8 \text{ oder } x \leq 12 \\
(x - 8)/2, & \text{wenn } 8 \leq x \leq 10 \\
(12 - x)/2, & \text{wenn } 10 \leq x \leq 12
\end{cases}
\end{aligned} \tag{2.12}
$$

gewählt werden. Hier zeigt sich eine bei den Anwendungen oft
zu beobachtende Erscheinung: die Theorie der unscharfen Mengen gibt nicht nur die Möglichkeit, Abstufungen der Zugehörigkeit
zu beschreiben, sie gestattet auch für die inhaltlich i. allg. nur an-
genähert bestimmten Abstufungsvorstellungen unterschiedliche Arten der formalen Modellierung. In praxi sind es daher vielfach weitergehende inhaltliche Vorstellung, aber auch rechnerisch einfach zu
handhabende Funktionstypen, die den Ausschlag für die Festlegungen von Zugehörigkeitsfunktionen geben können.

Für den Vergleich und für teilweise Charakterisierungen unscharfer Mengen sind verschiedene Kenngrößen von Interesse. Sehr wichtig ist der *Träger* einer unscharfen Menge A:

$$\text{supp}\,(A) =_{\text{def}} \{x \in \mathcal{X} \mid m_A(x) > 0\}, \qquad (2.13)$$

d. h. die Gesamtheit aller Argumentwerte, für die die Zugehörigkeitsfunktion ungleich Null ist.

Ist der Träger einer unscharfen Menge eine gewöhnliche Einermenge, dann heißt solch eine unscharfe Menge eine *unscharfe Einermenge* . Eine unscharfe Einermenge A ist aber durch ihren Träger noch nicht eindeutig bestimmt, weil man im Falle $\text{supp}\,(A) = \{a_0\}$ zwar $m_A(a_0) > 0$ weiß, damit aber $m_A(a_0)$ noch nicht festgelegt ist. Für eine unscharfe Einermenge A mit dem Träger $\{a_0\}$ und dem Zugehörigkeitswert $m_A(a_0) = \tau$ schreibt man daher auch $\langle\!\langle a_0 \rangle\!\rangle_\tau$ und nennt diese spezielle unscharfe Einermenge die τ-*Einermenge von* a_0.

Eine weitere Kenngröße ist das Supremum der Zugehörigkeitswerte, die *Höhe* einer unscharfen Menge A :

$$\text{hgt}\,(A) =_{\text{def}} \sup_{x \in \mathcal{X}} m_A(x). \qquad (2.14)$$

Unscharfe Mengen, deren Höhe gleich eins ist, heißen *normalisiert* (oder auch *normal*), die anderen von $\emptyset$ verschiedenen unscharfen Mengen heißen *subnormal*. So ist z. B. die in (2.2) angegebene unscharfe Menge C subnormal; normalisierte unscharfe Mengen dagegen sind durch die Zugehörigkeitsfunktionen (2.11) und (2.12) gegeben. Die subnormalen unscharfen Mengen A sind charakterisiert durch:

$$A \text{ subnormal} \iff 0 < \text{hgt}\,(A) < 1. \qquad (2.15)$$

Offensichtlich gilt außerdem

$$\text{hgt}\,(A) = 0 \iff A = \emptyset \iff \text{supp}\,(A) = \emptyset. \qquad (2.16)$$

Subnormale unscharfe Mengen können durch eine einfache Maßstabstransformation der Zugehörigkeitswerte in normalisierte unscharfe Mengen verwandelt werden: man bilde einfach zu einer subnormalen unscharfen Mengen A die unscharfe Menge A^* mit der Zugehörigkeitsfunktion

$$m_{A^*}(x) = m_A(x)/\,\text{hgt}\,(A). \qquad (2.17)$$

A^* ist eine normalisierte unscharfe Menge mit supp (A^*) = supp (A).
Ist A schon normalisiert, dann ist $A^* = A$.
Wird das in (2.14) betrachtete Supremum angenommen, d. h.
kommt hgt (A) wirklich unter den Zugehörigkeitswerten $m_A(x)$ für
$x \in \mathcal{X}$ vor, und wird es zudem nur in einem Punkt von $\mathcal{X}$ angenommen, dann heißt die unscharfe Menge A *unimodal*. Der Graph
der Zugehörigkeitsfunktion m_A einer unimodalen unscharfen Menge
hat also ein eindeutig bestimmtes globales Maximum.

Eine endliche scharfe Menge hat als Kenngröße auch ihre Elementeanzahl, ihre Mächtigkeit oder Kardinalität. Formal kann man
diese Elementeanzahl durch Summation über die charakteristische
Funktion erhalten. Analog kann man für unscharfe Mengen mit
endlichem Träger die Summe aller Zugehörigkeitswerte

$$\text{card}\,(A) =_{\text{def}} \sum_{x \in \mathcal{X}} m_A(x) \tag{2.18}$$

als *Kardinalität* für die unscharfe Menge $A \in \mathbb{F}(\mathcal{X})$ empfehlen.
Wenn $\mathcal{X}$ nicht endlich ist, läuft die Summe selbstverständlich nur
über den Träger supp (A), da m_A für andere $x \in \mathcal{X}$ Null ist. Für
abzählbar unendliche Grundbereiche, z. B. diskrete Mengen der Gestalt $\mathcal{X} = \{a_i \mid i > 1\}$ können unscharfe Mengen mit unendlichem
Träger endliche, aber auch unendliche Kardinalität im Sinne von
(2.18) haben.

Ist dagegen $\mathcal{X}$ die reelle Zahlengerade $\mathbb{R}$, einer der n-dimensiona-
len (Zahlen-) Räume $\mathbb{R}^n$, irgendein Intervall daraus oder überhaupt
irgendeine „kontinuierliche" Menge mit einem Inhaltsmaß P, dann
wird man an Stelle von (2.18) die Verallgemeinerung eines Inhalts-
begriffs als Mächtigkeit einer unscharfen Mengen verwenden und als
Kardinalität

$$\text{card}\,(A) =_{\text{def}} \int_{\mathcal{X}} m_A(x)\,\mathrm{d}P \tag{2.19}$$

wählen. Für $\mathbb{R}, \mathbb{R}^n$ und die Teilbereiche davon nimmt man normalerweise als P den üblichen Inhalt und also in (2.19) das gewöhnliche Integral mit $\mathrm{d}P = \mathrm{d}x$. Natürlich hat man nur solche unscharfen Mengen zu betrachten, deren Zugehörigkeitsfunktionen entsprechend integrierbar sind. Häufig ist von Interesse, welche Kardinalität eine unscharfe Menge im Verhältnis zu der einer anderen hat,

z. B. im Verhältnis zu der des Grundbereiches. Sind beide endlich, dann wäre die *relative Kardinalität* (bezogen auf den Grundbereich)

$$\operatorname{card}_{\mathcal{X}}(A) =_{\text{def}} \sum_{x \in \mathcal{X}} m_A(x) \Big/ \sum_{x \in \mathcal{X}} 1 \qquad (2.20)$$

oder kürzer

$$\operatorname{card}_{\mathcal{X}}(A) = \operatorname{card}(A) / N, \qquad (2.21)$$

wobei N die Elementezahl des Grundbereiches $\mathcal{X}$ ist. Auch wenn der Grundbereich $\mathcal{X}$ nicht mehr endlich ist, kann die relative Kardinalität gemäß (2.20), wenn die Summation in Zähler und Nenner simultan durchgeführt wird, für gewisse Mengen einen endlichen Wert liefern und anschaulich deutbar sein. Für kontinuierliche Grundbereiche $\mathcal{X}$ mit endlichem Inhalt im Sinne des gewählten Maßes P ist als relative Kardinalität (bezüglich des Grundbereiches) der Ansatz

$$\operatorname{card}_{\mathcal{X}}(A) =_{\text{def}} \int_{\mathcal{X}} m_A(x) \, \mathrm{d}P \Big/ \int_{\mathcal{X}} \mathrm{d}P, \qquad (2.22)$$

zu empfehlen, den man in der Form (2.21) schreiben kann, wenn man den Gesamtinhalt des Grundbereiches mit N bezeichnet. Für Grundbereiche mit nichtendlichem Inhalt gilt analog zum Fall nichtendlicher diskreter Mengen, daß bei entsprechender Deutung des Quotienten der Integrale gewisse unscharfe Mengen unendlicher Kardinalität card (A) eine endliche relative Kardinalität card $_{\mathcal{X}}(A)$ haben.

Außer dem in (2.13) definierten Träger lassen sich einer unscharfen Menge A weitere scharfe Mengen zuordnen. Besonders wichtig sind die für beliebiges $\alpha \in I = [0,1]$ erklärten *α-Schnitte* $A^{>\alpha}$:

$$A^{>\alpha} =_{\text{def}} \{x \in \mathcal{X} \mid m_A(x) > \alpha\} \qquad (2.23)$$

und die ihnen analogen *scharfen α-Schnitte* $A^{\geq \alpha}$:

$$A^{\geq \alpha} =_{\text{def}} \{x \in \mathcal{X} \mid m_A(x) \geq \alpha\}. \qquad (2.24)$$

Der Träger supp (A) ist ein spezieller α-Schnitt:

$$\operatorname{supp}(A) = A^{>0};$$

der scharfe 1-Schnitt $A^{\geq 1} = \{x \in \mathcal{X} \mid m_A(x) = 1\}$ heißt auch
Kern von A. Die normalisierten unscharfen Mengen A haben also
einen nichtleeren Kern: $A^{\geq 1} \neq \emptyset$. Und die unimodalen unscharfen
Mengen A sind dadurch charakterisiert, daß ihr scharfer hgt (A)-
Schnitt $A^{\geq \mathrm{hgt}(A)}$ eine gewöhnliche Einermenge ist.

Jede unscharfe Menge bestimmt eindeutig alle ihre α-Schnitte
und ihre scharfen α-Schnitte. Interessant und wichtig ist, daß umgekehrt auch sowohl die sämtlichen α-Schnitte als auch die sämtlichen
scharfen α-Schnitte eine unscharfe Menge eindeutig bestimmen. Es
gilt nämlich für jedes $x \in \mathcal{X}$:

$$m_A(x) = \sup_{\alpha \in [0,1)} \alpha \cdot m_{A>\alpha}(x) = \sup_{\alpha \in (0,1]} \alpha \cdot m_{A \geq \alpha}(x). \qquad (2.25)$$

Die so gegebene Möglichkeit, eine unscharfe Menge in eine Familie von gewöhnlichen Mengen zu „zerlegen", wird oft benutzt, um
Beziehungen und Verknüpfungen zwischen unscharfen Mengen auf
Beziehungen und Verknüpfungen zwischen gewöhnlichen Mengen
zurückzuführen.

Wir wollen dies am Beispiel der *Inklusion*, d. h. der Teilmengenbeziehung für unscharfe Mengen erläutern. Von zwei unscharfen
Mengen A, B über $\mathcal{X}$ sagen wir, daß die eine eine *Teilmenge* der
anderen sei, in Zeichen $A \subseteq B$, falls die Zugehörigkeitswerte $m_A(x)$
stets unter den Zugehörigkeitswerten $m_B(x)$ liegen:

$$A \subseteq B \iff_{def} m_A(x) \leq m_B(x) \text{ für alle } x \in \mathcal{X}. \qquad (2.26)$$

Man sieht sofort, daß für unscharfe Mengen $A, B \in \mathbb{F}(\mathcal{X})$ die Beziehungen

$$\emptyset \subseteq A \subseteq X, \qquad (2.27)$$

$$A \subseteq B, B \subseteq A \Rightarrow A = B. \qquad (2.28)$$

gelten. Also sind $\emptyset, X$ kleinstes bzw. größtes Element von $\mathbb{F}(\mathcal{X})$
bez. $\subseteq$; und wegen (2.28) kann man auch für unscharfe Mengen
A, B den Nachweis ihrer Gleichheit dadurch führen, daß man zeigt,
daß sowohl $A \subseteq B$ als auch $B \subseteq A$ gelten.

Weiter bestätigt man sofort, daß

$$A \subseteq A \quad \text{und} \quad A \subseteq B, B \subseteq C \Rightarrow A \subseteq C \qquad (2.29)$$

für beliebige $A, B, C \in I\!F(\mathcal{X})$ gelten: $\subseteq$ ist also eine Halbordnung in der Menge $I\!F(\mathcal{X})$ aller unscharfen Teilmengen von $\mathcal{X}$. Hinsichtlich der α-Schnitte findet man die Beziehungen

$$A \subseteq B \;\Rightarrow\; A^{>\alpha} \subseteq B^{>\alpha} \text{ und } A^{\geq\alpha} \subseteq B^{\geq\alpha} \qquad (2.30)$$

für alle $\alpha \in [0,1]$ und also speziell

$$A \subseteq B \;\Rightarrow\; \operatorname{supp}(A) \subseteq \operatorname{supp}(B). \qquad (2.31)$$

Außerdem gilt natürlich

$$A \subseteq B \;\Rightarrow\; \operatorname{hgt}(A) \leq \operatorname{hgt}(B). \qquad (2.32)$$

Besonders wichtig ist aber, daß (2.30) umkehrbar ist und

$$\begin{aligned} A \subseteq B \;&\Leftrightarrow\; A^{>\alpha} \subseteq B^{>\alpha} \quad \text{für alle } \alpha \in [0,1) \\ &\Leftrightarrow\; A^{\geq\alpha} \subseteq B^{\geq\alpha} \quad \text{für alle } \alpha \in (0,1] \end{aligned} \qquad (2.33)$$

gilt. Die Teilmengenbeziehung für unscharfe Mengen kann also mittels der Teilmengenbeziehung zwischen den Schnitten jener unscharfen Mengen charakterisiert werden. Mit (2.28) ergibt sich sogar eine Charakterisierung der Gleichheit unscharfer Mengen:

$$\begin{aligned} A = B \;&\Leftrightarrow\; A^{>\alpha} = B^{>\alpha} \quad \text{für alle } \alpha \in [0,1) \\ &\Leftrightarrow\; A^{\geq\alpha} = B^{\geq\alpha} \quad \text{für alle } \alpha \in (0,1]. \end{aligned} \qquad (2.34)$$

Sind insbesondere A, B scharfe Mengen, so gilt $A = B$ genau dann, wenn im gewöhnlichen Sinne A Teilmenge von B ist; also ist die Definition (2.26) eine direkte Verallgemeinerung der gewöhnlichen Teilmengenbeziehung.

Bisher ist offen geblieben, was eine unscharfe Menge ist. Vom mathematischen Standpunkt ist es am einfachsten, die unscharfen Mengen mit ihren Zugehörigkeitsfunktionen zu identifizieren, für gegebenen Grundbereich $\mathcal{X}$ ist also $I\!F(\mathcal{X}) = [0,1]^{\mathcal{X}}$ als Gesamtheit aller unscharfen Teilmengen von $\mathcal{X}$ zu nehmen. Ohne prinzipielle Bedeutung ist auch die Wahl des reellen Einheitsintervalls $I = [0,1]$ als Menge der verallgemeinerten Zugehörigkeitswerte: irgendeine andere Menge L – etwa die Menge aller Elemente eines Verbandes – mit zwei ausgezeichneten Elementen 0 und 1 kann diese Rolle ebenso übernehmen und führt dann zur Gesamtheit $F_L(\mathcal{X}) = L^{\mathcal{X}}$ aller sog. L-unscharfen Mengen. Für die numerische Behandlung unscharfer Mengen, die oft mit der Betrachtung endlicher Grundbereiche $\mathcal{X}$ verbunden ist, erweist sich mitunter auch die Beschränkung auf endliche äquidistante Punktmengen

$$\mathsf{L}_m = \{k/(m-1) \mid 0 \leq k \leq m-1\} \subseteq I \tag{2.35}$$

als Menge der verallgemeinerten Zugehörigkeitswerte als günstig.

Übrigens kann der Grundbereich $\mathcal{X}$ als Elemente selbst wieder unscharfe Mengen enthalten oder ganz aus solchen bestehen, etwa also $\mathcal{X} = I\!\!F(\mathcal{Y})$ und damit $I\!\!F(\mathcal{X}) = I\!\!F(I\!\!F(\mathcal{Y}))$ sein. Die Bildung der Menge aller unscharfen Teilmengen einer gegebenen Menge kann also iteriert werden. Solche unscharfen Mengen höherer Stufe können im Rahmen von Grundbereichen unscharfer Mengen, die gegen die Bildung unscharfer Mengen abgeschlossen sind, im Stile der gewöhnlichen allgemeinen Mengenlehre diskutiert werden (vgl. CHAPIN (1974/75), GOTTWALD (1979a), DUBOIS/PRADE (1980), ZHANG (1980), WEIDNER (1981)).

Andererseits kann auch die Grundidee der unscharfen Mengen, die Einführung eines Zugehörigkeitsgrades von Elementen zu Mengen, selbst iteriert und ausgenutzt werden, um auch die Zugehörigkeitswerte selbst nur unscharf anzugeben oder als nur unscharf bestimmt anzunehmen. Mehr ins Detail gehende Untersuchungen solcher *unscharfen Mengen höheren Typs* beschränken sich meist auf den Spezialfall unscharfer Mengen vom *Typ 2*, also (verallgemeinerter) unscharfer Mengen, deren Zugehörigkeitswerte gewöhnliche unscharfe Mengen sind, und wählen insbesondere den Fall verallgemeinerter Zugehörigkeitsgrade aus $I\!\!F([0,1])$; oft schränken sie sich sogar auf Intervalle von $[0,1]$ als Zugehörigkeitswerte ein (z. B. bei SAMBUC(1975), JAHN(1975)).

Während die Mengen L_m von (2.35) naheliegende „Konkurrenten" für die Menge $[0,1]$ der bevorzugt benutzten Zugehörigkeitswerte sind, ist der Bezug auf andere, allgemeinere Mengen L von Zugehörigkeitswerten stark anwendungsabhängig, soll er nicht den Eindruck purer Spekulation machen. Als natürliche Idee erscheint aber z. B. die Vorstellung, bei der Verarbeitung von Farbbildern Intensität und Art der Farbe getrennt zu behandeln – die Intensität je Farbe etwa mit Werten aus $[0,1]$ abzustufen, die Farbarten aber parallel zu behandeln. Dies würde bei n Farbarten die Wahl $\mathsf{L} = [0,1]^n$ nahelegen.

In jedem Falle ist es möglich, die die Zugehörigkeit eines Elementes zu einer Menge abstufenden Werte als verallgemeinerte Wahrheitswerte anzusehen, die zusammen mit den üblichen Werten 0 (für „falsch") und 1 (für „wahr") Aussagen über die Zugehörigkeit eines Elementes zu einer Menge zukommen. Folgt man dieser Auffasssung, dann ist es natürlich,

die Theorie der unscharfen Mengen im Rahmen einer geeigneten mehrwertigen Logik zu entwickeln, deren Menge verallgemeinerter Wahrheitswerte gerade die Menge der betrachteten möglichen Zugehörigkeitswerte
ist. Man wird dann in der zu benutzenden formalen Sprache neben Variablen $x, y, z, \ldots$ und Konstanten $a, b, c, \ldots$ für Elemente entsprechende
Symbole (meist Großbuchstaben – die Details brauchen hier nicht ausgeführt zu werden) für unscharfe Mengen einführen und ein zweistelliges
mehrwertiges Prädikat ε für die Elementbeziehung, so daß

$$m_A(x) = [\![\, x \,\varepsilon\, A \,]\!] \qquad (2.36)$$

wird, wenn $[\![H]\!]$ den Wahrheitswert eines in der so konstituierten Sprache
formulierten Ausdrucks H bezeichnet. (Die dabei stets noch zu fixierende
Belegung der auftretenden freien Variablen soll als durch den Kontext
bestimmt angenommen werden.) Die unscharfen Mengen werden dabei
zu Mengen im Rahmen einer auf der Grundlage mehrwertiger Logik be-
triebenen verallgemeinerten Mengenlehre. Diese Sichtweise erweist sich
vielfach als fruchtbar, weil sie ein Weg ist, enge Analogien zwischen Begriffsbildungen und Resultaten für unscharfe Mengen und für gewöhnliche Mengen augenfällig zu machen (vgl. GOTTWALD (1988)). Hier soll
der Nutzen dieser Sichtweise an zwei Beispielen erläutert werden, wobei
wieder $[0,1]$ oder eine der Mengen L_m die Menge der Zugehörigkeitswerte
sei. Dann gibt es auf LUKASIEWICZ/TARSKI (1930) zurückgehende Systeme mehrwertiger Logik, in denen die Funktion $\mathrm{seq}_L : [0,1]^2 \to [0,1]$,
die als

$$\mathrm{seq}_L(u, v) = \min\{1, 1 - u + v\} \qquad (2.37)$$

erklärt ist, die Wahrheitswertfunktion einer Implikation $\to$ ist. Mit dieser
Implikation und einer als Infimumbildung zu verstehenden (mehrwertigen) Allquantifizierung $\forall$ bedeutet die Inklusionsdefinition (2.26) gerade

$$A \subseteq B \quad \Leftrightarrow \quad [\![\, \forall x\, (x\,\varepsilon\, A \to x\,\varepsilon\, B)\,]\!] = 1. \qquad (2.38)$$

Man sieht, daß bei konsequenter Verfolgung des Standpunktes der mehrwertigen Logik die Verallgemeinerung

$$A \subseteq B \quad =_{\mathrm{def}} \quad \forall x\, (x\,\varepsilon\, A \to x\,\varepsilon\, B), \qquad (2.39)$$

die auch die Inklusion für unscharfe Mengen als mehrwertiges, also ab-
gestuftes und damit „unscharfes" Prädikat einführt, naheliegender und
natürlicher ist. Und wirklich zeigt sich, daß der Ansatz (2.39) in Betrachtungen zur Anwendung unscharfer Mengen erfolgreich benutzt werden

kann (vgl. GOTTWALD/PEDRYCZ (1986a) sowie Satz 4.3 und die diesem folgenden Bemerkungen). Ein zweites Beispiel betreffe die Notation für unscharfe Mengen. Die Beschreibung gewöhnlicher Mengen mittels *Klassentermen* als $M = \{x \mid H(x)\}$ ist sehr elegant und flexibel. Für unscharfe Mengen ist sofort folgende Vereinbarung entsprechend günstig:

$$A = \{x \in \mathcal{X} \parallel H(x)\} \Leftrightarrow m_A(x) = [\![H(x)]\!] \quad \text{für alle } x \in \mathcal{X}, \quad (2.40)$$

wobei wieder H ein Ausdruck der oben angedeuteten mehrwertig mengentheoretischen Sprache sein soll.

Die Charakterisierungen (2.25) und (2.34) unscharfer Mengen durch die Gesamtheit ihrer (scharfen) α-Schnitte sind übrigens nichts anderes als Darstellungssätze, denen in naheliegender Weise noch ein weiterer an die Seite tritt: eine unscharfe Menge A ist auch eindeutig charakterisiert durch die Familie aller ihrer α-*Komponenten* $A^{=\alpha}$:

$$A^{=\alpha} =_{\text{def}} \{x \in \mathcal{X} \mid m_A(x) = \alpha\}; \quad (2.41)$$

die Zugehörigkeitsfunktion m_A kann dabei analog wie in (2.25) durch Supremumbildung gewonnen werden.

2.2 Beispiele für unscharfe Mengen und für deren Spezifizierung

Nach den Grundbegriffen für unscharfe Mengen sollen nun zunächst eine Reihe verschiedenster Beispiele für unscharfe Mengen und für Möglichkeiten und Wege zur Festlegung von Zugehörigkeitsfunktionen besprochen werden. Wenn die Grundmenge $\mathcal{X}$ nur *endlich* viele Elemente hat, z. B. natürliche Subjekte oder Objekte, Varianten o. ä., dann gibt es, in der Regel, nur die Möglichkeit, eine unscharfe Menge A über $\mathcal{X}$ durch die Angabe des Zugehörigkeitswertes $m_A(x)$ für jedes Element $x \in \mathcal{X}$ einzeln festzulegen. Diese Angabe kann gelegentlich aus vorliegenden Informationen über das Verhalten von x in bezug auf A in der Vergangenheit erhalten werden, meist jedoch muß ein Fachmann (Experte) mit seinen Kenntnissen aus dem Sachzusammenhang oder sogar eine Gruppe von Fachleuten an dieser Festlegung maßgeblich mitwirken. Die Zusammenfassung unterschiedlicher Angaben kann dann durch eine (möglicherweise gewichtete) Mittelung oder über ein komplizierteres Verfahren zur Erzielung eines Gruppenkonsenses erfolgen (vgl. CIVANLAR/TRUSSELL(1986); MIRKIN (1979); CHOLEWA (1985); KHURGIN/POLYAKOV (1986)). Die weitere Möglichkeit, *unscharfe* Zugehörigkeitswerte festzulegen, also zu unscharfen Mengen höheren Types überzugehen, dürfte im gewöhnlichen Fall die Behandlung des praktisch zu lösenden Problems zu aufwendig machen.

Ist die Elementeanzahl n von $\mathcal{X}$ sehr groß oder ist die Annahme üblich, daß $\mathcal{X}$ ein *Kontinuum* ist (z. B. Temperatur, Masse, finanzielle Mittel), dann ist dieses Vorgehen nicht mehr praktizierbar. Als Grundlage der Spezifizierung unscharfer Mengen können dann, in der Regel, *mathematische Objekte* herangezogen werden.

Für die folgenden Beispiele sei $\mathcal{X}$ ein geeigneter euklidischer Raum.

Das einfachste mathematische Objekt ist eine Zahl, $x_0 \in I\!R^1$. Eine *unscharfe Zahl A*, z. B. die unscharfe Zahl $A = $ „ungefähr 10“, erhält man dadurch, daß man eine scharfe Zahl (hier $x_0 = 10$) als Kern von A nimmt und m_A nach rechts und links monoton auf 0 absinken läßt. Die Festlegung von m_A kann wegen der schon oben bei den Ansätzen (2.10), (2.12) bemerkten Freiheiten bei der Wahl einer konkreten Zugehörigkeitsfunktion zweckmäßigerweise durch die Wahl eines parametrischen Ansatzes erfolgen, dessen Parameter dann dem praktischen Problem angepaßt werden, z. B.

$$m(x; c_1) = [1 - c_1|x - x_0|]^+; \qquad c_1 > 0, \qquad (2.42)$$

$$m(x; c_2) = [1 - c_2(x - x_0)^2]^+; \qquad c_2 > 0, \qquad (2.43)$$

$$m(x; c_3) = [1 + c_3|x - x_0|]^{-1}; \qquad c_3 > 0, \qquad (2.44)$$

$$m(x; c_4, p) = [1 + c_4|x - x_0|^p]^{-1}; \qquad c_4 > 0; \; p > 1, \qquad (2.45)$$

$$m(x; c_5, p) = \exp\{-c_5|x - x_0|^p\}; \qquad c_5 > 0; \; p > 1. \qquad (2.46)$$

Dabei bedeutet wie früher $[v]^+ = \max\{0, v\}$. Für den Differenzbetrag können auch andere Abstände zwischen x und x_0 gesetzt werden. Sollen die Funktionen unsymmetrisch sein, dann kann man z. B. Zweige mit verschiedenen Parametern, und sogar mit verschiedenen Funktionentypen bei $x = x_0$ miteinander koppeln. Die unscharfe Menge $A = $ „ungefähr 10“ könnte so auch die folgende unsymmetrische Zugehörigkeitsfunktion haben, die für jedes $x \in I\!R$

erklärt ist als:

$$m_A(x) = \begin{cases} [1 - |10 - x|]^+ & \text{für } x \leq 10 \\ [1 - (x - 10)^2/10]^+ & \text{für } x > 10. \end{cases} \quad (2.47)$$

Eine interessante parametrische Zugehörigkeitsfunktion ergibt auch die bei ZADEH (1976) angegebene S-förmig verlaufende Funktion f_1 über $[0, 100]$ mit den Parametern α, β, γ und der Definition

$$f_1(x; \alpha, \beta, \gamma) = \begin{cases} 0 & \text{für } x \leq \alpha, \\ 2\left(\dfrac{x - \alpha}{\gamma - \alpha}\right)^2 & \text{für } \alpha < x < \beta, \\ 1 - 2\left(\dfrac{x - \gamma}{\gamma - \alpha}\right)^2 & \text{für } \beta < x \leq \gamma, \\ 1 & \text{für } \gamma < x, \end{cases} \quad (2.48)$$

in der allerdings $\beta = \frac{\alpha+\gamma}{2}$ vorausgesetzt ist und also nur scheinbar drei Parameter frei auftreten, sowie die daraus gebildete glockenförmig verlaufende Funktion f_2 über $[0, 100]$ mit nur 2 Parametern α, β und der Definition

$$f_2(x; \alpha, \beta) = \begin{cases} f_1(x; \beta - \alpha, \beta - \frac{\alpha}{2}, \beta) & \text{für } x \leq \beta, \\ 1 - f_1(x; \beta, \beta + \frac{\alpha}{2}, \beta + \alpha) & \text{für } x > \beta. \end{cases} \quad (2.49)$$

Will man sich noch von der einschränkenden Bedingung $\beta = \frac{\alpha+\gamma}{2}$ lösen, dann kann man statt (2.48) auch den Ansatz

$$f_1^*(x; \alpha, \beta, \gamma) = \begin{cases} 0 & \text{für } x \leq \alpha, \\ \frac{1}{2}\left(\dfrac{x - \alpha}{\beta - \alpha}\right)^2 & \text{für } \alpha < x < \beta, \\ 1 - \frac{1}{2}\left(\dfrac{\gamma - x}{\gamma - \beta}\right)^2 & \text{für } \beta \leq x < \gamma, \\ 1 & \text{für } \gamma \leq x, \end{cases} \quad (2.50)$$

wählen, der zwar immer eine stetige Zugehörigkeitsfunktion f_1^* ergibt, eine differenzierbare aber nur im Falle $\beta = \frac{\alpha+\gamma}{2}$ – und dann ist sogar $f_1^*(x; \alpha, \beta, \gamma) = f_1(x; \alpha, \beta, \gamma)$.

Parametrische Ansätze in der Art von (2.42) bis (2.46) bilden auch den Ausgangspunkt der sogenannten L/R-Darstellung für unscharfe Zahlen, die ein Rechnen, d. h. die Ausführung arithmetischer Operationen, mit ihnen wesentlich erleichtert (vgl. Abschnitt 2.5).

Bei der Verwendung von Typen der Form (2.44) bis (2.46) ist zu beachten, daß der Träger einer damit spezifizierten unscharfen Zahl stets die gesamte reelle Achse $I\!R$ ist. Beim Einsatz von Rechnern werden sich daher Näherungen unumgänglich machen.

Nachdem ein Ansatz für m_A gewählt wurde, der den Vorstellungen von der Form der Unschärfe der Menge A entspricht, können die Parameter noch an die Gegebenheiten angepaßt werden. Häufig ist es einfach, sich auf Zahlen x_1, x_2, x_3, x_4 zu einigen, bei denen für ein gegebenes (kleines) $d > 0$ gilt

$$
\begin{aligned}
x_1 &= \sup\{x \in \mathcal{X} \mid m_A(x) = 0,\ m_A(x + d) > 0\} \\
&\quad \text{(oder für ein gegebenes (kleines) } \epsilon > 0 \\
&\quad x_1 = \sup\{x \in \mathcal{X} \mid m_A(x) = \epsilon,\ m_A(x + d) > \epsilon\}), \\
x_2 &= \sup\{x \in \mathcal{X} \mid m_A(x) = 1/2,\ m_A(x + d) > 1/2\}, \\
x_3 &= \inf\{x \in \mathcal{X} \mid m_A(x) = 1/2,\ m_A(x - d) > 1/2\}, \\
x_4 &= \inf\{x \in \mathcal{X} \mid m_A(x) = 0,\ m_A(x - d) > 0\} \\
&\quad \text{(oder analog wie bei } x_1).
\end{aligned}
$$

Die Parameter der Ansatzfunktion werden dann in geeigneter Weise an $m_A(x_1) = m_A(x_4) = 0$ und $m_A(x_2) = m_A(x_3) = 1/2$; $m_A(x_0) = 1$ angepaßt.

Gelegentlich wird empfohlen, m_A an vorhandene geglättete Histogramme anzupassen. Dabei ist zu beachten, daß die relative Häufigkeit nicht unbedingt den Grad der Zugehörigkeit widerspiegelt (s. Abschnitt 5.3 und CIVANLAR/TRUSSELL (1986)).

Analog dem Vorgehen zur Spezifizierung einer unscharfen Zahl ist das Vorgehen zum Spezifieren eines *unscharfen Punktes*, z. B. im $I\!R^k$. Ein scharfer Punkt $x_0 \in I\!R^k$ liefert den Kern, von dem aus die Zugehörigkeitsfunktion nach allen Seiten monoton abnimmt. Die Differenz $(x - x_0)$ in (2.42) bis (2.46) ist in einem entsprechenden Ansatz durch einen Abstand $d(x, x_0)$ der beiden Punkte voneinander zu ersetzen. Der Ansatz selbst könnte eine monoton abnehmende Funktion h nutzen, die noch einige freie Parameter enthält

$$
m(x; c) = h(d(x, x_0); c) \quad \text{mit } c \in \mathcal{C} \subseteq I\!R^r. \tag{2.51}
$$

Doch können sich auch andere Typen als problemgerecht anbieten.

Als häufig benutzte Spezialfälle von (2.51) seien genannt: die

Hyperpyramide (s. Abb. 3)

$$m\,(\boldsymbol{x}; c_1, ..., c_k) = [\,1 - \sum_{j=1}^{k} c_j |x_j - x_{j0}|\,]^+ \qquad (2.52)$$

mit $\boldsymbol{x} = (x_1, ..., x_k)^T$ und $\boldsymbol{x}_0 = (x_{10}, ..., x_{k0})^T$ und $c_j > 0$ für $j = 1, ..., k$, über einem Hyperrechtkant

$$\mathcal{K} := \{\boldsymbol{x} \in \mathbb{R}^k \mid |x_j - x_{j0}| < c_{j0} < c_j;\; j = 1, ..., k\};$$

und das elliptische *Hyperparaboloid* (s. Abb. 2)

$$m\,(\boldsymbol{x}; \boldsymbol{B}) = [\,1 - (\boldsymbol{x} - \boldsymbol{x}_0)^T \boldsymbol{B}(\boldsymbol{x} - \boldsymbol{x}_0)\,]^+ \qquad (2.53)$$

mit einer positiv definiten k-reihigen Matrix $\boldsymbol{B}$ über dem Hyperellipsoid

$$\mathcal{E} := \{\boldsymbol{x} \in \mathbb{R}^k \mid (\boldsymbol{x} - \boldsymbol{x}_0)^T \boldsymbol{B}(\boldsymbol{x} - \boldsymbol{x}_0) < 1\}.$$

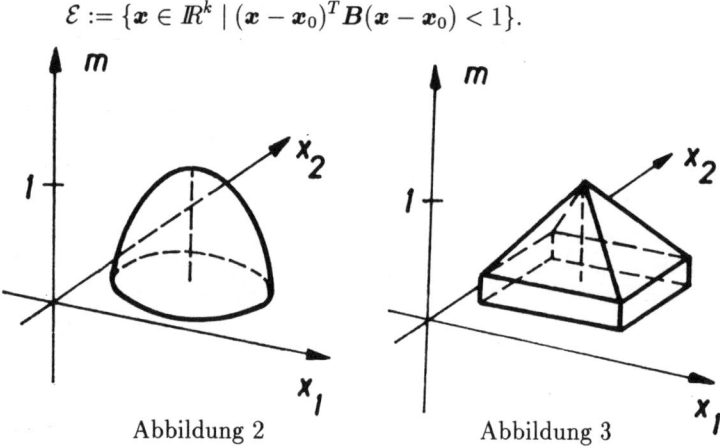

Abbildung 2   Abbildung 3

Natürlich sind auch andere Typen analog zu (2.44) bis (2.46) konstruierbar und werden benutzt. Es gibt außerdem die Möglichkeit, unscharfe Punkte aus unscharfen Zahlen in den Komponenten aufzubauen, ein Beispiel enthält BANDEMER/KRAUT/VOGT (1988).

Unscharfe Punkte werden z. B. spezifiziert, wenn an (pseudo-exakten) punktförmig erfaßten Beobachtungen deren Ungenauigkeit deutlich gemacht werden kann. Bei (2.52) wären es (symmetrische) Intervalle der Komponenten, die diese Ungenauigkeit widerspiegeln, bei (2.53) können die Ungenauigkeiten in allen Raumrichtungen durch die Matrix B erfaßt werden, die damit hier eine analoge Rolle wie die Kovarianzmatrix in der mathematischen Statistik spielt, allerdings nun nur für den speziellen Beobachtungspunkt x_0. Formal mathematisch betrachtet ist (2.53) eine quadratische Approximation einer Normalverteilungsdichte, wahrscheinlichkeitstheoretische Modellvorstellungen werden hier damit jedoch nicht verbunden.

Wenn es nicht möglich ist, die Unschärfe für jede einzelne punktförmig erfaßte Beobachtung anzugeben, so läßt sich gelegentlich aus der Gesamtheit der pseudo-exakten Beobachtungen auf die lokale Unschärfe der „Gesamtbeobachtung" schließen. Man läßt ein morphologisches Strukturelement (SERRA (1982)), z. B. eine Hyperkugel

$$(x - x_s)^T(x - x_s) = \delta^2,$$

mit einem gegebenen Radius im Raum $I\!R^k$ variieren und schreibt dem momentanen Mittelpunkt x_s als Zugehörigkeitswert $m_A(x_s)$ die relative Anzahl der von der Hyperkugel überdeckten punktförmigen Beobachtungen zu. Man erhält so eine *unscharfe Gesamtbeobachtung*, die kein unscharfer Punkt mehr ist, aber sehr gut zur Untersuchung von Abhängigkeiten zwischen den Komponenten der Beobachtungen benutzt werden kann. (Wegen eines praktischen Beispiels s. BANDEMER/ROTH (1987).)

Unscharfe Intervalle lassen sich entweder dadurch festlegen, daß von einem scharfen Intervall als Kern aus die Zugehörigkeitsfunktion nach beiden Seiten abklingt, oder dadurch, daß die Enden des Intervalls als unscharfe Zahlen spezifiziert werden. Allgemein erhält man *unscharfe Gebiete* in einem $I\!R^k$, wenn man einem scharfen Gebiet eine unscharfe Übergangszone zuschreibt, in der die Zugehörigkeitsfunktion in einem festgelegten Sinne – i. allg. monoton bis auf Null – abnimmt. Alternativ kann ein unscharfes Gebiet aber auch durch eine begrenzende *unscharfe Hyperfläche* spezifiziert werden, bei der von einer scharfen Hyperfläche als Kern aus die Zugehörigkeitswerte „nach allen Seiten" monoton abnehmen. Allerdings muß dann noch genauer festgelegt werden, wie die Zugehörigkeitswerte zum unscharfen Gebiet durch diejenigen zur unscharfen Hyperfläche bestimmt sein sollen. (Solch eine Beschreibung eines unscharfen Gebietes mittels einer unscharfen Hyperfläche nutzen z. B. BANDE-

MER/KRAUT (1988) bei einem Problem der Gestaltsbeschreibung, vgl. Abschnitt 6.2.)

Deutet man speziell für $\mathcal{X} \subseteq \mathbb{R}^2$ die Werte der Zugehörigkeitsfunktion als Grautöne (z. B. 1 als tiefstes Schwarz, 0 als hellstes Weiß), dann entsprechen unscharfe Mengen *Grautonbildern*, nicht notwendig unscharfen Gebieten im vorstehenden Sinne. Solche Grautonbilder können jedoch als (verallgemeinerte) unscharfe Beobachtungen auftreten, z. B. bei der Durchstrahlung von Schichten endlicher Dicke. Bei der Auswertung solcher Bilder kann die Deutung als unscharfe Menge häufig gute Dienste leisten (s. z. B. BANDEMER/KRAUT (1988); BANDEMER/KRAUT/VOGT (1988) und Abschnitt 6.3).

Ein weiteres wichtiges Problem für die Anwendung ist die Spezifizierung *unscharfer Relationen*: z. B. „ungefähr gleich", „im wesentlichen kleiner als", u. ä. Solche (zweistelligen) Relationen werden üblicherweise als Mengen von geordneten Paaren aufgefaßt, also bei Relationen zwischen (reellen) Zahlen als Teilmengen des $\mathbb{R}^2$, die Gleichheit „=" deswegen z. B. als die Menge

$$\mathcal{D} = \{(x,y) \in \mathbb{R}^2 \mid x = y\}. \tag{2.54}$$

Diese Menge stellt den Graphen der Geraden $y = x$ im $\mathbb{R}^2$ dar. Beim Übergang zur unscharfen Relation R_0 : „ungefähr gleich" werden noch Punkte in der Umgebung dieser Geraden betrachtet, wieder mit abgestufter Zugehörigkeit. Die Festlegung der Zugehörigkeitsfunktion m_{R_0} für diese unscharfe Relation R_0 kann davon ausgehen, was als Abweichung von der scharfen Gleichheit gerade noch toleriert wird. Davon kann beispielsweise eine Abklingordnung für diese Zugehörigkeitsfunktion bestimmt werden, die den Vorstellungen und Notwendigkeiten des praktischen Problems entspricht. Das Ergebnis könnte etwa sein

$$m_{R_0}(x,y) = [\,1 - a|x - y|\,]^{+}; \qquad a > 0 \tag{2.55}$$

und ein lineares Abklingen mit einem Faktor a darstellen. Es sind jedoch auch Spezifizierungen möglich, die die Differenz im Verhältnis zur absoluten Größe betrachten, z. B.

$$m_{R_0}(x,y) = \frac{1 - b\,(x - y)^2}{(1 + x^2 + y^2)}; \qquad b \in (0,1) \tag{2.56}$$

oder

$$m_{R_0}(x,y) = \exp\{-c\,(x-y)^2/(1+x^2+y^2)\}; \quad c > 0. \quad (2.57)$$

Für die Relation R_1 : „im wesentlichen kleiner als" wird man von der scharfen Relation „$\leq$" ausgehen, zu der die Wertemenge

$$\{(x,y) \in I\!\!R^2 \mid x \geq y\} \qquad (2.58)$$

gehört. Diese Menge ist die Halbebene unter der Geraden $y = x$. Da „im wesentlichen" hier bedeuten soll, daß geringe Überschreitungen im gewissen Sinne toleriert werden, wird die Halbebene nach oben mit einem „Unschärfesaum" versehen. Das Vorgehen ist somit analog zu dem bei der Spezifizierung der unscharfen Gleichheit R_0. Es kann z. B. gesetzt werden:

$$m_{R_1}(x,y) = \begin{cases} [1 - a|x - y|]^+ & \text{für } y > x, \\ 1 & \text{für } y \leq x. \end{cases} \qquad (2.59)$$

Eine andere Deutung der Relation R_1 (wie auch jeder anderen Relation R) erhält man, wenn man die Koordinatenachsen als Wertebereiche zweier reeller Variabler u, v auffaßt, die in der betrachteten Relation stehen sollen. Diese Deutung wird in Kapitel 3 eine wichtige Rolle spielen.

Wird für eine der Variablen u oder v, die in der Relation R_1 stehen sollen, ein fester Wert, z. B. $v = y_0$, eingesetzt, dann wirkt die Relation R_1 als eine *unscharfe Schranke* S_u für die andere Variable, im Beispiel

$$m_{S_u}(x) := \begin{cases} [1 - a|x - y_0|]^2 & \text{für } x < y_0 \\ 1 & \text{für } y_0 \leq x, \end{cases} \qquad (2.60)$$

d. h. $m_{S_u}(x) = m_{R_1}(x, y_0)$. Hat die andere Variable einen festen Wert, etwa $u = x_0$, dann findet man anlog eine unscharfe Schranke S_v für die Werte von v aus der unscharfen Relation R_1:

$$m_{S_v}(y) := \begin{cases} 1 & \text{für } y \leq x_0, \\ [1 - a|x_0 - y|]^+ & \text{für } x_0 < y. \end{cases} \qquad (2.61)$$

d. h. $m_{S_v}(y) = m_{R_1}(x_0, y)$. Solche unscharfen Analoga mathematischer Objekte werden u. a. in den unscharfen Versionen der mathematischen Optimierung gebraucht (vgl. Abschnitt 3.5).

Funktionen, die Variable miteinander verknüpfen, sind bekanntlich spezielle Relationen. Um den allgemeinen Fall von den folgenden speziellen Spezifizierungen abzuheben, wollen wir unscharfe
Analoga von Funktionen allgemein als *unscharfe Abbildungen* bezeichnen.

Sei eine scharfe Funktion $f : \mathbb{R} \to \mathbb{R}$ gegeben, dann wird ihr
Graph

$$\{(x,y) \in \mathbb{R}^2 \mid y = f(x)\} \tag{2.62}$$

als Kern einer unscharfen Menge F gewählt, bei der die Zugehörigkeitswerte, z. B. mit wachsendem Abstand von diesem Graphen,
monoton fallen mögen. Diese unscharfe Menge F stellt eine *unscharfe Funktion* dar. Für *explizite* Funktionen f kann man F als
eine Schar (mit Scharparameter x) von unscharfen Zahlen $Y(x)$ ansehen, die jeweils $\{f(x)\}$ als Kern und

$$m_{Y(x)}(y) = m_F(x,y) \tag{2.63}$$

als Zugehörigkeitsfunktionen haben. Die oben in (2.55) betrachtete
Zugehörigkeitsfunktion m_{R_0} liefert zugleich ein Beispiel für eine unscharfe Funktion: es ist eine unscharfe Gerade mit dem Kern $\mathcal{D}$ (s.
(2.54)).

Bei der Spezifizierung einer unscharfen Funktion aus einer vorgegebenen Menge beobachteter Funktionsverläufe kann man, alternativ zur Spezifizierung von unscharfen Zahlen für jedes $x \in \mathbb{R}$,
gelegentlich analog zur morphologischen Bestimmung einer Gesamtbeobachtung aus punktförmigen Ausgangsdaten vorgehen. Für jedes $x \in \mathbb{R}$ ist nun das Strukturelement eine Strecke fester Länge
auf der in x errichteten Parallelen zur y-Achse. Die relative Anzahl
der von der Strecke geschnittenen Funktionsverläufe (Kurven) kann
dem Mittelpunkt der Strecke als Zugehörigkeitswert zugeschrieben
werden. Die so erhaltene Treppenfunktion kann erforderlichenfalls
noch an einen mathematisch im gegebenen Zusammenhang beque-
mer handhabbaren Kurventyp angepaßt werden. (Wegen einer Verwendung des Vorschlags für ein praktisches Problem s. OTTO/BAN-
DEMER (1986).)

Für den Fall einer *impliziten* Funktion f mit dem Graph

$$\{(x,y) \in \mathbb{R}^2 \mid f(x,y) = 0\} \tag{2.64}$$

läßt sich die dafür häufig mögliche anschauliche Deutung als (scharfer) Rand eines Gebietes beim Übergang zu einer unscharfen impliziten Funktion verwenden. Dieser Rand wird dann gewissermaßen mit einem Grautonsaum versehen.

Als Beispiel werde der Kreis

$$\mathcal{K} = \{(x,y) \in I\!\!R^2 \mid x^2 + y^2 = r^2\} \tag{2.65}$$

betrachtet. Eine mögliche unscharfe Version K dafür ist charakterisiert durch die Zugehörigkeitsfunktion

$$m_K(x,y) = \exp\{-|x^2 + y^2 - r^2|\}. \tag{2.66}$$

Die bisherige Beschränkung auf den zweidimensionalen Fall bei Relationen und Funktionen ist unwesentlich und diente nur zur Vereinfachung der Darstellung, die Übertragbarkeit auf höherdimensionale Räume, z. B. den $I\!\!R^k$, ist offensichtlich.

In vielen Anwendungsproblemen, etwa bei Approximationen und Differentialgleichungen, ist die gesuchte Funktion $f : I\!\!R^k \to I\!\!R$ nur bis auf einen Parametervektor $a = (a_1, \ldots, a_r)^T$ festgelegt, gehört also zu einer Funktionenschar

$$(f(\,.\,; a))_{a \in \mathcal{A}}; \qquad \mathcal{A} \subseteq I\!\!R^r \tag{2.67}$$

Lassen sich diese Parameter nur *unscharf* durch eine Zugehörigkeitsfunktion m_A spezifizieren, dann wird aus (2.67) eine *unscharfe Funktionenschar* auf $I\!\!R^k \times I\!\!R$ mit der unscharfen Menge $A \in I\!\!F(I\!\!R^r)$ von Scharparametern. (Man beachte die Analogie zu Problemen mit verteilten Parametern, in denen auf $\mathcal{A}$ eine Zufallsvariable eingeführt wird.)

Der *Unterschied* zu einer unscharfen Funktion auf $I\!\!R^k \times I\!\!R$ besteht darin, daß jedem Parametervektor $a \in \text{supp}(A)$ eine *scharfe* Funktion über $I\!\!R^k \times I\!\!R$ entspricht, die den Zugehörigkeitswert $m_A(a)$ zur *Schar* hat. Hat man solch eine unscharfe Schar $(f(\,.\,; a))$ von Funktionen auf $I\!\!R^k \times I\!\!R$ mit unscharfer Parametermenge A, dann kann man ihr eindeutig eine unscharfe Abbildung F auf $I\!\!R^k$ zuordnen, indem man

$$m_F(x,y) = \sup_{\substack{a \in \text{supp}(A) \\ y = f(x; a)}} m_A(a) \tag{2.68}$$

setzt. Aus dieser unscharfen Abbildung F kann die ursprüngliche
unscharfe Funktionenschar jedoch nicht eindeutig zurückgewonnen
werden.

Die Spezifizierung einer unscharfen Menge über dem Parameterraum
A hat formal viel Ähnlichkeit mit der Festlegung einer a-priori-Verteilung
bei der Bayesschen statistischen Modellierung eines Problems. Jedoch
können die wesentlich geringeren Anforderungen an eine Zugehörigkeitsfunktion gegenüber denen an eine Wahrscheinlichkeitsverteilung das Spe-
zifizierungsproblem inhaltlich und auch formal wesentlich einfacher gestalten.

Von der Betrachtung unscharfer Funktionenscharen ist es nur ein
Schritt zur Einführung unscharfer Mengen in Funktionenräumen (HIL-
BERT-Räumen, BANACH-Räumen, u. ä.) und damit zu weiteren unscharfen Analoga unscharfer Begriffe und Methoden, deren Praktikabilität jedoch von Fall zu Fall geprüft werden muß.

Die bisher erläuterten Beispiele für Möglichkeiten zur Spezifizie-
rung unscharfer Mengen verwenden die Kontinuität des euklidischen
Raumes nur implizit. Gelingt es, eine endliche Grundmenge als Teil-
menge eines euklidischen (oder allgemeiner eines meßbaren linearen)
Raumes sinnvoll zu deuten, z. B. als ein Gitter, dann sind alle diese
Ansätze, eventuell in geeigneter Modifizierung, noch brauchbar.

Wie die vielfältigen Anwendungen der Theorie unscharfer Men-
gen gezeigt haben, sind die Wahl des Funktionentyps und die genaue
Festlegung der Parameterwerte im allgemeinen nur von geringem
Einfluß auf die mit ihnen erzielten Resultate, Entscheidungen und
Schlußfolgerungen, solange eine lokale Monotonie erhalten bleibt.
Sind m_1 und m_2 zwei *verschiedene* Spezifizierungen, dann bedeutet
diese lokale Monotonie, daß

$$\forall x_1, x_2 \in X : \; m_1(x_2) \leqq m_1(x_1) \Leftrightarrow m_2(x_2) \leqq m_2(x_1). \quad (2.69)$$

Es kommt also letzten Endes auf eine *qualitative* Ordnung der Elemente der Grundmenge an, die von den praktischen Gegebenheiten
aus wesentlich leichter zu erhalten ist. Die analytische Fassung folgt
sehr häufig den Regeln der mathematischen Bequemlichkeit.

Schließlich sei bereits hier erwähnt (vgl. Abschnitt 4.1), daß sich
auch umgangssprachliche Formulierungen als unscharfe Mengen auf

passenden Grundmengen erfassen lassen. So kann man „hohe Temperatur" (etwa im Zusammenhang mit Fieber) als unscharfe Menge über der Temperaturskala spezifizieren.

2.3 Operationen mit unscharfen Mengen

Als einfachste Verknüpfungen im Bereich der gewöhnlichen Mengen hat man die Bildung der Vereinigung und des Durchschnittes je zweier Mengen sowie die Bildung des Komplements einer gegebenen Menge bez. einer sie umfassenden. Für Anwendungen, in denen auch Zuordnungen bzw. Funktionen eine Rolle spielen, hat man grundsätzlich die Bildung des kartesischen Produktes. Schließlich ist man gelegentlich gezwungen, in einem Grundbereich erklärte Operationen zwischen den Elementen dieses Bereiches auszudehnen auf Mengen solcher Elemente. Alle diese Verknüpfungen sollen nun auch für unscharfe Mengen eingeführt werden.

Für die elementaren mengenalgebraischen Operationen hat schon ZADEH (1965) entsprechende Verallgemeinerungen für unscharfe Mengen angegeben. Er wählte zunächst für die *Vereinigung* $A \cup B$ unscharfer Mengen A, B die Definition

$$C := A \cup B :$$
$$m_C(x) =_{\text{def}} \max\{m_A(x), m_B(x)\} \quad \text{für alle } x \in \mathcal{X}, \quad (2.70)$$

für den *Durchschnitt* $A \cap B$ der unscharfen Mengen

$$D := A \cap B :$$
$$m_D(x) =_{\text{def}} \min\{m_A(x), m_B(x)\} \quad \text{für alle } x \in \mathcal{X}, \quad (2.71)$$

und für das *Komplement* A^c einer unscharfen Menge A (hinsichtlich des Grundbereiches $\mathcal{X}$)

$$K := A^c : \quad m_K(x) =_{\text{def}} 1 - m_A(x) \quad \text{für alle } x \in \mathcal{X}. \quad (2.72)$$

Alle diese Verknüpfungen unscharfer Mengen sind Verallgemeinerungen der entsprechenden Operationen für gewöhnliche Mengen: Sind etwa in (2.71) A, B scharfe Mengen, also stets $m_A(x), m_B(x) \in \{0, 1\}$, so wird auch $A \cap B$ eine scharfe Menge und ist genau der

Durchschnitt im gewöhnlichen Sinne für die gewöhnlichen Mengen A, B. Dasselbe gilt für die Vereinigungsbildung (2.70) und die Komplementbildung (2.72). Betrachtet man die α-Schnitte, so ergeben sich als einfache Zusammenhänge zu Vereinigungs- bzw. Durchschnittsbildung gewöhnlicher Mengen die Beziehungen

$$(A \cup B)^{>\alpha} = A^{>\alpha} \cup B^{>\alpha}, \quad (A \cap B)^{>\alpha} = A^{>\alpha} \cap B^{>\alpha}. \quad (2.73)$$

Außerdem ergibt sich für die Komplementbildung

$$(A^c)^{>\alpha} = A^{\leq 1-\alpha} = \{x \in \mathcal{X} \mid m_A(x) \leq 1 - \alpha\}. \quad (2.74)$$

Diese Beziehungen gelten in entsprechender Weise alle auch für die scharfen α-Schnitte.

Damit ist eine einfache Möglichkeit gegeben, mengenalgebraische Verknüpfungen unscharfer Mengen auf entsprechende Verknüpfungen für gewöhnliche Mengen zurückzuführen. Allerdings muß man beachten, daß die Definitionen (2.70), (2.71) für die Beziehungen (2.73) ganz wesentlich sind. Die später in (2.98) bis (2.101) sowie (2.102) bis (2.104) definierten weiteren Versionen von Durchschnitts- bzw. Vereinigungsbildungen für unscharfe Mengen sind so beschaffen, daß für sie keine so einfachen Rückführungen auf bekannte Operationen mit gewöhnlichen, scharfen Mengen wie in (2.73) möglich sind.

Ohne Schwierigkeiten kann man aus diesen Definitionen (2.70) bis (2.72) sofort eine Reihe von einfachen Rechengesetzen herleiten. So ergeben sich für die Vereinigungsbildung u. a. für beliebige unscharfe Mengen A, B, C

$$A \cup B = B \cup A, \qquad \text{(Kommutativität)} \qquad (2.75)$$
$$A \cup (B \cup C) = (A \cup B) \cup C, \quad \text{(Assoziativität)} \qquad (2.76)$$
$$A \cup A = A, \qquad \text{(Idempotenz)} \qquad (2.77)$$
$$A \subseteq B \Rightarrow A \cup C \subseteq B \cup C \quad \text{(Monotonie)} \qquad (2.78)$$

und die Beziehungen

$$A \cup \emptyset = A, \qquad A \cup X = X. \qquad (2.79)$$

Die Rechengesetze (2.75) bis (2.78) gelten ebenso für die Durchschnittsbildung. An Stelle von (2.79) treten dann natürlich

$$A \cap \emptyset = \emptyset, \qquad A \cap X = A. \qquad (2.80)$$

Wie bei scharfen Mengen gelten auch für unscharfe Mengen bez. der in (2.70), (2.71) eingeführten Operationen zwei Distributivgesetze:

$$A \cup (B \cap C) = (A \cup B) \cap (A \cup C),$$
$$A \cap (B \cup C) = (A \cap B) \cup (A \cap C). \tag{2.81}$$

Die Komplementbildung ist nach wie vor idempotent: $A = A^{cc}$, und sie kehrt die Inklusionsbeziehung um:

$$A \subseteqq B \iff B^c \subseteqq A^c. \tag{2.82}$$

Besonders wichtig ist, daß auch für unscharfe Mengen das Komplement einer Vereinigung bzw. eines Durchschnittes einfach bestimmt werden kann, denn es gelten die beiden folgenden deMorganschen Gesetze:

$$(A \cap B)^c = A^c \cup B^c, \tag{2.83}$$
$$(A \cup B)^c = A^c \cap B^c. \tag{2.84}$$

Obwohl wir A^c als Komplement von A bezeichnet haben, fehlen ihm einige Eigenschaften des gewöhnlichen Komplements: sowohl $A \cup A^c \neq X$ als auch $A \cap A^c \neq \emptyset$ sind möglich! Und zwar ist immer dann $0 \neq m_D(a)$ für $D = A \cap A^c$, wenn $0 \neq m_A(a) \neq 1$ gilt. Es übertragen sich also nicht alle Rechengesetze von den gewöhnlichen auf die unscharfen Mengen.

Gelegentlich muß man die Vereinigung bzw. den Durchschnitt vieler unscharfer Mengen bilden. Dazu erklärt man für Familien $(A_j \mid j \in \mathcal{J})$ unscharfer Mengen (über einer gewöhnlichen Menge $\mathcal{J}$ als Indexmenge) deren *allgemeine Vereinigung* $\bigcup_{i \in \mathcal{J}} A_j$ und deren *allgemeinen Durchschnitt* $\bigcap_{j \in \mathcal{J}} A_j$ durch die Definitionen für alle $x \in \mathcal{X}$

$$C := \bigcup_{j \in \mathcal{J}} A_j : \quad m_C(x) =_{\text{def}} \sup_{j \in \mathcal{J}} m_{A_j}(x), \tag{2.85}$$

$$D := \bigcap_{j \in \mathcal{J}} A_j : \quad m_D(x) =_{\text{def}} \inf_{j \in \mathcal{J}} m_{A_j}(x), \tag{2.86}$$

die unmittelbare Verallgemeinerungen von (2.70), (2.71) sind.

Als wichtige Rechengesetze sollen die folgenden Distributivgesetze erwähnt werden:

$$B \cap \bigcup_{j \in \mathcal{J}} A_j = \bigcup_{j \in \mathcal{J}} (B \cap A_j), \quad B \cup \bigcap_{j \in \mathcal{J}} A_j = \bigcap_{j \in \mathcal{J}} (B \cup A_j), \quad (2.87)$$

und dazu die Monotonieeigenschaften :

$$\bigcap_{j \in \mathcal{J}} A_j \subseteqq A_k \subseteqq \bigcup_{j \in \mathcal{J}} A_j \quad \text{für jedes } k \in \mathcal{J}, \tag{2.88}$$

$$B \subseteqq A_k \quad \text{für alle } k \in \mathcal{J} \quad \Rightarrow \quad B \subseteqq \bigcap_{j \in \mathcal{J}} A_j, \tag{2.89}$$

$$A_k \subseteqq B \quad \text{für alle } k \in \mathcal{J} \quad \Rightarrow \quad \bigcup_{j \in \mathcal{J}} A_j \subseteqq B. \tag{2.90}$$

Die bisher betrachteten mengenalgebraischen Verknüpfungen waren Operationen in $\mathbb{F}(\mathcal{X})$, ergaben also für unscharfe Mengen aus $\mathbb{F}(\mathcal{X})$ als Resultat stets wieder unscharfe Mengen aus $\mathbb{F}(\mathcal{X})$. Zu den grundlegenden Verknüpfungen der gewöhnlichen Mengenalgebra gehört aber auch die Bildung des kartesischen Produktes. Ihm entspricht nun ein *unscharfes kartesisches Produkt* , das ausgehend von unscharfen Mengen $A, B \in \mathbb{F}(\mathcal{X})$ diejenige unscharfe Menge $A \otimes B \in \mathbb{F}(\mathcal{X} \times \mathcal{X})$ ist, deren Zugehörigkeitsfunktion für alle $a, b \in \mathcal{X}$ definiert ist als

$$C := A \otimes B :$$
$$m_C((a,b)) =_{\text{def}} \min\{m_A(a), m_B(b)\}, \tag{2.91}$$

wobei (a, b) das – gewöhnliche – geordnete Paar von a, b sein soll. Für Definition (2.91) ist übrigens unwesentlich, daß A, B unscharfe Mengen über demselben Grundbereich sind: ist $A \in \mathbb{F}(\mathcal{X})$ und $B \in \mathbb{F}(\mathcal{Y})$, so kann die Zugehörigkeitsfunktion für $A \otimes B$ wie in (2.91) festgelegt werden – nur ist dann $A \otimes B \in \mathbb{F}(\mathcal{X} \times \mathcal{Y})$.

Sofort ergeben sich eine Reihe elementarer Rechengesetze. Für beliebige unscharfe Mengen A, B, C hat man z. B. :

$$A \otimes (B \cup C) = (A \otimes B) \cup (A \otimes C), \tag{2.92}$$
$$A \otimes (B \cap C) = (A \otimes B) \cap (A \otimes C), \tag{2.93}$$
$$A \otimes (B \otimes C) = (A \otimes B) \otimes C, \tag{2.94}$$
$$A \otimes \emptyset = \emptyset \otimes A = \emptyset \tag{2.95}$$

und die Bedingung

$$A \otimes B = \emptyset \Leftrightarrow A = \emptyset \quad \text{oder} \quad B = \emptyset. \tag{2.96}$$

Die Distributivgesetze (2.92), (2.93) lassen sich auf allgemeine Vereinigung und allgemeinen Durchschnitt ausdehnen und gelten in entsprechender Weise auch bei Vertauschung der „Faktoren" dieser kartesischen Produkte. Wichtig sind schließlich noch die Monotonieeigenschaften

$$A \subseteq B \;\Rightarrow\; A \otimes C \subseteq B \otimes C \text{ und } C \otimes A \subseteq C \otimes B. \tag{2.97}$$

So einfach und natürlich die durch die Definitionen (2.70), (2.71) erklärten Verallgemeinerungen der gewöhnlichen Vereinigungs- und Durchschnittsbildung auf unscharfe Mengen auch sind – zwingend ist es nicht, diese Definitionen zu wählen. Schon ZADEH (1965) deutet andere Varianten an, betrachtet sie aber noch nicht als Formen von Vereinigungs- und Durchschnittsbildung. Unter einer Vielzahl von Möglichkeiten sind häufig diskutierte Varianten für eine Durchschnittsbildung unscharfer Mengen vor allem das *algebraische Produkt* $A \bullet B$ mit der Definition

$$D := A \bullet B :$$
$$m_D(x) =_{\text{def}} m_A(x) \cdot m_B(x) \quad \text{für alle } x \in \mathcal{X}, \tag{2.98}$$

das *beschränkte Produkt* $A \odot B$ mit der Definition

$$D := A \odot B : \tag{2.99}$$
$$m_D(x) =_{\text{def}} [m_A(x) + m_B(x) - 1]^+ \quad \text{für alle } x \in \mathcal{X},$$

sowie das *drastische Produkt* $A \star B$ mit der Definition

$$D := A \star B : \tag{2.100}$$
$$m_D(x) =_{\text{def}} \begin{cases} \min\{m_A(x), m_B(x)\}, & \text{wenn } m_A(x) = 1 \\ & \text{oder } m_B(x) = 1 \\ 0 & \text{sonst.} \end{cases}$$

Ist $\star$ irgendeine dieser zusätzlichen Durchschnittsbildungen, so ordnet man ihr mittels der Definition

$$A \# B =_{\text{def}} (A^c \star B^c)^c, \tag{2.101}$$

also mittels eines deMorganschen Gesetzes für den jeweiligen Fall,
eine ihr entsprechende Vereinigungsbildung zu. So ergeben sich zum
algebraischen Produkt die *algebraische Summe* $A+B$ mit der Charakterisierung für alle $x \in \mathcal{X}$

$$C := A+B : \qquad\qquad\qquad (2.102)$$
$$m_C(x) =_{\text{def}} m_A(x) + m_B(x) - m_A(x) \cdot m_B(x),$$

zum beschränkten Produkt die *beschränkte Summe* $A \oplus B$ mit der
Charakterisierung für alle $x \in \mathcal{X}$

$$C := A \oplus B :$$
$$m_C =_{\text{def}} \min\{1, m_A(x) + m_B(x)\} \qquad (2.103)$$

und zum drastischen Produkt die *drastische Summe* $A \diamond B$ mit der
Charakterisierung

$$C := A \diamond B : \qquad\qquad\qquad (2.104)$$
$$m_C(x) =_{\text{def}} \begin{cases} \max\{m_A(x), m_B(x)\}, & \text{wenn } m_A(x) = 0 \\ & \text{oder } m_B(x) = 0 \\ 1 & \text{sonst.} \end{cases}$$

Alle diese zusätzlichen Durchschnitts- und Vereinigungsbildungen für unscharfe Mengen sind im dem Sinne echte Verallgemeinerungen der gewöhnlichen Durchschnitts- und Vereinigungsbildung,
daß sie sich für scharfe Mengen auf jene einfachen Operationen
reduzieren. Ihr wesentlicher Unterschied zu den in (2.71), (2.70)
erklärten Operationen $\cap, \cup$ ist, daß sowohl bei $\bullet, \odot$ und $\star$ als auch
bei $+, \oplus$ und $\diamond$ die Zugehörigkeitswerte $m_A(x)$, $m_B(x)$ sich in dem
Sinne gegenseitig beeinflussen, daß i. allg. weder $m_A(x)$ noch $m_B(x)$
der Zugehörigkeitswert für x im Operationsergebnis ist. Deswegen
heißen diese zusätzlichen Durchschnitts- und Vereinigungsbildungen
interaktiv im Gegensatz zu den *nicht-interaktiven* Verknüpfungen
$\cup, \cap$, bei denen stets $m_{A \cup B}(x)$, $m_{A \cap B}(x) \in \{m_A(x), m_B(x)\}$ gilt.
Diesen interaktiven Verknüpfungen fehlt z. B. die Idempotenzeigen-
schaft (2.77).

Der Gesichtspunkt der Interaktivität ist es vielfach, der Anlaß
gibt, von den häufiger benutzten Operationen $\cup, \cap$ zu einer dieser
anderen Vereinigungs- bzw. Durchschnittsbildungen überzugehen,
wenn diese der Problemlage des Anwendungsfalles besser angepaßt

ist; vgl. beispielsweise (4.49) und (4.50), (5.54) und (5.58), aber auch
(3.41) und (3.42) sowie insbesondere Abschnitt 2.4. Überwiegend
jedoch hat man bisher mit ∪, ∩ gearbeitet; im wesentlichen wohl
wegen ihrer einfachen rechnerischen Handhabbarkeit.

Haben wir bisher verschiedene zusätzliche Varianten zu den Operationen ∪, ∩ diskutiert und erwähnt, daß die jeweilige Auswahl aus diesen
Varianten durch anwendungsspezifische Gesichtspunkte gesteuert werden muß, so bleibt doch das Problem, ob aus theoretischer Sicht gewisse
dieser Operationen vor anderen den Vorzug verdienen. Eine partielle
Antwort liefert folgendes von BELLMAN/GIERTZ (1973) stammende Resultat.

Satz: *Sind* ⊔, ⊓ *eine Vereinigungs- und eine Durchschnittsbildung für
unscharfe Mengen, die analog zu* (2.70), (2.71) *mittels zweier binärer
Operationen* ⊔, ⊓ *in* [0, 1] *erklärt sind, und verlangt man, daß*

(1) ⊔ *und* ⊓ *kommutative, assoziative und gegenseitig distributive
Operationen in* [0, 1] *sind,*

(2) ⊔ *und* ⊓ *stetige und in jeweils beiden Argumenten nichtfallende
Funktionen in* [0, 1] *sind,*

(3) $1 \sqcap 1 = 1$ *gilt und* $0 \sqcup 0 = 0$ *sowie für alle* $a, b \in [0, 1]$ *auch*
$a \sqcup b \geq \max\{a, b\}$ *und* $a \sqcap b \leq \min\{a, b\}$,

(4) die Funktionen $a \mapsto a \sqcup a$ *und* $a \mapsto a \sqcap a$ *über* [0, 1] *streng monoton
wachsend sind,*

dann gilt ⊔ = max *und* ⊓ = min, *d. h., es sind* ⊔, ⊓ *genau die in* (2.70),
(2.71) *definierten Operationen.*

Die Verknüpfungen ∪, ∩ scheinen also in gewisser Weise ausgezeichnet
zu sein. Jedoch ist keineswegs klar, ob alle Voraussetzungen (1),...,(4)
dieses Satzes wirklich berechtigte Forderungen sind. Insbesondere (2)
und (4) machen den Eindruck sehr weitgehender Forderungen, ebenso
aber auch die Distributivitätsforderung in (1). Wir werden deswegen
im folgenden Abschnitt 2.4 nicht nach Bedingungen fragen, die gewisse
der erwähnten mengenalgebraischen Verknüpfungen ausschließen, son-

dern werden eine ganze Schar solcher Verknüpfungen betrachten.

Für die Komplementbildung gibt es allerdings kaum von (2.72) verschiedenen Varianten, die weitere Verbreitung gefunden hätten; für theoretisch auch dabei vorhandene Möglichkeiten vgl. man etwa LOWEN (1978), DUBOIS/PRADE (1980), WEBER (1983) oder auch die bei GOTTWALD (1989) aus Implikationsoperationen der mehrwertigen Logik gebildeten Negationsoperatoren, die jeder Anlaß zu einer eigenen Komplementbildung für unscharfe Mengen geben können.

Unsere bisherigen Betrachtungen waren der Verallgemeinerung solcher Verknüpfungen auf unscharfe Mengen gewidmet, die man entsprechend auch für gewöhnliche Mengen kennt und oft benötigt. Nun wollen wir einen anderen Gesichtspunkt betrachten. Wir gehen von der Vorstellung aus, daß im Grundbereich $\mathcal{X}$ eine Verknüpfung, d. h. allgemeiner eine n-stellige Funktion $g : \mathcal{X}^n \to \mathcal{X}$ gegeben sei, die Werten $a_1, \ldots, a_n$ von Variablen $u_1, \ldots, u_n$ einen Wert b einer Variablen v zuordnet.

Wir stellen uns auf den Standpunkt, daß die Werte der Variablen $u_1, \ldots, u_n$ nur unscharf bekannt sind. Wie ist dann Werten $A_1, \ldots, A_n \in I\!\!F(\mathcal{X})$ der Variablen $u_1, \ldots, u_n$ ein Wert $B \in I\!\!F(\mathcal{X})$ für die Variable v zuzuordnen?

Natürlicherweise sollten die möglichen genauen Werte von v, also alle Elemente von supp (B), sich mittels der Funktion g aus den möglichen genauen Werten aller Variablen u_i, also aus den Elementen aller Mengen supp (A_i) ergeben. Außerdem sollten die Zugehörigkeitswerte $m_{A_i}(a_i), i = 1, \ldots, n$ den Zugehörigkeitswert $m_B(g(a_1, \ldots, a_n))$ bestimmen. Es muß also die Funktion $g : \mathcal{X}^n \to \mathcal{X}$ zu einer Funktion $\hat{g} : I\!\!F(\mathcal{X})^n \to I\!\!F(\mathcal{X})$ erweitert werden. Dieser Übergang von g zu $\hat{g}$ geschieht in einer von ZADEH (1975) vorgeschlagenen und als *Erweiterungsprinzip* bezeichneten Weise.[1]

Erweiterungsprinzip: *Eine Funktion* $g : \mathcal{X}^n \to \mathcal{Y}$ *werde dadurch zu einer Funktion* $\hat{g} : I\!\!F(\mathcal{X})^n \to I\!\!F(\mathcal{Y})$ *erweitert, daß für alle* $A_1, \ldots, A_n \in I\!\!F(\mathcal{X})$ *gesetzt wird:*

$$B := \hat{g}(A_1, \ldots, A_n) :$$

---

[1] Hier wie überall sonst ist Null das Supremum über die leere Menge.

$$m_B(y) =_{\text{def}} \sup_{\substack{x_1,\ldots,x_n \in \mathcal{X} \\ y=g(x_1,\ldots,x_n)}} \min\{m_{A_1}(x_1),\ldots,m_{A_n}(x_n)\}$$

$$\text{für alle} \quad y \in \mathcal{Y}. \qquad (2.105)$$

Man kann (2.105) auch „schnittweise" betrachten: Es gilt für jedes $\alpha \in [0,1]$:

$$B^{>\alpha} = g(A_1^{>\alpha},\ldots,A_n^{>\alpha}); \qquad (2.106)$$

wird für jedes $y \in \mathcal{Y}$ das in (2.105) auftretende Supremum angenommen, so gilt (2.106) sogar entsprechend für die scharfen α-Schnitte. Dazu muß in (2.106) allerdings die Funktion g auf gewöhnliche Mengen angewendet werden: dies geschieht wie üblich dadurch, daß man als Funktionswert die Menge aller $g(a_1,\ldots,a_n)$ für $a_i \in A_i^{>\alpha}$ nimmt.

Die Termschreibweise (2.40) gestattet auch hier wieder eine wesentlich einfachere Darstellung. (2.105) kann geschrieben werden als

$$\hat{g}(A_1,\ldots,A_n) = \{g(a_1,\ldots,a_n) \parallel a_1 \,\varepsilon\, A_1 \wedge \ldots \wedge a_n \,\varepsilon\, A_n\}, \quad (2.107)$$

was als sofort verständliche Kurzform für

$$\hat{g}(A_1,\ldots,A_n) = \{y \in \mathcal{Y} \parallel \exists a_1 \ldots \exists a_n (a_1 \,\varepsilon\, A_1 \wedge \ldots \wedge a_n \,\varepsilon\, A_n$$
$$\wedge \, y \doteq g(a_1,\ldots,a_n))\} \qquad (2.108)$$

zu betrachten ist. In diesen Formeln ist $\wedge$ diejenige mehrwertige Konjunktion, der die Minimumbildung der verallgemeinerten Wahrheitswerte als Wahrheitswertfunktion entspricht, $\exists$ die als Supremumbildung zu verstehende mehrwertige Partikularisierung und $\doteq$ eine mehrwertige Identitätsbeziehung, für deren Wahrheitswerte gilt

$$\llbracket a \doteq b \rrbracket =_{\text{def}} \begin{cases} 1, & \text{wenn } a = b, \\ 0, & \text{sonst.} \end{cases} \qquad (2.109)$$

Damit ist offensichtlich, daß das Erweiterungsprinzip (2.105) eine direkte Verallgemeinerung der Hausdorffschen Art ist, Mengenoperationen aus Operationen zwischen den Elementen zu definieren.

2.4 Verallgemeinerte, t-Norm-basierte Operationen

Die im vorangehenden Abschnitt 2.3 neben den auf der Minimum-bzw. Maximumbildung der Zugehörigkeitswerte basierenden, grundlegenden nicht-interaktiven mengenalgebraischen Verknüpfungen ∩, ∪ noch besprochenen interaktiven Durchschnitts- bzw. Vereinigungsbildungen •, ⊙, ⋆, etc. scheinen eher zufällig gewählt zu sein als einem allgemeinen Prinzip zu unterliegen. Der im Abschnitt 2.3 erwähnte Satz, den BELLMAN/GIERTZ (1973) bewiesen, kann sogar den Eindruck erwecken, als ob diese interaktiven Verknüpfungen recht exotisch wären. Solch ein Eindruck, obwohl für die frühen Arbeiten über unscharfe Mengen wie ZADEH (1965) durchaus noch zutreffend, täuscht hinsichtlich des aktuellen Entwicklungsstandes der Theorie unscharfer Mengen: nicht nur die interaktiven Durchschnittsbildungen •, ⊙, ⋆, sondern auch ∩ selbst gehören unter ein übergreifendes Konzept: Durchschnittsbildungen für unscharfe Mengen, deren Definitionen in uniformer Weise mit einer sog. t-Norm als Parameter geschrieben werden können.

Unter einer *t-Norm* versteht man eine binäre Operation t in $[0, 1]$, also eine zweistellige Funktion t von $[0, 1]$ in $[0, 1]$, die kommutativ, assoziativ und monoton wachsend ist sowie 1 als neutrales und 0 als Nullelement hat, für die also für beliebige $x, y, z, u, v \in [0, 1]$ die folgenden Bedingungen erfüllt sind:

(T1) $x \, t \, y = y \, t \, x$;

(T2) $x \, t \, (y \, t \, z) = (x \, t \, y) \, t \, z$;

(T3) wenn $x \leq u$ und $y \leq v$, so $x \, t \, y \leq u \, t \, v$;

(T4) $x \, t \, 1 = x$ und $x \, t \, 0 = 0$.

Zu jeder t-Norm t erhält man eine *Durchschnittsbildung* $\cap_t$ für unscharfe Mengen, indem man den (auf die t-Norm t bezogenen) Durchschnitt $A \cap_t B$ definiert gemäß

$$D := A \cap_t B :$$
$$m_D(x) =_{\text{def}} m_A(x) \, t \, m_B(x) \quad \text{für alle } x \in \mathcal{X} \qquad (2.110)$$

Alle im Abschnitt 2.3 betrachteten Durchschnittsbildungen werden in dieser Art von t-Normen erzeugt. Für $A \cap B$ gemäß (2.71) ist die zugehörige t-Norm die Operation t_0 :

$$u\, t_0\, v = \min\{u,v\} \quad \text{für } u,v \in [0,1];$$

für das algebraische Produkt (2.98) ist die zugehörige t-Norm t_1:

$$u\, t_1\, v = u \cdot v \quad \text{für } u,v \in [0,1];$$

zum beschränkten Produkt (2.100) gehört die t-Norm t_2:

$$u\, t_2\, v = [u + v - 1]^+ \quad \text{für } u,v \in [0,1];$$

und zum drastischen Produkt (2.101) schließlich die t-Norm t_3 :

$$u\, t_3\, v = \begin{cases} \min\{u,v\}, & \text{falls } u = 1 \\ & \qquad \text{oder } v = 1 \quad \text{für } u,v \in [0,1]. \\ 0 & \text{sonst} \end{cases}$$

Wegen der Kommutativität und Assoziativität der t-Normen gelten für jede solche Durchschnittsbildung $\cap_t$ nach (2.110) sofort für beliebige unscharfe Mengen $A, B, C \in I\!\!F(\mathcal{X})$:

$$A \cap_t B = B \cap_t A, \tag{2.111}$$

$$A \cap_t (B \cap_t C) = (A \cap_t B) \cap_t C, \tag{2.112}$$

$$A \cap_t \emptyset = \emptyset, \qquad A \cap_t X = A. \tag{2.113}$$

Aus der Monotonie (T3) der t-Normen folgt zusammen mit (T4), daß stets $u\,t\,v \leq u\,t\,1 = u$ und ebenso $u\,t\,v \leq v$ gelten. Daher bestehen für beliebige $A, B \in I\!\!F(\mathcal{X})$ auch die Inklusionsbeziehungen

$$A \cap_t B \subseteq A, \qquad A \cap_t B \subseteq B \tag{2.114}$$

und sogar

$$A \cap_t B \subseteq A \cap B. \tag{2.115}$$

Dagegen ist i. allg. die unscharfe Menge $A \cap_t A$ verschieden von A, weil für $u \in [0,1]$ zwar stets $u\,t\,u \leq u$ ist, aber $u_0\,t\,u_0 \leq u_0$ schon bei den das algebraische Produkt $A \bullet B$ bzw. das beschränkte Produkt $A \odot B$ definierenden t-Normen t_1, t_2 der Fall ist etwa für $u_0 = \frac{1}{2}$.

Fordert man aber von einer t-Norm $\hat{t}$, daß $u\,\hat{t}\,u = u$ gelten soll für alle $u \in [0,1]$, dann gilt für alle $u,v \in [0,1]$ mit $u \leq v$ auch

$$u \leq u\,\hat{t}\,u \leq u\,\hat{t}\,v \leq u\,\hat{t}\,1 = u = \min\{u,v\}$$

und damit generell $\hat{t} = \min$. Das bedeutet jedoch:

$$A \cap_t A = A \quad \text{für alle } A \in I\!\!F(\mathcal{X}) \;\Leftrightarrow\; t = \min, \qquad (2.116)$$

d. h., nur für die Durchschnittsbildung (2.71) gilt stets $A \cap A = A$.

Darüber hinaus ist der in (2.71) definierte Durchschnitt $A \cap B$ auch die einzige nicht-interaktive Durchschnittsbildung unter allen nach (2.110) durch t-Normen definierten Durchschnittsbildungen $A \cap_t B$. Denn soll eine Durchschnittsbildung $\cap_t$ nicht-interaktiv sein, dann muß stets $u\,t\,v \in \{u,v\}$ gelten, also muß insbesondere stets $u\,t\,u = u$ sein für $u \in [0,1]$: und schon dies erzwingt ja $t = \min$.

Wie in (2.101) ordnet man mit Hilfe der Komplementbildung (2.72) jeder Durchschnittsbildung $\cap_t$ eine dazu duale *Vereinigungsbildung* $\cup_t$ zu durch die Festsetzung

$$A \cup_t B =_{\text{def}} (A^c \cap_t B^c)^c. \qquad (2.117)$$

In analoger Weise verbindet man mit jeder t-Norm t die (zu t duale) t-*Conorm* s_t durch die Definition

$$u\,s_t\,v =_{\text{def}} 1 - (1-u)\,t\,(1-v) \quad \text{für } u,v \in [0,1]. \qquad (2.118)$$

Schreiben wir im Falle der oben betrachteten t-Normen $t_0,\ldots,t_3$ einfach s statt s_t, so ergibt sich für alle $u,v \in [0,1]$:

$$\begin{aligned}
u\,s_0\,v &= \max\{u,v\}, \\
u\,s_1\,v &= u + v - uv, \\
u\,s_2\,v &= \min\{1, u+v\}, \\
u\,s_3\,v &= \begin{cases} \max\{u,v\}, & \text{falls } u = 0 \text{ oder } v = 0 \\ 1 & \text{sonst} \end{cases}
\end{aligned}$$

Für die Beschreibung der Zugehörigkeitswerte bez. $A \cup_t B$ erhält man aus (2.117) und (2.118) nun leicht für alle $x \in \mathcal{X}$

$$C := A \cup_t B : \quad m_C(x) = m_A(x)\,s_t\,m_B(x). \qquad (2.119)$$

Aus den Eigenschaften (T1),..., (T4) der t-Normen und der Definition (2.118) der jeweils zugehörigen t-Conormen folgt sofort, daß die t-Conormen s_t binäre Operationen in $[0,1]$ sind, die kommutativ, assoziativ und monoton wachsend sind und für die $u\, s_t\, 0 = u$ und $u\, s_t\, 1 = 1$ für alle $u \in [0,1]$ gelten.

Deswegen ergeben sich für jede der Vereinigungsbildungen $\cup_t$ als Beziehungen für beliebige unscharfe Mengen $A, B, C \in \mathbb{F}(\mathcal{X})$:

$$A \cup_t B = B \cup_t A, \tag{2.120}$$
$$A \cup_t (B \cup_t C) = (A \cup_t B) \cup_t C, \tag{2.121}$$
$$A \cup_t \emptyset = A, \qquad A \cup_t X = X \tag{2.122}$$

sowie die Inklusionsbeziehungen

$$A \subseteq A \cup_t B, \qquad B \subseteq A \cup_t B \tag{2.123}$$

und daher auch

$$A \cup B \subseteq A \cup_t B. \tag{2.124}$$

Ähnlich wie bei den verallgemeinerten Durchschnitten $A \cap_t B$ ist auch nun wieder i. allg. $A \cup_t A$ verschieden von A und es gilt:

$$A \cup_t A = A \quad \text{für alle } A \in \mathbb{F}(\mathcal{X})$$
$$\Leftrightarrow \quad t = \min \quad \Leftrightarrow \quad s_t = \max. \tag{2.125}$$

Die einzige nicht-interaktive unter den in (2.119), (2.117) erklärten Vereinigungsbildungen ist also die Vereinigung $A \cup B$ nach (2.70).

Aus der Definition (2.117) ergeben sich für jede t-Norm t sofort die deMorganschen Gesetze

$$(A \cap_t B)^c = A^c \cup_t B^c, \tag{2.126}$$
$$(A \cup_t B)^c = A^c \cap_t B^c \tag{2.127}$$

für beliebige $A, B \in \mathbb{F}(\mathcal{X})$ als Verallgemeinerung von (2.84), (2.83). Dagegen gelten (2.81) verallgemeinernde Distributivgesetze nicht mehr bez. beliebiger t-Normen; im Gegenteil: sie gelten *nur* für die durch (2.71), (2.70) erklärten Operationen $\cap, \cup$.

Fordert man nämlich etwa $A \cap_t (B \cup_t C) = (A \cap_t B) \cup_t (A \cap_t C)$ für beliebige $A, B, C \in \mathbb{F}(\mathcal{X})$, so ist dies für $B = C = X$ die Forderung, daß $A = A \cup_t A$ sein soll für alle $A \in \mathbb{F}(\mathcal{X})$; dies galt aber nur für

$t = \min$. Analog erzwingt die Gültigkeit des Distributivgesetzes $A \cup_t (B \cap_t C) = (A \cup_t B) \cap_t (A \cup_t C)$ für alle $A, B, C \in \mathbb{F}(\mathcal{X})$, daß $t = \min$ sein muß.

Die Monotoniebedingung (T3) bei t-Normen bewirkt, daß die Gleichung

$$u\,t\,\max\{v,w\} = \max\{u\,t\,v, u\,t\,w\} \qquad (2.128)$$

für alle $u, v, w \in [0,1]$ gilt. Daraus ergeben sich für alle $A, B, C \in \mathbb{F}(\mathcal{X})$ und beliebige t-Normen t die Distributivgesetze:

$$\begin{aligned}
A \cup (B \cap_t C) &= (A \cup B) \cap_t (A \cup C), & (2.129)\\
A \cup (B \cup_t C) &= (A \cup B) \cup_t (A \cup C), & (2.130)\\
A \cup_t (B \cap C) &= (A \cup_t B) \cap (A \cup_t C), & (2.131)\\
A \cap_t (B \cup C) &= (A \cap_t B) \cup (A \cap_t C). & (2.132)
\end{aligned}$$

Weil außerdem aus der Monotoniebedingung (T3) auch die Beziehung

$$u\,t\,\min\{v,w\} = \min\{u\,t\,v, u\,t\,w\} \qquad (2.133)$$

für beliebige $u, v \in [0,1]$ folgt, erhält man sogar die (ungewohnt aussehenden) Distributivgesetze

$$\begin{aligned}
A \cap (B \cap_t C) &= (A \cap B) \cap_t (A \cap C), & (2.134)\\
A \cap_t (B \cap C) &= (A \cap_t B) \cap (A \cap_t C), & (2.135)\\
A \cup (B \cup_t C) &= (A \cup B) \cup_t (A \cup C), & (2.136)\\
A \cup_t (B \cup C) &= (A \cup_t B) \cup (A \cup_t C) & (2.137)
\end{aligned}$$

für beliebige unscharfe Mengen A, B, C.

Man kann aber natürlich nicht nur wie in (2.110) die Durchschnittsbildung (und damit indirekt, vermittelt über (2.117) bzw. (2.118), die Vereinigungsbildung) statt auf die Minimumbildung der jeweiligen Zugehörigkeitswerte auf deren Verknüpfung über eine t-Norm gründen. In ganz analoger Weise kann man auch die Minimumbildung in der Definition (2.91) des unscharfen kartesischen Produktes ersetzen durch eine t-Norm und dadurch dieses kartesische Produkt $A \otimes B$ verallgemeinern zu einem *unscharfen, t-Norm-basierten kartesischen Produkt* $A \otimes_t B$ mit der Definition

$$C := A \otimes_t B :$$
$$m_C((a,b)) =_{\text{def}} m_A(a)\,t\,m_B(b) \quad \text{für alle } a, b \in \mathcal{X}, \quad (2.138)$$

wenn $A, B \in \mathbb{F}(\mathcal{X})$ unscharfe Mengen über demselben Grundbereich sind.

Von den wichtigen Eigenschaften (2.92) bis (2.97) des gewöhnlichen unscharfen kartesischen Produktes (2.91) hat man auch nun sofort wieder auf Grund der die t-Normen charakterisierenden Bedingungen (T1),..., (T4) die Assoziativität

$$A \otimes_t (B \otimes_t C) = (A \otimes_t B) \otimes_t C \qquad (2.139)$$

und die Monotonie

$$A \subseteq B \;\Rightarrow\; A \otimes_t C \subseteq B \otimes_t C \text{ und } C \otimes_t A \subseteq C \otimes_t B. \,(2.140)$$

Ebenso gilt weiterhin die Beziehung

$$A \otimes_t \emptyset = \emptyset \otimes_t A = \emptyset, \qquad (2.141)$$

aber es kann nunmehr $A \otimes_t B = \emptyset$ sein, ohne daß $A = \emptyset$ oder $B = \emptyset$ gilt. Ein einfaches Beispiel findet man, wenn man für die t-Norm t_2 die unscharfen Mengen A_0, B_0 jeweils als $\frac{1}{2}$-Universalmenge $X^{[\frac{1}{2}]}$ nimmt: dann ist $A_0 \otimes_{t_2} B_0 = \emptyset$, weil $m_A(x)\, t_2\, m_B(x) = \frac{1}{2} t_2 \frac{1}{2} = 0$ für alle $x \in \mathcal{X}$ ist.

In ganz entsprechender Weise wie oben für die Durchschnitte und Vereinigungen ergeben sich unmittelbar aus den Beziehungen (2.128) und (2.133) Distributivgesetze bez. der elementaren Operationen $\cap, \cup$ in $\mathbb{F}(\mathcal{X})$:

$$A \otimes_t (B \cap C) = (A \otimes_t B) \cap (A \otimes_t C), \qquad (2.142)$$
$$A \otimes_t (B \cup C) = (A \otimes_t B) \cup (A \otimes_t C). \qquad (2.143)$$

Diese Distributivgesetze lassen sich aber nicht auf die verallgemeinerten Durchschnitte $\cap_t$ und Vereinigungen $\cup_t$ übertragen. Denn wählt man in dem mit $\cap_t$ statt $\cap$ aufgeschriebenen Distributivgesetz (2.142) etwa $B = C = X$, so wird dieses Distributivgesetz zur Gleichung $A = A \cap_t A$; aber $A = A \cap_t A$ für beliebige $A \in \mathbb{F}(\mathcal{X})$ gilt nur für $t = \min$. Daher ergibt sich die Beziehung

$$A \otimes_t (B \cap_t C) = (A \otimes_t B) \cap_t (A \otimes_t C) \quad \text{für alle } A, B, C$$
$$\Leftrightarrow \quad t = \min. \qquad (2.144)$$

In gleicher Weise gelangt man von dem mit $\cup_t$ statt $\cup$ geschriebenen Distributivgesetz (2.143) durch die Wahl $B = C = X$ zur Bedingung $A = A \cup_t A$ für alle $A \in F(\mathcal{X})$ und hat damit erneut:

$$A \otimes_t (B \cup_t C) = (A \otimes_t B) \cup_t (A \otimes_t C) \quad \text{für alle } A, B, C$$
$$\Leftrightarrow \quad t = \min. \tag{2.145}$$

Da die Eigenschaften (T1),..., (T4), die die t-Normen charakterisieren, sehr allgemein sind, gibt es eine recht umfangreiche Klasse von binären Operationen in $[0, 1]$, die t-Normen sind. Darunter kommen auch Operationen vor, die nicht stetig sind wie z. B. die das drastische Produkt $A \star B$ definierende t-Norm t_3. Um aus dieser Vielfalt überschaubare, trotzdem aber ausreichend umfangreiche Teilklassen herauszugreifen, sind mehrfach einparametrische Familien von t-Normen diskutiert worden.

HAMACHER (1978) betrachtet eine Familie von t-Normen $t_{H,\gamma}$ mit dem Parameterbereich $\gamma \geq 0$:

$$u\, t_{H,\gamma}\, v =_{\text{def}} \frac{uv}{\gamma + (1 - \gamma)(u + v - uv)}. \tag{2.146}$$

Die nach (2.118) zu den t-Normen $t_{H,\gamma}$ dualen t-Conormen $s_{H,\gamma}$ sind:

$$u\, s_{H,\gamma}\, v =_{\text{def}} \frac{u + v - uv - (1 - \gamma)uv}{1 - (1 - \gamma)uv}. \tag{2.147}$$

Unter den nach (2.110) bzw. (2.119) zugehörigen Durchschnittsbildungen $\cap_{H,\gamma}$ bzw. Vereinigungsbildungen $\cup_{H,\gamma}$ findet man für $\gamma = 1$ das algebraische Produkt bzw. die algebraische Summe unscharfer Mengen; und für $\gamma \to \infty$ streben die Durchschnitte $\cap_{H,\gamma}$ gegen das drastische Produkt $\star$ und die Vereinigungen $\cup_{H,\gamma}$ gegen die drastische Summe $\diamond$.

Die von YAGER (1980) angegebene Familie von t-Normen $t_{Y,p}$ mit dem Parameterbereich $p \geq 0$ ist:

$$u\, t_{Y,p}\, v =_{\text{def}} 1 - \min\{1, ((1 - u)^p + (1 - v)^p)^{1/p}\}; \tag{2.148}$$

sie hat als Familie der dualen t-Conormen $s_{Y,p}$ die Funktionenfamilie:

$$u\, s_{Y,p}\, v =_{\text{def}} \min\{1, (u^p + v^p)^{1/p}\}. \tag{2.149}$$

Die nach (2.110) zugehörigen Durchschnittsbildungen $\cap_{Y,p}$ streben für $p \to 0$ gegen das drastische Produkt $\star$ und für $p \to \infty$ gegen den nicht-interaktiven Durchschnitt $\cap$; für $p = 1$ ergibt sich das beschränkte Produkt $\odot$. Entsprechend streben die nach (2.119) zugehörigen Vereinigungsbildungen $\cup_{Y,p}$ für $p \to 0$ gegen die drastische Summe $\diamond$ und für $p \to \infty$ gegen die Vereinigung $\cup$; für $p = 1$ ergibt sich die beschränkte Summe $\oplus$.

Eine dritte Familie von t-Normen $t_{W,\lambda}$ mit dem Parameterbereich

$\lambda \geq -1$ hat WEBER (1983) eingeführt. Er betrachtet

$$u \, t_{W,\lambda} \, v =_{\text{def}} \max\left\{0, \frac{u+v-1+\lambda uv}{1+\lambda}\right\} \tag{2.150}$$

und hat die zugehörigen dualen t-Conormen $s_{W,\lambda}$ gegeben als

$$u \, s_{W,\lambda} \, v =_{\text{def}} \min\{1, u+v+\lambda uv\}. \tag{2.151}$$

Zum Parameterwert $\lambda = 0$ gehören in diesem Falle das beschränkte Produkt bzw. die beschränkte Summe als Durchschnitts- bzw. Vereinigungsbildung; für $\lambda \to -1$ streben diese zugehörigen Durchschnittsbildungen $\cap_{W,\lambda}$ bzw. Vereinigungsbildungen $\cup_{W,\lambda}$ gegen das drastische Produkt bzw. die drastische Summe, und für $\lambda \to \infty$ streben sie gegen das algebraische Produkt bzw. die algebraische Summe.

Statt wie in diesen drei Familien je eine Schar von t-Normen direkt anzugeben, kann man t-Normen auch mit Hilfe anderer, meist einfacherer Funktionen erzeugen. In besonders übersichtlicher Weise gelingt dies für archimedische t-Normen, wobei man eine t-Norm t *archimedisch* nennt, falls t stetig ist (als Funktion zweier Argumente) und $u \, t \, u \leq u$ gilt für alle $u \in (0,1)$.

Zu jeder archimedischen t-Norm gibt es nämlich eine stetige und monoton fallende Funktion $f : [0,1] \to [0,1]$, für die $f(1) = 0$ ist und für alle $u, v \in [0,1]$ gilt

$$u \, t \, v = f^{(-1)}\big(f(u) + f(v)\big),$$

wobei die *pseudoinverse* Funktion $f^{(-1)}$ zu f definiert ist für jedes $z \in [0, \infty]$ durch

$$f^{(-1)}(z) = \begin{cases} f^{-1}(z), & \text{falls } z \in [0, f(0)] \\ 0, & \text{falls } z \in (f(0), \infty]. \end{cases}$$

Die erzeugende Funktion f ist dabei bis auf einen positiven Faktor eindeutig bestimmt.

Entsprechend nennt man eine t-Conorm s archimedisch, wenn sie stetig ist und stets $u\,s\,u \geq u$ gilt. Die archimedischen t-Conormen sind die dualen t-Conormen zu den archimedischen t-Normen. Sie können in der Form

$$u\,s\,v = g^{[-1]}\bigl(g(u) + g(v)\bigr)$$

erzeugt werden ausgehend von einer stetigen und monoton wachsenden Funktion $g : [0,1] \to [0,\infty]$, für die $g(0) = 0$ ist. Hierbei ist

$$g^{[-1]}(z) = \left\{ \begin{array}{ll} g^{-1}(z), & \text{falls } z \in [0, g(1)] \\ 0, & \text{falls } z \in (g(1), \infty]. \end{array} \right.$$

Die hier betrachteten t-Normen, deren Name vom englischen Ausdruck *triangular norms* abgeleitet ist, wurden im Rahmen von Untersuchungen zu statistischen metrischen Räumen von SCHWEIZER/SKLAR (1960, 1961) bei der Erörterung der Dreiecksungleichung eingeführt. Ihre eigentliche Bedeutung für die mengenalgebraischen Verknüpfungen unscharfer Mengen verdanken sie neben der Idee der Interaktivität des Verknüpfens verallgemeinerter Zugehörigkeitswerte insbesondere der Tatsache, daß sie natürliche Kandidaten für Wahrheitswertfunktionen von Konjunktionen der mehrwertigen Logik sind – und daß die Deutung der verallgemeinerten Zugehörigkeitswerte unscharfer Mengen als verallgemeinerter Wahrheitswerte einer mehrwertigen Elementbeziehung sofort die Definition eines Durchschnittes unscharfer Mengen unter Rückgriff auf eine entsprechende verallgemeinerte Konjunktion der mehrwertigen Logik nahelegt. Die t-Normen spielen daher nicht nur zur Definition von Durchschnitten, Vereinigungen und kartesischen Produkten unscharfer Mengen eine Rolle spielen, sondern treten darüber hinaus an vielen Stellen in den Gesichtskreis, an denen de facto eine verallgemeinerte Konjunktionsbildung eine Rolle spielt. Und dies ist sehr häufig immer dort der Fall, wo in den elementaren Betrachtungen zu unscharfen Mengen der min-Operator auftritt.

So sieht man im Falle des Erweiterungsprinzips z. B. an den Formeln (2.107) und (2.108) sehr leicht, daß die mit $\wedge$ bezeichnete mehrwertige Konjunktion keineswegs als Minimumbildung interpretiert werden muß: sie könnte eine beliebige t-Norm bedeuten. Damit ist aber auch klar, daß schon in der Erklärung des Erweiterungsprinzip in (2.105) die Minimumbildung durch eine beliebige t-Norm , also eine interaktive Verknüpfung der Zugehörigkeitswerte $m_{A_1}(x_1), \ldots, m_{A_n}(x_n)$ ersetzt werden darf. So wie außer der Menge $I = [0,1]$ beliebige andere Mengen L als Bereiche der Zugehörigkeitswerte unscharfer Mengen in Frage kamen, so können auch beliebige weitere Verknüpfungen für unscharfe Mengen eingeführt werden, die auf Verknüpfungen in der Menge aller Zugehörigkeitswerte basieren. Normalerweise folgt man dabei dem Prinzip, solche Verknüpfungen „punktweise" für alle $a \in \mathcal{X}$ zu erklären: also den Zugehörigkeitswert $m_C(a)$ bez. des Verknüpfungsergebnisses C der unscharfen Mengen $A_1, \ldots, A_n$ zu erkären mittels der Zugehörigkeitswerte $m_{A_i}(a)$ für alle $i = 1, \ldots, n$.

Dieses Herangehen ergibt sich sofort, wenn man in naheliegender Weise $I\!\!F_\mathsf{L}(\mathcal{X})$ als direktes Produkt

$$I\!\!F_\mathsf{L}(\mathcal{X}) = \prod_{x \in \mathcal{X}} \mathsf{L}$$

ansieht. Geht man dann von der Annahme aus, in L eine n-stellige Operation $O_n : \mathsf{L}^n \to \mathsf{L}$ zu haben, so ist die ihr im direkten Produkt $I\!\!F_\mathsf{L}(\mathcal{X})$ entsprechende Operation $\hat{O}^n : I\!\!F_\mathsf{L}(\mathcal{X})^n \to I\!\!F_\mathsf{L}(\mathcal{X})$ definiert durch

$$C = \hat{O}^n(A_1, \ldots, A_n) \quad \text{genau dann, wenn} \tag{2.152}$$
$$m_C(a) = O^n(m_{A_1}(a), \ldots, m_{A_n}(a)) \quad \text{für jedes } a \in \mathcal{X}.$$

Mit der in (2.40) eingeführten Bezeichnungsweise verallgemeinerter Klassenterme bedeutet dies einfach

$$\hat{O}^n(A_1, \ldots, A_n) = \{x \in \mathcal{X} \parallel O^n(x \,\varepsilon\, A_1, \ldots, x \,\varepsilon\, A_n)\}, \tag{2.153}$$

wenn man noch die Operation O^n in L als logische Verknüpfungen in einer mehrwertigen Logik nimmt, die L als Menge verallgemeinerter Wahrheitwerte hat. Dann ergibt sich unmittelbar, daß alle oben angegebenen Verknüpfungen für unscharfe Mengen solcherart aus Verknüpfungen in $I = [0,1]$ resultieren: ∩ aus der Minimumbildung, ∪ aus der Maximumbildung, • aus der Produktbildung usw. Hat man also für die Zugehörigkeitswerte vorgegebene Verknüpfungen – oder auch Relationen –, so kann man diese nach algebraischen Standardverfahren auf unscharfe Mengen übertragen.

Weitergehend gewinnt man aus dieser Betrachtung auch Rechengesetze für die gemäß (2.152), (2.153) erklärten Operationen in $I\!\!F_\mathsf{L}(\mathcal{X})$, weil ganze Klassen von Aussagen ihre Gültigkeit in L vererben auf geeignete

direkte Produkte. Der Einfachheit halber soll das wesentlichste derartige
Resultat nur für binäre Verknüpfungen in L formuliert werden.

Es mögen $*_1, \ldots, *_m$ (Symbole für) binäre Operationen in L sein.
Die Kleinbuchstaben $a, b, c, \ldots$ seien Variable für Elemente aus L. In
bekannter Weise lassen sich dann Terme bilden, die Verknüpfungser-
gebnisse und also wieder Elemente von L bezeichnen. Solche Terme
sind etwa: $a *_1 b$, $c *_2 c$, b, $(a *_1 c) *_2 a, \ldots$. Aus Termen T_1, T_2 werden *Termgleichungen* $T_1 = T_2$ und *Termungleichheiten* $T_1 \neq T_2$ gebildet. Alternative Verknüpfungen von einer Termgleichung und endlich
vielen Termungleichheiten heißen *elementare* HORN-*Ausdrücke* bez. L;
diese elementaren HORN-Ausdrücke und deren Verknüpfungen mittels
Konjunktion und den auf L bezogenen Quantoren „es gibt ein" und „für
alle" sind die HORN-*Ausdrücke* bez. L. HORN-Ausdrücke bez. L formulieren also Rechengesetze für Operationen in L und Recheneigenschaften.
Beispielsweise sind durch HORN-Ausdrücke formulierbar: die Kommutativität von $*_1$, die Assoziativität von $*_3$, die Distributivität von $*_1$ bez. $*_2$
usw. Ersetzt man in einem HORN-Ausdruck H bez. L die (Symbole der)
Operationen $*_1, \ldots, *_m$ durch die (Symbole der) ihnen gemäß (2.152),
(2.153) entsprechenden Operationen $\hat{*}_1, \ldots, \hat{*}_m$ in $I\!\!F_L(\mathcal{X})$ und die Variablen für Elemente aus L durch – ihnen zugeordnete – Variablen für
Elemente aus $I\!\!F_L(\mathcal{X})$, so entsteht ein HORN-Ausdruck $\hat{H}$ bez. $I\!\!F_L(\mathcal{X})$.
Dann hat man folgendes allgemeine

Übertragungsprinzip: *Ist ein* HORN-*Ausdruck H bez. L in der Struktur L der Zugehörigkeitswerte gültig, so ist der zugeordnete* HORN-*Aus-
druck $\hat{H}$ bez. $I\!\!F_L(\mathcal{X})$ in der Struktur der unscharfen Mengen $I\!\!F_L(\mathcal{X})$
gültig.*

Alle oben in (2.75) bis (2.84) formulierten Rechengesetze für unscharfe
Mengen ergeben sich so aus Rechengesetzen in $[0, 1]$.

Eine wichtige allgemeine Frage betrifft die Wahl von Verknüpfungen in L, also die Struktur von L, die allgemein vorausgesetzt werden
sollte. Hier gibt es keine zwingenden Resultate. Üblicherweise geht man
davon aus, daß L wenigstens ein distributiver Verband mit Null- und
Einselement sein sollte; außerdem setzt man Vollständigkeit und endliche Distributivität immer dann zusätzlich voraus, wenn man verallgemeinerte Mengenoperationen entsprechend (2.85), (2.86) betrachten will.
Vor allem aber scheint es angebracht, neben der idempotenten Bildung
des Verbandsdurchschnittes noch ein (evtl.) nicht idempotentes weiteres „Produkt" $\bowtie$ zu betrachten, von dem man meist voraussetzt, daß
es kommutativ und assoziativ ist, das Verbandseinselement als neutrales
Element hat und bez. der Verbandshalbordnung $\preceq$ monoton wachsend

ist. Im Falle $L = [0,1]$ sind diese „Produkte" genau die durch (T1),...,
(T4) charakterisierten t-Normen, d. h. die kommutativen, assoziativen
und monotonen Operationen in $[0,1]$, die 1 als neutrales Element und 0
als Nullelement nehmen.

Günstig ist es, außerdem noch eine auf ⋈ bezogene relative *Pseudokomplementbildung*, eine sog. Residuenbildung ▷ zu betrachten, die bez.
$\preceq$ im 2. Argument monoton wachsend und im 1. Argument monoton
fallend ist und als charakteristische Bedingung erfüllt:

$$(a ⋈ b) \preceq c \quad \text{genau dann,wenn} \quad a \preceq (b ▷ c). \tag{2.154}$$

Damit wird L zu einem sog. *Residualverband*.

In Abhängigkeit von den jeweils betrachteten Anwendungen sind
diese strukturellen Annahmen hinsichtlich L aber weitgehend beliebig
modifizierbar.

2.5 Unscharfe Zahlen und ihre Arithmetik

Im Abschnitt 2.2 wurden unscharfe (reelle) Zahlen anschaulich eingeführt als ungenau gegebene oder ungenau bestimmte Zahlen. In
diesem Abschnitt wollen wir sie mathematisch definieren und Eigenschaften und Rechengesetze vorstellen.

Damit eine unscharfe Zahl mit unseren Vorstellungen über eine
ungenaue Angabe eines Zahlenwertes, d. h. über einen nur schlecht
bekannten genauen Zahlenwert übereinstimmt, sollte ihre Zugehörigkeitsfunktion keine Nebenmaxima haben. Die unscharfen Zahlen
sollen also konvexe unscharfe Mengen sein.

Man nennt dabei ganz allgemein eine unscharfe Menge $A \in$
$I\!F(I\!R)$ *konvex*, falls alle ihre (scharfen) α-Schnitte Intervalle, also
selbst wieder konvexe Mengen sind. Gleichwertig damit ist, daß für
beliebige $a, b, c \in I\!R$ gilt

$$a \leq c \leq b \Rightarrow m_A(c) \geq \min\{m_A(a), m_A(b)\}. \tag{2.155}$$

Den charakteristischen Unterschied zwischen einer konvexen und
einer nicht konvexen unscharfen Teilmenge von $I\!R$ zeigt Abb. 4, bei
der A eine konvexe unscharfe Menge ist, B aber nicht.

Der Begriff der Konvexität läßt sich ohne Schwierigkeiten in genau der gleichen Weise, wie in (2.155) für unscharfe Teilmengen von

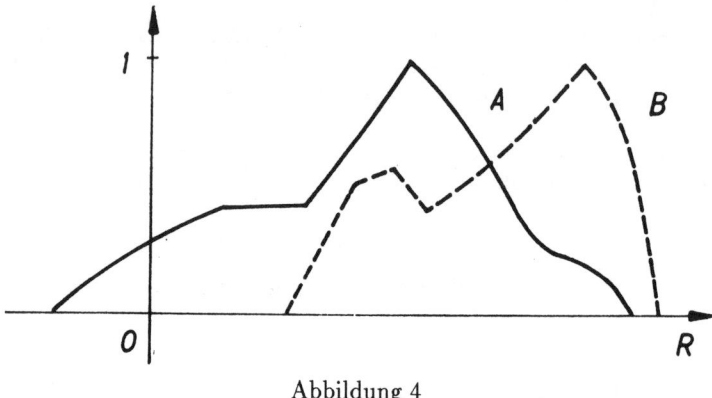

Abbildung 4

$I\!R$ geschehen, auch für unscharfe Mengen $A \in I\!F(\mathcal{X})$ über anderen Grundbereichen $\mathcal{X}$ erklären. Es muß in $\mathcal{X}$ lediglich eine „zwischen"-Beziehung und damit der Begriff des Intervalls $[a,b]$ mit den Endpunkten a, b gegeben sein, dann kann man statt (2.155) die Bedingung

$$c \in [a,b] \;\Rightarrow\; m_A(c) \geq \min\{m_A(a), m_A(b)\}$$

als Definition der Konvexität von A nehmen.

Eine unscharfe Menge $A \in I\!F(I\!R)$ nennen wir *unscharfe (reelle) Zahl*, falls A konvex ist und es genau eine reelle Zahl a gibt, für die $m_A(a) = 1$ gilt; ist A nur konvex und normalisiert, so heißt A *unscharfes Intervall*. Insbesondere ist jede unscharfe Zahl ein unscharfes Intervall. Jede unscharfe Zahl ist außerdem eine unimodale unscharfe Menge; und die unimodalen unscharfen Intervalle sind gerade die unscharfen Zahlen.

Für unscharfe Intervalle A ist der Kern ein Intervall. Die unscharfen Zahlen und Intervalle verallgemeinern daher die Ansätze der Intervallarithmetik, die aus der traditionellen Fehlerrechnung hervorgegangen ist durch den Gedanken, statt mit fehlerbehafteten reellen Zahlen gleich mit den durch die Fehlerschranken gegebenen Intervallen zu operieren. Kernpunkt dieses weiteren Übergangs zu unscharfen Zahlen und Intervallen ist die Idee, daß auch bei den gewöhnlichen Intervallen die Intervallendpunkte „scharf" gegeben sein müssen – daß bei unscharfen Zahlen und Intervallen gerade diese Festlegung aber auch „abgestuft" erfolgen kann. (Für die gewöhnliche Intervallarithmetik sei auf MOORE (1966, 1979), ALE-FELD/HERZBERGER (1974) und KALMYKOV/ŠOKIN/JULDAŠEV (1986) verwiesen.)

Um mit unscharfen Zahlen und Intervallen rechnen zu können, müssen zunächst die Grundrechenarten dafür erklärt werden. Dabei wenden wir das Erweiterungsprinzip (2.105) an. Damit wird die *Summe* $S := A \oplus B$ zweier unscharfer Zahlen bzw. Intervalle festgelegt durch die Zugehörigkeitsfunktion

$$\forall\, a \in I\!\!R : \quad m_S(a) = \sup_{x \in I\!\!R} \min\{m_A(x), m_B(a-x)\} \qquad (2.156)$$

Für die *Differenz* $D := A \ominus B$ erklärt man entsprechend

$$\forall\, a \in I\!\!R : \quad m_D(a) = \sup_{x \in I\!\!R} \min\{m_A(x), m_B(x-a)\} \qquad (2.157)$$

und ebenso für das *Produkt* $P := A \odot B$

$$\forall\, a \in I\!\!R : \quad m_P(a) = \sup_{\substack{x,y \in I\!\!R \\ a = xy}} \min\{m_A(x), m_B(y)\}. \qquad (2.158)$$

Diese Festlegungen ergeben als Resultate stets unscharfe Intervalle, falls A, B unscharfe Intervalle sind – und unscharfe Zahlen, falls A, B unscharfe Zahlen sind. Auch das *Negative* $N = {}^-A$ eines unscharfen Intervalls erklärt man nach diesem Muster durch

$$m_N(a) = m_A(-a) \quad \text{für jedes } a \in I\!\!R. \qquad (2.159)$$

Vorsicht ist jedoch geboten bei der Definition des Quotienten. Man erklärt zunächst im Falle $0 \notin \operatorname{supp}(B)$ den *Kehrwert* $K := B^{-1}$ eines unscharfen Intervalls durch

$$m_K(a) = \begin{cases} m_B(1/a) & \text{für alle } a \text{ mit } 1/a \in \operatorname{supp}(B), \\ 0 & \text{sonst} \end{cases} \qquad (2.160)$$

und damit, wieder unter der Voraussetzung $0 \notin \operatorname{supp}(B)$, den *Quotienten* $Q := A \oslash B$ als $A \oslash B =_{\text{def}} A \odot B^{-1}$ und erhält dafür die Zugehörigkeitsfunktion:

$$m_Q(a) = \sup_{\substack{x,y \in I\!\!R \\ a = x/y}} \min\{m_A(x), m_B(y)\} \quad \text{für alle } a \in I\!\!R. \qquad (2.161)$$

Setzt man $0 \notin \text{supp}(B)$ nicht voraus, dann braucht $A \odot B$ für unscharfe Zahlen A, B kein unscharfes Intervall mehr zu sein.

Diese Rechenoperationen für unscharfe Zahlen und Intervalle umfassen die gewöhnlichen Rechenoperationen für reelle Zahlen und auch die Rechenoperationen der Intervallarithmetik. Ihnen können weitere, ebenfalls auf dem Erweiterungsprinzip basierende arithmetische Operationen in gleicher Weise zur Seite gestellt werden, wie dies bei den nicht-interaktiven mengenalgebraischen Operationen $\cap, \cup$ mit den auf t-Normen beruhenden interaktiven mengenalgebraischen Verknüpfungen der Fall gewesen ist. Man muß dazu nur das Erweiterungsprinzip in seiner verallgemeinerten Form benutzen, in der die Minimumbildung von (2.105) ersetzt ist durch eine t-Norm. Anders als im Falle der mengenalgebraischen Operationen besteht jedoch bislang kein Interesse an solcherart verallgemeinerten arithmetischen Operationen.

Viele der für die Grundrechenarten bei reellen Zahlen bekannten Rechengesetze übertragen sich auf diese neuen Rechenoperationen (2.156) bis (2.161), jedoch nicht alle. Es gelten für Addition und Multiplikation unscharfer Intervalle wieder das *Kommutativ-* und das *Assoziativgesetz*: es darf also ausgeklammert werden und die Operanden können vertauscht werden. Das *Distributivgesetz* gilt nicht in jedem Falle; wenn aber z. B. sowohl $0 \notin \text{supp}(A)$ als auch $0 < \text{supp}(B \odot C)$, d. h. $0 < x$ für jedes $x \in \text{supp}(B \odot C)$ ist, oder wenn A unscharfe Einermenge ist, so hat man doch für solche unscharfen Intervalle $A, B, C \in \mathbb{F}(\mathbb{R})$

$$A \odot (B \oplus C) = (A \odot B) \oplus (A \odot C). \qquad (2.162)$$

In jedem Falle gilt aber die – an Stelle einer Ungleichung tretende – Inklusionsbeziehung

$$A \odot (B \oplus C) \subseteq (A \odot B) \oplus (A \odot C). \qquad (2.163)$$

Zu beachten ist, daß ^-A nicht mehr das additive Inverse von A zu sein braucht, denn i. allg. ergibt sich $A \oplus {}^-A \neq \mathbf{o}$ (mit $m_{\mathbf{o}}(x) = 1$ für $x = 0$, $m_{\mathbf{o}}(x) = 0$ für $x \neq 0$), wobei jedoch $\mathbf{o}$ die einzige unscharfe Zahl G ist, für die $A \oplus G = A$ für alle unscharfen Zahlen A gilt. Betrachten wir als Beispiel die in Abb. 5 angegebenen unscharfen

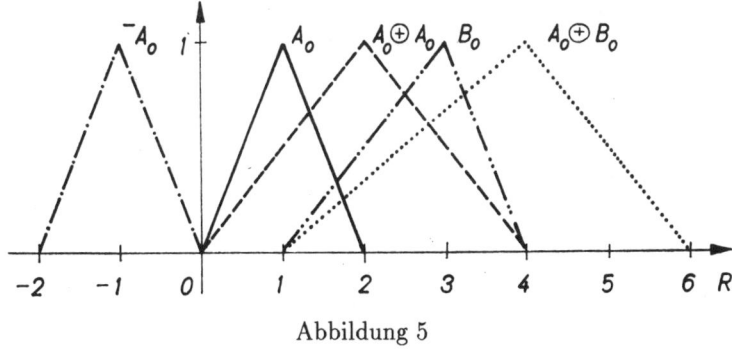

Abbildung 5

Zahlen A_0, B_0. Dann ergeben sich $A_0 \oplus B_0, A_0 \oplus A_0$ und $^-A_0$ wie in Abb. 5 dargestellt. Abb. 6 zeigt die unscharfen Zahlen $A_0 \oplus {}^-A_0$ sowie $(A_0 \oplus B_0) \ominus A_0$. Neben $A_0 \oplus {}^-A_0 \neq 0$ findet man auch $(A_0 \oplus B_0) \ominus A_0 \neq B_0$. Versucht man schließlich noch, die Gleichungen

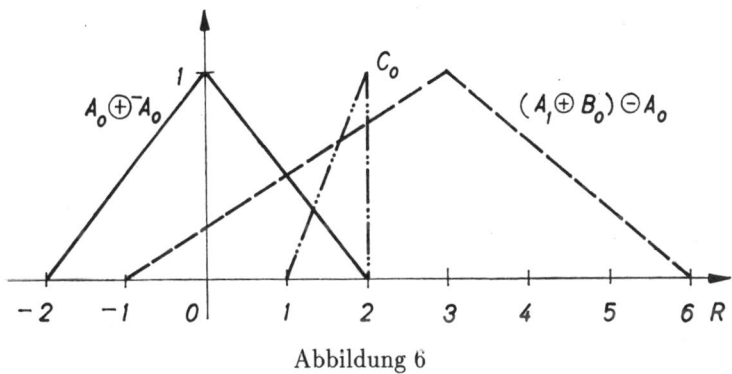

Abbildung 6

$$A_0 \oplus X = B_0 \quad \text{und} \quad B_0 \oplus Y = A_0 \qquad (2.164)$$

für die in Abb. 5 angegebenen unscharfen Zahlen A_0, B_0 zu lösen, so stellt man fest, daß die unscharfe Zahl C_0 aus Abb. 6 Lösung der Gleichung $A_0 \oplus X = B_0$ ist, daß die Gleichung $B_0 \oplus Y = A_0$ aber keine Lösung hat. Wäre nämlich $B_0 \oplus Y = A_0$ für eine unscharfe Zahl Y, so müßte z. B. $m_Y(-2) = 1$ sein und also $m_{B \oplus Y}(0) \geq 1/2$ im Widerspruch zu $m_{A_0}(0) = 0$.

Die Unlösbarkeit dieser Gleichung $B_0 \oplus Y = A_0$ kann man auch daraus folgern, daß in der gewöhnlichen Intervallarithmetik die Gleichung

$$[1,4] + x = [0,2]$$

keine Lösung hat. Diese Gleichung ist aber bez. unseres Beispiels gerade die Gleichung

$$\text{supp}\,(B_0) + x = \text{supp}\,(A_0).$$

Daß diese Problemreduktion auf die gewöhnliche Intervallarithmetik möglich ist, ergibt sich aus der Tatsache, daß ganz allgemein aus den Definitionen (2.156) bis (2.161) folgt, daß für die α-Schnitte

$$(^-A)^{>\alpha} = \{-a \mid a \in A^{>\alpha}\}, \tag{2.165}$$
$$(A \circledast B)^{>\alpha} = \{a * b \mid a \in A^{>\alpha} \text{ und } b \in B^{>\alpha}\} \tag{2.166}$$

gilt, wenn $\circledast$ irgendeine der Verknüpfungen $\oplus, \ominus, \odot, \oslash$ ist. Insbesondere ist also jeder der α-Schnitte $(-A)^{>\alpha}$, $(A \odot B)^{>\alpha}$ ein Intervall, wenn A, B konvexe unscharfe Mengen sind.

Überhaupt erlaubt eine solche „schnittweise" Betrachtung die direkte Rückführung der Betrachtungen zur Arithmetik unscharfer Intervalle auf die gewöhnliche Intervallarithmetik. Immer dann, wenn Rechengesetze in der gewöhnlichen Intervallarithmetik allgemein gelten, ist (2.166) der Grund, daß sie in derselben Form auch in der Arithmetik der unscharfen Intervalle und Zahlen gelten; gilt solch ein Rechengesetz in der gewöhnlichen Intervallarithmetik aber nur unter gewissen einschränkenden Voraussetzungen, dann „überträgt" es sich auf die entsprechenden Verknüpfungen für unscharfe Intervalle bzw. Zahlen, wenn man dafür sorgt, daß alle α-Schnitte der auftretenden Operanden aus $I\!\!F(I\!\!R)$ diese einschränkenden Voraussetzungen erfüllen. So ergeben sich z. B. (2.162), (2.163) aus Ergebnissen der gewöhnlichen Intervallarithmetik[2]. Allerdings ist für diese relativ einfache „schnittweise" Übertragung von Bedingungen und Eigenschaften aus der Intervallarithmetik in die Arithmetik unscharfer Zahlen und Intervalle Voraussetzung, daß in den Definitionen (2.156) bis (2.161) der Minimumoperator benutzt wird, daß das Erweiterungsprinzip also in der Grundform (2.105) benutzt wird. Ersetzt man

---

[2]Das Distributivgesetz (2.162) gilt genau dann, wenn es für alle α-Schnitte in der gewöhnlichen Intervallarithmetik gilt. Eine genauere Charakterisierung aller Fälle, in denen das entsprechende Distributivgesetz in der gewöhnlichen Intervallarithmetik gilt, gibt beispielsweise RATSCHEK (1971).

dagegen in (2.105) und entsprechend in (2.156) bis (2.161) die Minimumbildung durch irgendeine andere t-Norm, dann geht diese „schnittweise" Rückführbarkeit auf die gewöhnliche Intervallarithmetik i. allg. verloren.

Ein weiteres Beispiel für die Anwendung des Erweiterungsprinzips (2.105) bei unscharfen Zahlen ist die verallgemeinerte Maximumbildung. Zu unscharfen Zahlen oder Intervallen $A, B \in I\!\!F(I\!\!R)$ erklärt man deren *Maximum* $\widetilde{\max}(A, B)$ durch den Ansatz

$$C := \widetilde{\max}(A, B):$$
$$m_C(z) = \sup_{\substack{x,y \in I\!\!R \\ z = \max\{x,y\}}} \min\{m_A(x), m_B(y)\}. \qquad (2.167)$$

Die Abb. 7 zeigt, wie man die Zugehörigkeitsfunktion für $\widetilde{\max}(A, B)$ aus den Zugehörigkeitsfunktionen m_A, m_B geometrisch einfach bestimmen kann. Beachtet man, daß $z = \max\{x, y\}$ gilt, falls $z = x \geq y$ oder $z = y \geq x$ ist, dann findet man statt (2.167)

$$m_C(z)$$
$$= \max\left\{ \sup_{y \leq z} \min\{m_A(z), m_B(y)\}, \sup_{x \leq z} \min\{m_A(x), m_B(z)\} \right\}$$
$$= \max\left\{ \min\left\{ m_A(z), \sup_{y \leq z} m_B(y) \right\}, \right.$$
$$\left. \min\left\{ \sup_{x \leq z} m_A(x), m_B(z) \right\} \right\}, \qquad (2.168)$$

Daraus läßt sich leicht erkennen daß $\widetilde{\max}(A, B)$ in Abb. 7 korrekt angegeben ist. Zugleich ist (2.168) besser als (2.167) zur Berechnung von $\widetilde{\max}(A, B)$ geeignet.

Ganz entsprechend wird das unscharfe *Minimum* $\widetilde{\min}(A, B)$ für unscharfe Zahlen bzw. Intervalle A, B erklärt und kann diese Maximum- und Minimumbildung auch auf mehr als zwei unscharfe Intervalle bezogen werden.

Während es bei den bisher betrachteten „linearen" Verknüpfungen $\oplus$ und $\ominus$ bei unseren als Beispiel gewählten (und auch bei beliebigen anderen) unscharfen Zahlen A_0, B_0 etwa zur Berechnung von $A_0 \oplus B_0$ oder von $A_0 \ominus B_0$ ausreichte, nur die Kerne und die Träger von $A_0 \oplus B_0$ und $A_0 \ominus B_0$ zu bestimmen, um die entsprechenden Zugehörigkeitsfunktionen zeichnen zu können, ist die Bestimmung

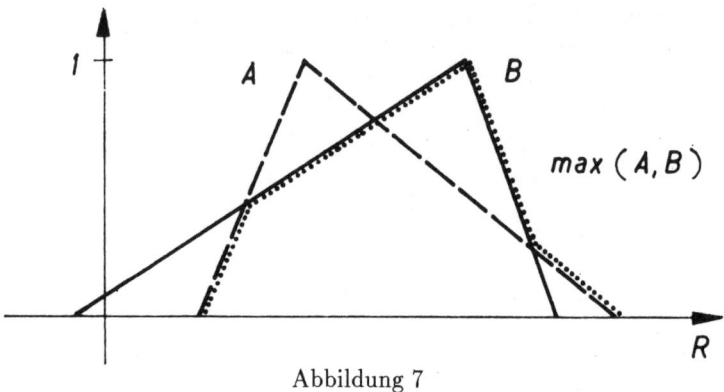

Abbildung 7

von $\widetilde{\max}\,(A_0, B_0)$, vor allem aber von $A_0 \odot B_0$ und $A_0 \textcircled{:} B_0$ nicht so einfach. Die Abb. 8 und 9 zeigen die Zugehörigkeitsfunktionen für das Produkt und für zwei Quotienten.

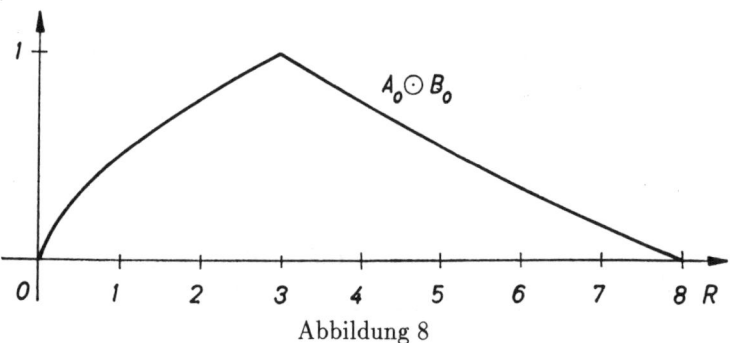

Abbildung 8

Für numerisches Rechnen mit unscharfen Zahlen – und analog auch mit unscharfen Intervallen – kann es vorteilhaft sein, die zugelassenen unscharfen Zahlen noch weiter einzuschränken: etwa dadurch, daß für jede zu benutzende unscharfe Zahl $A \in I\!\!F(I\!\!R)$, für die $m_A(a_0) = 1$ gelten möge, sowohl vom monoton wachsenden Teil der Zugehörigkeitsfunktion m_A über dem Intervall $(-\infty, a_0)$ als auch von ihrem monoton fallenden Teil über dem Intervall (a_0, ∞) jeweils verlangt wird, daß er zu einem vorgegebenen Typ von Funktionen gehört, etwa linear ist wie bei A_0, B_0 und in (2.42). Ist der Träger

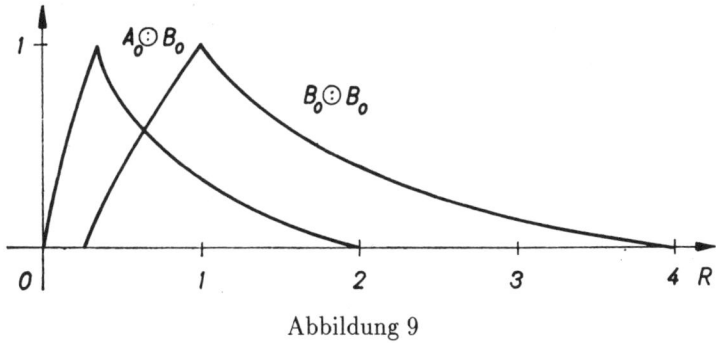

Abbildung 9

von A das Intervall (a_1, a_2), so interessieren de facto nur die Einschränkungen der Zugehörigkeitsfunktion $m_A : \mathbb{R} \to [0,1]$ auf die Intervalle (a_1, a_0) und (a_0, a_2). Diese Einschränkungen sollen mit $m_A{}^L, m_A{}^R$ bezeichnet werden.

Eine L/R-*Darstellung* einer unscharfen Zahl A liegt vor, falls A gerade durch Angabe der Bestandteile $m_A{}^L, m_A{}^R$ seiner Zugehörigkeitsfunktion angegeben wird. Unscharfe Zahlen mit *linearer* L/R-Darstellung sollen solche unscharfen Zahlen A heißen, für die die Einschränkungen $m_A{}^L, m_A{}^R$ lineare Funktionen sind. Gelegentlich nennt man unscharfe Zahlen mit linearer L/R-Darstellung auch *dreieckförmig*; entsprechend bezeichnet man dann unscharfe Intervalle A mit dem Kern $A^{\geq 1} = (a_0, a_0')$ und dem Träger supp $(A) = (a_1, a_2)$, für die m_A über den Intervallen (a_1, a_0) und (a_0', a_2) eine lineare Funktion ist, als *trapezförmige* unscharfe Zahlen.

Für die unscharfen Zahlen mit linearer L/R-Darstellung genügt die Kenntnis derjenigen reellen Zahlen a_0, a_1, a_2, für die $m_A(a_0) = 1$ und supp $(A) = (a_1, a_2)$ gelten; schon allein aus ihnen lassen sich Summe, Differenz und Negatives unscharfer Zahlen mit linearer L/R-Darstellung bestimmen. Wir schreiben zur Abkürzung

$$A = \, < a_0; a_1, a_2 > \quad \text{genau dann, wenn} \quad (2.169)$$
$$m_A(a_0) = 1 \quad \text{und} \quad \text{supp}\,(A) = (a_1, a_2).$$

Sind nun $A = \, < a_0; a_1, a_2 >, B = \, < b_0; b_1, b_2 >$ unscharfe Zahlen mit linearen L/R-Darstellungen, so ergibt sich

$$A \oplus B = \ <a_0 + b_0; a_1 + b_1, a_2 + b_2>, \qquad (2.170)$$
$$A \ominus B = \ <a_0 - b_0; a_1 - b_2, a_2 - b_1>, \qquad (2.171)$$
$$^-A = \ <-a_o; -a_2, -a_1>. \qquad (2.172)$$

Produkt und Quotient unscharfer Zahlen mit linearer L/R-Darstellung sind dagegen i. allg. keine unscharfen Zahlen mit linearer L/R-Darstellung mehr.

Will man das Rechnen mit unscharfen Zahlen besonders einfach gestalten, so ist eine generelle Einschränkung etwa auf unscharfe Zahlen mit linearer L/R-Darstellung sehr vorteilhaft. Zu diesem Zweck kann man *Näherungsformeln* für Produkt und Quotient benutzen, etwa bei $a_1, b_1 \geq 0$

$$A \odot B \ \approx \ <a_0 \cdot b_0; a_1 \cdot b_1, a_2 \cdot b_2> \qquad (2.173)$$
$$A \oslash B \ \approx \ <a_0/b_0; a_1/b_2, a_2/b_1>, \qquad (2.174)$$

(mit $b_1 \neq 0$ zusätzlich in (2.174)) und damit alle Produkte und Quotienten unscharfer Zahlen A, B mit linearer L/R-Darstellung und $0 \notin \mathrm{supp}\,(A), 0 \notin \mathrm{supp}\,(B)$ näherungsweise bestimmen. Bei $0 \notin \mathrm{supp}\,(B)$ ist die entsprechende Näherung für den Kehrwert

$$B^{-1} \approx \ <1/b_0; 1/b_2, 1/b_1>. \qquad (2.175)$$

Ohne Einschränkungen bez. der Träger $\mathrm{supp}\,(A), \mathrm{supp}\,(B)$ findet man, wenn $\mathrm{supp}\,(A \odot B) = (c_l, c_r)$ gesetzt wird, sogar

$$c_l = \ \min\{a_1 \cdot b_1, a_1 \cdot b_2, a_2 \cdot b_1, a_2 \cdot b_2\}, \qquad (2.176)$$
$$c_r = \ \max\{a_1 \cdot b_1, a_1 \cdot b_2, a_2 \cdot b_1, a_2 \cdot b_2\} \qquad (2.177)$$

und kann daher als Näherungsformel nehmen:

$$A \odot B \approx \ <a_0 \cdot b_0; c_l, c_r>. \qquad (2.178)$$

Man kann natürlich statt der bisher betrachteten unscharfen Zahlen A mit linearer L/R-Darstellung auch andere Funktionentypen für $m_A{}^L, m_A{}^R$ zulassen, wobei sogar $m_A{}^L$ und $m_A{}^R$ von ganz unterschiedlichem Funktionentyp sein können – etwa $m_A{}^L$ linear und $m_A{}^R$ eine Exponentialfunktion. Einem Ansatz von DUBOIS/PRADE (1978) folgend nehmen wir ganz allgemein für die Funktionen $m_A{}^L$, $m_A{}^R$ an, daß sie durch Hilfsfunktionen $L, R : I\!R \rightarrow [0, 1]$ bestimmt sind. Von diesen Hilfsfunktionen wird gefordert, daß

(1) $L(0) = R(0) = 1$ ist und

(2) L, R monoton fallend sind für positive Argumente.

Dann kann man mit Parametern $a_0 \in I\!R$ und $q, p > 0$ die Funktionen $m_A{}^L, m_A{}^R$ einführen als:

$$m_A{}^L(x) = L((a_0 - x)/q) \quad \text{für alle } x \leq a_0, \tag{2.179}$$
$$m_A{}^R(x) = R((x - a_0)/p) \quad \text{für alle } x \geq a_0. \tag{2.180}$$

Die in (2.169) für lineare L/R-Darstellungen eingeführte abkürzende Bezeichnungsweise kann man sinngemäß auf den jetzt betrachteten allgemeineren Fall übertragen: waren in (2.169) das „Zentrum" a_0 und der Träger (a_1, a_2) die wesentlichen Kenngrößen, so werden es nun bei vorgegebenen Hilfsfunktionen L, R die Parameter q, p zusammen mit dem „Zentrum" a_0 sein. Daher schreibt man

$$A = <a_0; q, p>_{L/R} \quad \text{genau dann, wenn} \tag{2.181}$$
$$m_A{}^L(x) = L((a_0 - x)/q), \quad m_A{}^R(x) = R((x - a_0)/p).$$

Daß man hier nicht wie in obigen linearen L/R-Darstellungen die Trägergrenzen a_1, a_2 als Parameter wählt, ist dadurch begründet, daß $L(x) = R(x) = \exp(-x)$ eine (1), (2) genügende Festlegung ist, bei der sich ein unbeschränkter Träger $\text{supp}(A)$ ergibt. Sind L, R lineare Funktionen $L(x) = 1 - bx$ und $R(x) = 1 - cx$, dann ergeben sich als Beziehungen zwischen den Parameterpaaren a_1, a_2 und q, p :

$$q = b(a_0 - a_1), \quad p = c(a_2 - a_0); \tag{2.182}$$

die Darstellungen (2.169) und (2.181) sind also leicht ineinander umzurechnen.

Der Vorteil der Abkürzung (2.181) ist wieder, daß damit wie in (2.170) bis (2.174) einfache Berechnungsformeln für Summen, Differenzen, Produkte und Quotienten angegeben werden können. Ausgehend von den Darstellungen

$$A = <a; q, p>_{L/R}, \quad B = <b; q', p'>_{L/R} \tag{2.183}$$

ergeben sich sofort

$$A \oplus B = <a + b; q + q', p + p'>_{L/R}, \tag{2.184}$$
$$^-A = <-a; p, q>_{R/L}, \tag{2.185}$$

woraus auch $A \ominus B = A \oplus {}^-B$ bestimmt werden kann. Man muß aber beachten, daß in (2.185) die linken und die rechten Darstellungsfunktionen L, R ihre Rolle vertauscht haben! Deswegen erhält man nur für $L = R$ eine einfache L/R-Darstellung von $A \ominus B$ aus (2.184), (2.185).

Als praktisch brauchbare und einfach zu berechnende Näherungsdarstellung in L/R-Form geben DUBOIS/PRADE (1978, 1980) für das Produkt z. B. unter der Voraussetzung $0 \notin \text{supp}\,(A)$ und $0 \notin \text{supp}\,(B)$ für $a, b > 0$

$$A \odot B \approx\, < ab; aq' + bq, ap' + bp >_{L/R} \qquad (2.186)$$

im Falle, daß p und p' klein sind relativ zu a bzw. b; im Falle, daß p und p' nicht klein sind relativ zu a bzw. b, geben sie dagegen für $a, b > 0$

$$A \odot B \approx\, < ab; aq' + bq - qq', ap' + bp - pp' >_{L/R} . \qquad (2.187)$$

Diese letzte Formel liefert im Spezialfall linearer Funktionen L, R die obige Näherungsformel (2.173).

Beachtet man, daß stets $({}^-A \odot B) = {}^-(A \odot B) = A \odot {}^-B$ gilt, so kann man (2.186), (2.187) auf umfangreichere Klassen von unscharfen Zahlen ausdehnen. Allerdings führt dies nur dann zu einfachen Formeln für die L/R-Darstellungen, wenn $L = R$ gewählt wird (evtl. bis auf eine Parametertransformation).

Auch für den Quotienten lassen sich analoge Näherungsformeln angeben. Ausgangspunkt dafür ist die zu (2.185) analoge Näherungsformel

$$B^{-1} \approx\, < 1/b; p'/b^2, q'/b^2 >_{R/L} \qquad (2.188)$$

für den Fall $0 \notin \text{supp}\,(B)$, die in der Umgebung von $1/b$ eine gute Näherung liefert. Mittels (2.188) und (2.186), (2.187) kann man dann den Quotienten $A \oslash B$ näherungsweise in L/R-Darstellung bestimmen. Damit ist man insgesamt in der Lage, in relativ einfacher Weise mit unscharfen Zahlen zu rechnen.

Die Anwendungsmöglichkeiten der numerischen Rechnungen mit unscharf gegebenen Daten oder unscharf bestimmten Parametern sind vielfältig. Interessierte Leser seien auf DUBOIS/PRADE (1980), KAUFMANN/GUPTA (1985), POSPELOV (1986) und Abschnitt 3.5 verwiesen.

Einen ganz anderen Aspekt unscharfer numerischer Angaben erhält man, wenn das Problem der *Integration einer unscharfen Funktion* oder einer scharfen Funktion über einem unscharfen Bereich betrachtet wird, z. B. im Zusammenhang mit der Flächenbestimmung unscharf berandeter Gebiete. Dann ist es sinnvoll, den Integralwert als unscharfe Größe anzusehen. Von den verschiedenen Möglichkeiten zur Definition seien einige im folgenden vorgestellt.

Es sei $\tilde{f}(x)$ eine unscharfe Funktion (vgl. Abschnitt 2.2), d. h. entsprechend (2.63) eine Schar unscharfer Zahlen $\{\tilde{f}(x) \mid x \in [a, b] \subseteq I\!\!R\}$. Der Wertebereich von $\tilde{f}$ sei $\mathcal{Y} \subseteq I\!\!R$. Für jedes $c \in (0, 1)$ habe die Gleichung

$$m_{\tilde{f}}(y; x) = c \qquad (2.189)$$

für die Zugehörigkeitsfunktion genau zwei stetige Lösungen

$$y = f_c^+(x); \qquad y = f_c^-(x); \qquad (2.190)$$

und für $c = 1$ habe (2.189) genau eine stetige Lösung

$$y = f(x). \qquad (2.191)$$

Dabei seien f^+ und f^- so eingeführt, daß für $c_2 \le c_1$ gilt:

$$f_{c_2}^-(x) \le f_{c_1}^-(x) \le f_{c_1}^+(x) \le f_{c_2}^+(x). \qquad (2.192)$$

Es liegt nun intuitiv nahe (vgl. DUBOIS/PRADE (1980)), die Integrale über die c-Niveaukurven als Definition eines unscharfen Integralwertes I zu benutzen:

$$m_I\left(\int_a^b f_c^-(x)\,\mathrm{d}x\right) = m_I\left(\int_a^b f_c^+(x)\,\mathrm{d}x\right) = c \qquad (2.193)$$

und

$$m_I\left(\int_a^b f(x)\,\mathrm{d}x\right) = 1. \qquad (2.194)$$

Wegen der Stetigkeitsvoraussetzungen existieren diese Integrale.

Das Erweiterungsprinzip (2.105) führt im vorliegenden Fall auf die gleiche Definition. Offenbar wird hier das wohlbekannte Riemannsche Integral für unscharfe Integranden verallgemeinert.

Praktikabel ist dieser Zugang besonders dann, wenn die unscharfe Funktion in L/R-Form vorliegt, d. h. wenn

$$\tilde{f}(x) = <f(x); s(x), t(x)>_{L/R}; \quad x \in [a, b] \tag{2.195}$$

ist, wobei die Funktionen f, s, t über $[a, b]$ integrierber seien. Die Rechnung gemäß (2.193) und (2.194) liefert

$$I = \left\langle \int_a^b f(x)\,dx; \int_a^b s(x)\,dx; \int_a^b t(x)\,dx \right\rangle_{L/R} \tag{2.196}$$

Sei nun f eine scharfe reellwertige Funktion und das *Integrationsintervall* durch die beiden *unscharfen* Mengen A und B begrenzt. Dann liefert das Erweiterungsprinzip für die Zugehörigkeitsfunktion des unscharfen Integrals I die Beziehung

$$m_I(z) = \sup_{(u,v)\in\mathcal{J}} \min\{m_A(u), m_B(v)\}, \tag{2.197}$$

dabei ist $\mathcal{J} = \{(u, v) \mid z = \int_u^v f(w)\,dw\}$ (vgl. DUBOIS/PRADE (1980)).

Diese Formel (2.197) kann noch vereinfacht werden: wenn man eine Stammfunktion F von f zur Verfügung hat, dann gilt

$$m_I(z) = \sup_{x\in\mathbf{R}} \min \left\{ m_A(x), \sup_{z=F(v)-F(x)} m_B(v) \right\}. \tag{2.198}$$

In Fortsetzung dieses Zugangs lassen sich, über das Erweiterungsprinzip, auch unscharfe Integrale unscharfer Funktionen über unscharfen Intervallen einführen. Jedoch sind die Ergebnisse wenig praktikabel.

Zu einigen Linearitätseigenschaften und dem Verhalten bei mengentheoretischer Vereinigung der unscharfen Komponenten sei auf DUBOIS/PRADE (1980) verwiesen.

Ein alternativer Zugang zum Integral einer scharfen Funktion über ein unscharfes Intervall geht von der Modellierung des Intervalls durch die Zugehörigkeitsfunktion $m_C(x)$ aus anstelle der Spezifizierung der unscharfen Enden A und B. Dann wäre ein *scharfer* Integralwert gegeben durch:

$$J = \int_{\mathbf{R}} m_C(x) f(x)\,dx. \tag{2.199}$$

Kapitel 3

Unscharfe Beziehungen

3.1   Unscharfe Relationen

Unsere Beispiele in Abschnitt 2.2 zeigten, daß unscharfe Relationen, also unscharfe Beziehungen zwischen – einer jeweils festen Anzahl von – mehreren Objekten (Gegenständen, Sachverhalten, ...) wie unscharfe Mengen behandelt werden können. Der Einfachheit halber werden wir uns im weiteren hauptsächlich mit binären, d. h. zweistelligen Relationen befassen.

Wir setzen voraus, einen Grundbereich $\mathcal{Y}$ zu haben, dessen Elemente geordnete Paare sind. Üblicherweise wird $\mathcal{Y}$ von der Form

$$\mathcal{Y} = \mathcal{X}_1 \times \mathcal{X}_2 = \{(x,y) \mid x \in \mathcal{X}_1 \text{ und } y \in \mathcal{X}_2\}$$

sein. Eine *unscharfe (binäre) Relation* R in $\mathcal{Y}$ ist dann nichts weiter als eine unscharfe Teilmenge von $\mathcal{Y}$, also $R \in \mathbb{F}(\mathcal{Y})$; der Zugehörigkeitswert $m_R(a,b)$ ist der Grad, mit dem die unscharfe Relation R auf die Objekte (a,b) zutrifft. Wie üblich bedeutet $m_R(a,b) = 1$, daß R auf (a,b) wirklich, voll und ganz, sicher,... zutrifft, und bedeutet $m_R(a,b) = 0$, daß R auf (a,b) überhaupt nicht zutrifft.

Als Beispiele unscharfer Relationen hatten wir im Abschnitt 2.2 bereits die unscharfe Gleichheit R_0 : „ungefähr gleich" mit den Varianten (2.55) bis (2.57) für die Festlegung der Zugehörigkeitsfunktion sowie die unscharfe Kleinerbeziehung R_1 : „im wesentlichen kleiner als" mit der Zugehörigkeitsfunktion (2.59) betrachtet. Beides sind binäre unscharfe Relationen.

Ist der Grundbereich $\mathcal{Y}$, in dem eine unscharfe Relation betrachtet wird, eine endliche Menge von geordneten Paaren und zugleich selbst ein (gewöhnliches) kartesisches Produkt $\mathcal{Y} = \mathcal{X}_1 \times \mathcal{X}_2$ endlicher Mengen, so kann R durch eine Matrix mit Elementen aus $[0,1]$ dargestellt werden. Ist speziell etwa $\mathcal{X}_1 = \{a_1, a_2, a_3\}$ und $\mathcal{X}_2 = \{b_1, b_2, b_3, b_4\}$, so wird durch

$$
R_3 : \quad
\begin{array}{c}
a_1 \\ a_2 \\ a_3
\end{array}
\begin{pmatrix}
\begin{array}{cccc}
b_1 & b_2 & b_3 & b_4
\end{array} \\
0,8 & 0,3 & 0 & 0 \\
1 & 0,7 & 1 & 0,2 \\
0,6 & 0,9 & 1 & 0,5
\end{pmatrix}
\tag{3.1}
$$

eine unscharfe Relation R_3 in $\mathcal{X}_1 \times \mathcal{X}_2$ beschrieben, für die z. B. gilt: $m_R(a_1, b_2) = 0,3$ und $m_R(a_3, b_4) = 0,5$.

Man erhält eine unscharfe Relation $R \in I\!\!F(\mathcal{X}_1 \times \mathcal{X}_2)$, wenn man ausgehend von unscharfen Mengen $A \in I\!\!F(\mathcal{X}_1)$, $B \in I\!\!F(\mathcal{X}_2)$ deren unscharfes kartesisches Produkt $A \otimes B \in I\!\!F(\mathcal{X}_1 \times \mathcal{X}_2)$ bildet und $R = A \otimes B$ nimmt. Aber nicht jede unscharfe Relation $R \in I\!\!F(\mathcal{X}_1 \times \mathcal{X}_2)$ läßt sich solcherart als unscharfes kartesisches Produkt ansehen – es gibt zu $R \in I\!\!F(\mathcal{X}_1 \times \mathcal{X}_2)$ nur immer unscharfe Mengen $A \in I\!\!F(\mathcal{X}_1)$, $B \in I\!\!F(\mathcal{X}_2)$, so daß $R \subseteq A \otimes B$ ist.

Der Träger einer unscharfen Relation $R \in I\!\!F(\mathcal{Y})$ ist eine gewöhnliche Relation in $\mathcal{Y}$, ebenso jeder α-Schnitt $R^{>\alpha}$ und jeder scharfe α-Schnitt $R^{\geq\alpha}$. Xberhaupt gelten, da unscharfe Relationen nur spezielle unscharfe Mengen sind, alle bisher für unscharfe Mengen ausgesprochenen Behauptungen auch für unscharfe Relationen. Und alle für unscharfe Mengen erklärten Verknüpfungen sind auch für unscharfe Relationen anwendbar – und liefern als Ergebnisse wieder unscharfe Relationen.

Darüber hinausgehend gibt es aber weitere, nur für (unscharfe) Relationen sinnvolle Verknüpfungen von (unscharfen) Relationen. Besonders wichtig sind darunter die Bildung der inversen Relation und die der Verkettung (des Produktes) zweier Relationen.

Ist $R \in I\!\!F(\mathcal{Y})$ eine unscharfe Relation, so wird die *zu R inverse* unscharfe Relation R^{-1} definiert für alle $(x, y) \in \mathcal{Y}$ durch:

$$
S := R^{-1} : \quad m_S(x, y) =_{\text{def}} m_R(y, x). \tag{3.2}
$$

Der Grad des Zutreffens einer inversen unscharfen Relation R^{-1} auf Objekte (a, b) ist also stets gleich dem Grad des Zutreffens von R auf die Objekte (b, a).

Hat man unscharfe Relationen $R \in I\!F(\mathcal{X}_1 \times \mathcal{X}_2)$ und $S \in I\!F(\mathcal{X}_2 \times \mathcal{X}_3)$ oder speziell auch $R, S \in I\!F(\mathcal{Y})$ für $\mathcal{Y} \subseteq \mathcal{X} \times \mathcal{X}$, so wird deren *Verkettung* oder *Relationenprodukt* $R \circ S$ erklärt mittels der Zugehörigkeitsfunktion:

$$T := R \circ S :$$
$$m_T(x, y) =_{\text{def}} \sup_{z \in \mathcal{X}_2} \min\{m_R(x, z), m_S(z, y)\}$$
$$\text{für alle } (x, y) \in \mathcal{X}_1 \times \mathcal{X}_3. \quad (3.3)$$

Jeder α-Schnitt (und damit auch der Träger als 0-Schnitt) und ebenso jeder scharfe α-Schnitt einer unscharfen Relation R^{-1} ist die im gewöhnlichen Sinne inverse Relation zur scharfen Relation $R^{>\alpha}$ bzw. $R^{\geq\alpha}$. Für die α-Schnitte einer Verkettung gilt in analoger Weise, daß stets

$$(R \circ S)^{>\alpha} = (R^{>\alpha}) \circ (S^{>\alpha}) \quad (3.4)$$

ist (wobei auf der rechten Seite dieser Gleichung $\circ$ die gewöhnliche Verkettung scharfer Relationen bedeutet). Ebenso gilt für scharfe α-Schnitte die (3.4) entsprechende Beziehung.

Man prüft leicht nach, daß für unscharfe Relationen R, S, T das Assoziativgesetz

$$(R \circ S) \circ T = R \circ (S \circ T) \quad (3.5)$$

und das Distributivgesetz

$$R \circ (S \cup T) = (R \circ S) \cup (R \circ T) \quad (3.6)$$

gelten, während für eine Verkettung der Gestalt $R \circ (S \cap T)$ nur das abgeschwächte Distributivgesetz

$$R \circ (S \cap T) \subseteqq (R \circ S) \cap (R \circ T) \quad (3.7)$$

gilt. Berücksichtigt man auch die Inversenbildung, dann ergeben sich noch

$$(R \circ S)^{-1} = S^{-1} \circ R^{-1}, \quad (3.8)$$
$$(R \cup S)^{-1} = R^{-1} \cup S^{-1}, \quad (R \cap S)^{-1} = R^{-1} \cap S^{-1} \quad (3.9)$$

und bez. Komplementbildung und Inversenbildung

$$(R^{-1})^{-1} = R, \quad (R^c)^{-1} = (R^{-1})^c. \quad (3.10)$$

Von Interesse für verschiedene Anwendungen sind auch die Monotonieeigenschaften

$$R \subseteq S \quad \Rightarrow \quad R \circ T \subseteq S \circ T \text{ und } T \circ R \subseteq T \circ S. \qquad (3.11)$$

Betrachten wir unsere obigen Beispiele unscharfer Relationen aus Abschnitt 2.2, so drückt z. B. die inverse Relation $R_1{}^{-1}$ die Beziehung „deutlich größer zu sein als" aus; die Vereinigung $R_0 \cup R_1^{-1}$ kann als Beziehung „deutlich größer oder ungefähr gleich" interpretiert werden. Außerdem erklären wir für reelle Zahlen eine unscharfe Relation R_2 durch

$$m_{R_2}(x,y) =_{\text{def}} [\, 1 - (x - y^2)^2 \,]^+. \qquad (3.12)$$

Diese Relation stellt eine Beziehung dar, die als „... ist ungefähr gleich dem Quadrat von ..." oder „... ist vom Quadrat von ... ununterscheidbar" bezeichnet werden kann. Die Verkettung $R_1 \circ R_2$ drückt dann die Beziehung aus „... ist im wesentlichen kleiner als das Quadrat von ...", die Verkettung $R_2{}^{-1} \circ R_1{}^{-1}$ die Beziehung „... hat ein Quadrat, das deutlich größer ist als ...".

Benutzt man über endlichen Grundbereichen die in (3.1) gezeigte Matrixdarstellung, ergeben sich einfache Möglichkeiten zur Bestimmung von R^{-1} und $R \circ S$. Es seien $\mathcal{U} = \{u_1, \ldots, u_n\}$, $\mathcal{V} = \{v_1, \ldots, v_m\}$, $\mathcal{W} = \{w_1, \ldots, w_l\}$ und $R \in \mathbb{F}(\mathcal{U} \times \mathcal{V}), S \in \mathbb{F}(\mathcal{V} \times \mathcal{W})$. Die Matrixdarstellungen von R, S seien gegeben als $R \hat{=} ((r_{ij}))$ und $S \hat{=} ((s_{jk}))$ mit $i = 1, \ldots, n$, $j = 1, \ldots, m$, $k = 1, \ldots, l$ und

$$r_{ij} = m_R(u_i, v_j), \qquad s_{jk} = m_S(v_j, w_k). \qquad (3.13)$$

Wählen wir für $T = R \circ S$ die Matrixdarstellung $T \hat{=} ((t_{ik}))$, so ergibt sich

$$t_{ik} = \sup_j \min\{r_{ij}, s_{jk}\}. \qquad (3.14)$$

Dies ist die bekannte Art der Bildung des Produktes von Matrizen, aber mit Supremum- statt Summenbildung und mit Minimum- statt Produktbildung.

Die inverse Relation R^{-1} wird einfach durch die zu (r_{ij}) transponierte Matrix dargestellt: $R^{-1} \hat{=} ((r_{ij}))^T$. Dies folgt unmittelbar aus (3.13) und (3.2).

Die Definition (3.3) des Relationenproduktes $R \circ S$ kann ganz entsprechend wie die Durchschnitts- und Vereinigungsbildungen $\cap, \cup$ statt mittels des min-Operators durch Rückgriff auf irgendeine t-Norm t gegeben werden. Es gibt also zu jeder t-Norm t ein zugehöriges Relationenprodukt $R \circ_t S$ mit der Definition

$$T = R \circ_t S :$$
$$m_T(x,y) =_{\text{def}} \sup_{z \in \mathcal{X}_2} m_R(x,z) \, t \, m_S(z,y) \tag{3.15}$$
$$\text{für alle } (x,y) \in \mathcal{X}_1 \times \mathcal{X}_3$$

Wegen der Kommutativität jeder t-Norm t gilt sofort

$$(R \circ_t S)^{-1} = S^{-1} \circ_t R^{-1}, \tag{3.16}$$

und die Monotonie der t-Normen sichert, daß auch die Beziehung

$$R \subseteqq S \quad \Rightarrow \quad R \circ_t T \subseteqq S \circ_t T \text{ und } T \circ_t R \subseteqq T \circ_t S \tag{3.17}$$

bestehen bleibt, $\circ_t$ also monoton bez. $\subseteqq$ ist. Die Assoziativitätsbedingung (T2) und die Eigenschaft (2.128) schließlich sichern, daß die Beziehungen

$$R \circ_t (S \circ_t T) = (R \circ_t S) \circ_t T, \tag{3.18}$$
$$R \circ_t (S \cup T) = (R \circ_t S) \cup (R \circ_t T) \tag{3.19}$$

stets gelten. Auch das abgeschwächte Distributivgesetz

$$R \circ_t (S \cap T) \subseteqq (R \circ_t S) \cap (R \circ_t T) \tag{3.20}$$

gilt für jede t-Norm t.

Wie in (2.145) findet man aber, daß sich (3.19) nicht von $\cup$ auf $\cup_t$ verallgemeinern läßt; es gilt vielmehr

$$R \circ_t (S \cup_t T) = (R \circ_t S) \cup_t (R \circ_t T) \quad \text{für alle } R, S, T$$
$$\Leftrightarrow \quad t = \min. \tag{3.21}$$

Und sogar das Subdistributivgesetz (3.20) ist nicht verallgemeinerbar, denn analog zu (2.144) gilt

$$R \circ_t (S \cap_t T) \subseteqq (R \circ_t S) \cap_t (R \circ_t T) \quad \text{für alle } R, S, T$$
$$\Leftrightarrow \quad t = \min. \tag{3.22}$$

Weitere grundlegende Operationen für Relationen betreffen die
Veränderung der Anzahl jeweils miteinander in Beziehung zu set-
zender Objekte, also die Veränderung der Stellenzahl der Relation.
Dabei kann es sich sowohl um eine Reduzierung als auch um eine
Erweiterung, also um eine Verkleinerung oder eine Vergrößerung
dieser Anzahl handeln.

Dem Reduzieren der Anzahl miteinander in Beziehung zu setzender Objekte entspricht das Bilden von *Projektionen*. Ist $R \in$
$I\!\!F(\mathcal{X}_1 \times \mathcal{X}_2)$ eine binäre unscharfe Relation, dann gibt es genau zwei
Projektionen $\mathsf{pr}_1(R)$, $\mathsf{pr}_2(R)$ mit den Zugehörigkeitsfunktionen

$$C := \mathsf{pr}_1(R) : m_C(a) = \sup_{y \in \mathcal{X}_2} m_R(a, y) \text{ für alle } a \in \mathcal{X}_1, \qquad (3.23)$$

$$D := \mathsf{pr}_2(R) : m_D(b) = \sup_{x \in \mathcal{X}_1} m_R(x, b) \text{ für alle } b \in \mathcal{X}_2. \qquad (3.24)$$

Ist $R \in I\!\!F(\mathcal{X}_1 \times \mathcal{X}_2 \times \mathcal{X}_3)$ eine ternäre, also dreistellige unscharfe
Relation im Grundbereich $\mathcal{Y} = \mathcal{X}_1 \times \mathcal{X}_2 \times \mathcal{X}_3$, dann gibt es neben den
„eindimensionalen" Projektionen $\mathsf{pr}_j(R)$ mit Zugehörigkeitsfunktio-
nen

$$C := \mathsf{pr}_j(R) :$$

$$m_C(a) = \sup_{\substack{(x_1,x_2,x_3) \in \mathcal{Y} \\ x_j = a}} m_R(x_1, x_2, x_3) \quad \text{für alle } a \in \mathcal{X}_j \ (3.25)$$

noch die „zweidimensionalen" Projektionen $\mathsf{pr}_{j,k}(R)$ bei $1 \leq j, k \leq 3$
mit den Zugehörigkeitsfunktionen

$$D := \mathsf{pr}_{j,k}(R) :$$

$$m_D(a, b) = \sup_{\substack{(x_1,x_2,x_3) \in \mathcal{Y} \\ x_j = a, x_k = b}} m_R(x_1, x_2, x_3) \qquad (3.26)$$

$$\text{für alle } a \in \mathcal{X}_j \text{ und } b \in \mathcal{X}_k.$$

Ist ganz allgemein R eine n-stellige Relation über dem Grundbereich
$\mathcal{Y} = \mathcal{X}_1 \times \cdots \times \mathcal{X}_n$, und ist für ein $1 \leq k < n$ mit $j_1 < j_2 <$
$\ldots < j_k$ eine wachsende Folge von Indizes $\leq n$ gegeben, dann ist
die Projektion von R auf $\mathcal{Z} = \mathcal{X}_{j_1} \times \cdots \times \mathcal{X}_{j_k}$ erklärt durch die
Zugehörigkeitsfunktion

$$D := \mathsf{pr}_{j_1,\ldots,j_k}(R) :$$

$$m_D(\boldsymbol{a}) =_{\text{def}} \sup_{\substack{x \in \mathcal{Y} \\ x_{j_i} = a_{j_i} \text{ für } i=1,\ldots,k}} m_R(\boldsymbol{x}) \quad \text{für alle } \boldsymbol{a} \in \mathcal{Z}. \ (3.27)$$

Die Wirkung des Übergangs von einer Relation zu einer ihrer Projektionen veranschaulicht man sich am günstigsten geometrisch. So kann man beispielsweise die unscharfe Relation K über $I\!R^2$ mit Zugehörigkeitsfunktion

$$m_K(x,y) = [\,1 - \gamma\,((x^2 + y^2)^{1/2} - 1)^2\,]^+, \qquad (3.28)$$

die auf reelle Zahlen (a, b) zutrifft, wenn der Punkt (a, b) des $I\!R^2$ vom Ursprung $(0, 0)$ ungefähr die Entfernung 1 hat, geometrisch als unscharfe Peripherie (unscharfen Rand) des Einheitskreises deuten. Die Projektion

$$A := \mathsf{pr}_1(K):$$
$$m_A(x) = \sup_{y \in R}[\,1 - \gamma\,((x^2 + y^2)^{1/2} - 1)^2\,]^+ \qquad (3.29)$$
$$= \begin{cases} 1, & \text{wenn } -1 \le x \le 1, \\ [\,1 - \gamma\,(1 - |x|)^2]^+ & \text{sonst} \end{cases}$$

stellt dann eine unscharfe Strecke von ungefähr -1 bis ungefähr 1 dar.

Die Erweiterungen einer Relation auf eine größere Anzahl jeweils miteinander in Beziehung zu setzender Gegenstände nennt man *Zylindererweiterung*. Ist ein Grundbereich $\mathcal{Y} = \mathcal{X}_1 \times \cdots \times \mathcal{X}_n$ gegeben und für eine wachsende Folge $j_1 < \ldots < j_k \le n$ von Indizes eine unscharfe Relation $R \in I\!\!F(\mathcal{X}_{j_1} \times \cdots \times \mathcal{X}_{j_k})$, die zu einer unscharfen Relation in $\mathcal{Y}$ erweitert werden soll, dann bildet man zu R die Zylindererweiterung

$$C := \mathsf{c}_{(j_1,\ldots,j_k)}(R):$$
$$m_C(\boldsymbol{x}) = m_R(x_{j_1}, \ldots, x_{j_k}) \qquad \text{für alle } \boldsymbol{x} \in \mathcal{Y}. \qquad (3.30)$$

Betrachten wir als Beispiel erneut die unscharfe Relation K mit Zugehörigkeitsfunktion (3.28), so können wir sie auf den Grundbereich $I\!R^3$ erweitern durch die Zylindererweiterung

$$C := \mathsf{c}_{(1,2)}(K): \quad m_C(a, b, c) = m_K(a, b) \text{ für alle } a, b, c. \,(3.31)$$

In geometrischer Veranschaulichung stellt die unscharfe Menge $C \in I\!\!F(I\!R^3)$ offenbar die unscharfe Mantelfläche eines (unscharfen) Zylinders dar und ist zugleich die entsprechende Erweiterung der unscharfen Relation K. (Von dieser Art der Veranschaulichung leitet sich der Name „Zylindererweiterung" her.)

Da man aus einer unscharfen n-stelligen Relation $R \in I\!\!F(\mathcal{X}_1 \times \cdots \times \mathcal{X}_n)$ jeweils n „eindimensionale" Projektionen $\mathsf{pr}_j(R) \in I\!\!F(\mathcal{X}_j)$ für $j = 1, \ldots, n$ erhält, ergibt sich die Frage, ob umgekehrt alle diese Projektionen $\mathsf{pr}_j(R)$ ausreichen, um daraus die unscharfe Relation R zu gewinnen. Dies ist im allgemeinen nicht der Fall. Ersetzen wir z. B. die in (3.28) definierte unscharfe Relation $K \in I\!\!F(I\!\!R^2)$ durch die unscharfe Relation $Q \in I\!\!F(I\!\!R^2)$, die erklärt sei als

$$Q = \mathsf{c}_1(\mathsf{pr}_1(K)) \cap \mathsf{c}_2(\mathsf{pr}_2(K)) \tag{3.32}$$

und die geometrisch ein unscharfes Einheitsquadrat darstellt, dann ist zwar

$$\mathsf{pr}_i(K) = \mathsf{pr}_i(Q) \qquad \text{für } i = 1, 2,$$

aber $K \neq Q$. Kann man jedoch eine unscharfe Relation $R \in I\!\!F(\mathcal{X}_1 \times \cdots \times \mathcal{X}_n)$ aus allen Projektionen $\mathsf{pr}_j(R)$, $j = 1, \ldots, n$ zurückgewinnen, und zwar als unscharfes kartesisches Produkt

$$R = \mathsf{pr}_1(R) \otimes \cdots \otimes \mathsf{pr}_n(R), \tag{3.33}$$

dann soll die unscharfe Relation R *separabel* heißen. Solche separablen unscharfen Relationen sind vor allem dann von Interesse, wenn man unscharfe Relationen als unscharfe Beziehungen zwischen Variablen auffaßt (vgl. Abschnitt 3.3).

Bedient man sich der Schreibweise (2.40) mittels verallgemeinerter Klassenterme, dann erhält (3.3) sofort die Form

$$R \circ S = \{ (x, y) \mid\mid \exists z((x, y) \varepsilon R \wedge (z, y) \varepsilon S) \} \tag{3.34}$$

und entspricht also formal völlig dem traditionell gewohnten Relationenprodukt. Zugleich sieht man, daß man die Konjunktion $\wedge$ in (3.34) nicht nur wie in (3.3) als Minimumbildung, sondern z. B. als irgendeine t-Norm von SCHWEIZER/SKLAR (1960, 1961) interpretieren kann (vgl. Abschnitt 2.4). Für die Gültigkeit von (3.5) muß man dann allerdings verlangen, daß diese t-Norm linksseitig stetig, d. h. unterhalbstetig ist. Diese Forderung der linksseitigen Stetigkeit einer t-Norm t ist gleichwertig der Forderung nach Gültigkeit des verallgemeinerten Distributivgesetzes

$$B \cap_t \bigcup_{j \in \mathcal{J}} A_j = \bigcup_{j \in \mathcal{J}} (B \cap_t A_j), \tag{3.35}$$

wenn man die Durchschnittsbildung $\cap_t$ mittels eben dieser t-Norm t erklärt als $A \cap_t B = \{x \parallel (x \, \varepsilon \, A) \, t \, (x \, \varepsilon \, B)\}$ und $\bigcup$ wie in (2.85).

Alle weiteren relationentheoretischen Bildungen lassen sich analog zu (3.34) leicht in eine Form bringen, die klare Analogien zu den gewöhnlichen relationentheoretischen Begriffen aufzeigt.

3.2 Eigenschaften unscharfer Relationen

Von den gewöhnlichen Relationen spielen einige wenige Arten eine besondere Rolle für die Anwendungen. Hierzu gehören die *Äquivalenzrelationen*. Mit einer solchen gewöhnlichen Äquivalenzrelation werden bekanntlich im Grundbereich $\mathcal{X}$ elementfremde Restklassen einander jeweils äquivalenter Elemente erzeugt. Die Äquivalenzrelation stellt also eine Klassifikation für die Elemente dar. Man kann daher eine Klassifikation durch die Festlegung einer Äquivalenzrelation aufbauen.

Häufig ist eine scharfe Klassifikation nicht problemgerecht, ein Element kann z. B. mehreren Klassen mit einer jeweils abgestuften Zugehörigkeit angehören, wie es u. a. bei der technischen und medizinischen Diagnostik häufig vorkommt (vgl. auch Abschnitt 6.2). Für eine solche *unscharfe Klassifizierung* ist zu vermuten, daß unscharfe Analoga der gewöhnlichen Äquivalenzrelationen dabei eine Rolle spielen werden. Die gewöhnlichen Äquivalenzrelationen sind reflexive, symmetrische und transitive Relationen. Diese Eigenschaften werden also zunächst für unscharfe Relationen zu formulieren sein.

Zugleich hat man damit orientierende Beispiele dafür, wie Eigenschaften gewöhnlicher Relationen in angemessener Weise auf unscharfe Relationen übertragen werden könnnen.

Es ist naheliegend, eine unscharfe Relation $R \in I\!F(\mathcal{X} \times \mathcal{X})$ genau dann als *reflexiv* zu bezeichnen, wenn

$$m_R(x,x) = 1 \quad \text{für alle } x \in \mathcal{X} \qquad (3.36)$$

gilt, und sie *symmetrisch* zu nennen, falls

$$m_R(x,y) = m_R(y,x) \quad \text{für alle } x,y \in \mathcal{X} \qquad (3.37)$$

gilt. Die symmetrischen unscharfen Relationen sind einfach mittels ihrer Inversen zu charakterisieren:

$$R \text{ symmetrisch} \quad \Leftrightarrow \quad R = R^{-1}. \tag{3.38}$$

Die reflexiven und symmetrischen Relationen nennt man *unscharfe Nachbarschaftsbeziehungen*. Sie formalisieren unscharf fixiertes „Benachbartsein" (jedes Element ist sein eigener Nachbar – und sind x, y zu einem gewissen Grade benachbart, dann y, x zum selben Grade) bzw. eine Art von „Ähnlichsein". Beispiele solcher unscharfen Nachbarschaftsbeziehungen sind die in (2.55) und (3.12) erklärten unscharfen Relationen R_0, R_2. Natürlich ist mit R stets auch R^{-1} unscharfe Nachbarschaftsbeziehung.

Um zu unscharfen Entsprechungen der gewöhnlichen Äquivalenzrelationen zu kommen, muß man noch festlegen, was Transitivität bei unscharfen Relationen bedeuten soll. Da $R \circ R \subseteq R$ eine die Transitivität bei gewöhnlichen Relationen charakterisierende Eigenschaft ist, liegt es nahe, eine unscharfe Relation $R \in I\!F(\mathcal{X} \times \mathcal{X})$ dann *transitiv* zu nennen, wenn die Bedingung

$$\sup_{z \in \mathcal{X}} \min\{m_R(x, z), m_R(z, y)\} \le m_R(x, y) \tag{3.39}$$

für alle $x, y \in \mathcal{X}$ erfüllt ist. Genauer soll R dann sup-min-*transitiv* heißen. Es zeigt sich nämlich, daß für manche Anwendungen (3.39) eine sehr starke Forderung ist. So ist z. B. die oben betrachtete unscharfe Relation R_0 mit Zugehörigkeitsfunktion (2.55) nicht sup-min-transitiv. Um dies zu sehen, wähle man $a = 1$, dann ist

$$1/2 = \sup_z \min\{m_R(4, z), m_R(z, 5)\}, \quad \text{aber} \quad m_R(4, 5) = 0.$$

Anwendungsbezogene, aber auch theoretische Betrachtungen veranlaßten schon ZADEH (1971) und KLAUA (1966, 1966a), andere Transitivitätsdefinitionen zu betrachten. Im Prinzip wird dabei im Ansatz (3.39) die Minimumbildung durch eine andere Verknüpfung ersetzt; bei ZADEH ist es die Produktbildung, bei KLAUA die z. B. in (2.100) implizit benutzte Verknüpfung $*$, die für beliebige $r, s \in [0, 1]$ durch

$$r * s =_{\mathrm{def}} [r + s - 1]^+ \tag{3.40}$$

erklärt ist, also die t-Norm t_2 von Abschnitt 2.4. Neben dieser durch die Bedingung

$$\sup_{z \in \mathcal{X}}(m_R(x,z) \cdot m_R(z,y)) \leq m_R(x,y) \quad \text{für alle } x,y \in \mathcal{X} \quad (3.41)$$

charakterisierten sup- - *Transitivität* und der entsprechend durch

$$\sup_{z \in \mathcal{X}}(m_R(x,z) * m_R(z,y)) \leq m_R(x,y) \quad \text{für alle } x,y \in \mathcal{X} \quad (3.42)$$

charakterisierten sup-*-*Transitivität* kann man analog weitere Arten von Transitivität unscharfer Relationen diskutieren.

Das leitende Prinzip bei solchen weiteren Transitivitätsdefinitionen ist einfach: man behält die „äußere" Supremumbildung bei und ersetzt nach dem Muster von Abschnitt 2.4 die Minimumbildung (bzw. das Produkt in (3.41), die Verknüpfung * in (3.42)) durch irgendeine t-Norm. Das heißt aber, man geht von der Bedingung $R \circ R \subseteq R$ als charakteristischer Bedingung für die Transitivität von R über zur entsprechenden Bedingung $R \circ_t R \subseteq R$, variiert also in (3.34) die Interpretation der Konjunktionsbildung. Unscharfe Relationen R, für die $R \circ_t R \subseteq R$ ist, heißen dann *t-transitiv* oder meist ausführlicher sup-*t-transitiv*.

Die sup-*-Transitivität, also die sup-t_2-Transitivität, gewinnt besonderes Interesse durch einen unerwarteten Zusammenhang mit Abstandfunktionen (speziell mit Pseudometriken). Ist nämlich die unscharfe Relation $R \in \mathbb{F}(\mathcal{X} \times \mathcal{X})$ reflexiv, symmetrisch und sup-*-transitiv, so ist die durch

$$\varrho(x,y) =_{\text{def}} 1 - m_R(x,y) \quad (3.43)$$

auf $\mathcal{X} \times \mathcal{X}$ erklärte Funktion ϱ eine *Abstandsfunktion* mit den charakteristischen Eigenschaften:

(M1) $\varrho(x,y) = 0$, wenn $x = y$, (Identitätseigenschaft)
(M2) $\varrho(x,y) = \varrho(y,x)$, (Symmetrie)
(M3) $\varrho(x,z) + \varrho(z,y) \geq \varrho(x,y)$. (Dreiecksungleichung)

Zusätzlich hat ϱ die Eigenschaft, daß für je zwei „Punkte" von $\mathcal{X}$ ihr ϱ-Abstand ≤ 1 ist.

Man sieht leicht, daß sich die Identitätseigenschaft direkt aus der Reflexivität von R ergibt. Ebenso folgt die Symmetrie der Funktion ϱ direkt aus der Symmetrie der Relation R. Die sup-∗-Transitivität von R schließlich ist die entscheidende Voraussetzung dafür, daß für ϱ die Dreiecksungleichung gilt. Es ist nun bemerkenswert, daß $∗ = t_2$ nicht die einzige, wohl aber die kleinste t-Norm ist, für die die gemäß (3.43) zugeordnete Funktion ϱ_t diese charakteristischen Eigenschaften (M1),..., (M3) einer (Pseudo-) Metrik hat. Es gilt nämlich das folgende

Lemma: *Es sei* t *eine* t-Norm *und* R *eine reflexive, symmetrische und* sup-t-transitive Relation. *Die entsprechend (3.43) erklärte Funktion* $\varrho_t : \mathcal{X} \times \mathcal{X} \to [0,1]$ *ist genau dann eine (M1),..., (M3) erfüllende (Pseudo-) Metrik, wenn die Bedingung*

$$r \, t \, s \geq r \, t_2 \, s \qquad \textit{für alle } r, s \in [0, 1]$$

erfüllt ist.

Da die in (2.55) erklärte unscharfe Relation R_0 entsprechend (3.43) als ausgehend von einer Pseudometrik in R, dem mit a multiplizierten üblichen Abstand auf der Zahlengeraden nämlich, erklärt wurde, ergibt sich nun sofort, daß R_0 sup-∗-transitiv ist.

Die *unscharfen Äquivalenzrelationen* sind nun diejenigen unscharfen Relationen, die reflexiv, symmetrisch und – auf irgendeine Art – transitiv sind. Daher ist R_0 Beispiel einer unscharfen Äquivalenzrelation.

Jede unscharfe Nachbarschaftsbeziehung R, deren Kern eine gewöhnliche Äquivalenzrelation ist, ist sup-t_3-transitiv bez. der dem drastischen Produkt (2.101) entsprechenden t-Norm t_3 in $[0, 1]$, die beschrieben wird durch die Beziehung:

$$r t_3 s = \begin{cases} \min\{r, s\}, & \text{falls } \max\{r, s\} = 1, \\ 0 & \text{sonst.} \end{cases}$$

Deswegen und wegen der oben erwähnten Vorstellung, daß R ein „Ähnlichsein" formalisiert, werden unscharfe Äquivalenzrelationen oft auch als (unscharfe) *Ähnlichkeitsrelationen* bezeichnet.

Weil für alle reellen Zahlen $r, s \in [0, 1]$ die Ungleichungen $r * s \leq r \cdot s \leq \min\{r, s\}$ gelten, ist jede sup-min-transitive unscharfe Relation auch sup-$\cdot$-transitiv, und ist jede sup-$\cdot$-transitive unscharfe Relation auch sup-$*$-transitiv. Für jede der hier betrachteten Transitivitätsarten gibt also eine solcherart transitive unscharfe Äquivalenzrelation $R \in I\!\!F(\mathcal{X} \times \mathcal{X})$ gemäß (3.43) Anlaß zu einer Abstandsfunktion in $\mathcal{X}$. Deswegen kann jede solche unscharfe Äquivalenzrelation auch als eine unscharfe *Ununterscheidbarkeitsrelation* aufgefaßt werden.

Nun wollen wir für unscharfe Äquivalenzrelationen $R \in I\!\!F(\mathcal{X} \times \mathcal{X})$ im zugehörigen Grundbereich $\mathcal{X}$ Restklassen erklären. Zu $a \in \mathcal{X}$ ist die unscharfe *R-Restklasse* $\langle a \rangle_R$ charakterisiert durch die Zugehörigkeitsfunktion

$$A := \langle a \rangle_R : \quad m_A(x) =_{\text{def}} m_R(a, x) \quad \text{für alle } x \in \mathcal{X}, \quad (3.44)$$

ist also die unscharfe Menge aller zum Element a R-äquivalenten Elemente von $\mathcal{X}$. Jede solche R-Restklasse ist eine normalisierte unscharfe Menge, denn für $A = \langle a \rangle_R$ ergibt sich $m_A(a) = 1$ aus der Reflexivität von R. $\langle a \rangle_R$ ist mithin – in der Sprache der qualitativen Datenanalyse – eine unscharfe Umgebung (bez. R) des „scharfen" Elements a.

Aber anders als bei gewöhnlichen Äquivalenzrelationen können sich die Restklassen bez. unscharfer Äquivalenzrelationen *überlappen*, d. h.

$$\langle a \rangle_R \neq \langle b \rangle_R \quad \text{und} \quad \langle a \rangle_R \cap \langle b \rangle_R \neq \emptyset \quad (3.45)$$

ist möglich. (Allerdings ist für verschiedene R-Restklassen die unscharfe Menge $\langle a \rangle_R \cap \langle b \rangle_R$ stets subnormal, da hgt $(\langle a \rangle_R \cap \langle b \rangle_R) = 1$ wegen der Transitivität von R zu $m_R(a, b) = 1$ und damit zu $\langle a \rangle_R = \langle b \rangle_R$ führt.) Diese Möglichkeit des Überlappens ist eine sehr erwünschte Konsequenz: denn sind die unscharfen R-Restklassen gerade die Klassen einer unscharfen Klassifikation, so können diese sich nun überlappen.

Während man sofort sieht, daß jeder (scharfe) α-Schnitt einer reflexiven bzw. symmetrischen unscharfen Relation selbst eine – im gewöhnlichen Sinne – reflexive bzw. symmetrische Relation ist, brauchen die (scharfen) α-Schnitte transitiver unscharfer Relationen keine – im gewöhnlichen Sinne – transitiven Relationen zu sein.

Die Kerne der Restklassen jeder unscharfen Äquivalenzrelation R sind aber elementefremd und daher Restklassen einer gewöhnlichen Äquivalenzrelation, nämlich des Kerns $R^{\geq 1}$ von R. Ferner stehen alle Elemente des Kerns einer unscharfen R-Restklasse $\langle a \rangle_R$ mit allen Elementen des Kernes einer weiteren solchen R-Restklasse $\langle b \rangle_R$ zum gleichen Grade in der Relation R: daher ist der Grad, mit dem b zu der durch a gegebenen Klasse der von R dargestellten Klassifikation gehört, für alle $c \in \langle b \rangle_R^{\geq 1}$ der Grad ihrer Zugehörigkeit zu jener Klassifikationsklasse. Für R-Restklassen $\langle a \rangle_R \neq \langle b \rangle_R$ muß also jedenfalls $m_R(a, b) < 1$ sein. Wenn sogar $m_R(a, b) = 0$ ist, dann können sich weder bei sup-min-Transitivität noch bei sup-·-Transitivität von R die Restklassen $\langle a \rangle_R, \langle b \rangle_R$ überlappen: es muß dann supp $(\langle a \rangle_R) \cap$ supp $(\langle b \rangle_R) = \emptyset$ sein. Ist R jedoch sup-*-transitiv, dann erzwingt $m_R(a, b) = 0$ nur, daß hgt $(\langle a \rangle_R \cap \langle b \rangle_R) < 1/2$ ist, die R-Restklassen $\langle a \rangle_R, \langle b \rangle_R$ können sich also in diesem Fall überlappen. Gilt dagegen $0 \neq m_R(a, b) < 1$, so ist solch eine Überlappung außer bei der sup-*-Transitivität auch bei sup-min-Transitivität und bei sup-·-Transitivität der unscharfen Äquivalenzrelation R möglich.

Mit der Wahl der Transitivitätsart unscharfer Äquivalenzrelationen kann man also steuern, in welchem Maße die zugehörigen unscharfen Restklassen sich überlappen dürfen. Die sup-min-Transitivität und die sup-·-Transitivität gestatten das Überlappen nur für solche Restklassen $\langle a \rangle_R, \langle b \rangle_R,$ deren Repräsentanten a, b mit einem von Null verschiedenen Grade R-äquivalent sind, die sup-*-Transitivität gestattet das Xberlappen von $\langle a \rangle_R, \langle b \rangle_R$ sogar dann , wenn a, b überhaupt nicht R-äquivalent sind (d. h. $m_R(a, b) = 0$ gilt).

Wichtige transitive Relationen sind auch die Anordnungsrelationen. Ist eine unscharfe Relation $R \in I\!F(\mathcal{X} \times \mathcal{X})$ reflexiv und transitiv (in irgendeiner Art), dann ist R *unscharfe Quasiordnung* oder auch *unscharfe Präferenzrelation* . Ist für eine gegebene t-Norm t die Relation R eine sup-t-transitive unscharfe Quasiordnung, also etwa t eine der Operationen min, *, bzw. · , so ist die vermöge

$$m_Q(x, y) =_{\text{def}} m_R(x, y) \, t \, m_R(y, x) \quad \text{für alle } x, y \in \mathcal{X} \qquad (3.46)$$

erklärte unscharfe Relation $Q \in I\!F(\mathcal{X} \times \mathcal{X})$ eine unscharfe sup-t-transitive Äquivalenzrelation in $\mathcal{X}$.

Die antisymmetrischen Quasiordnungen sind die Halbordnungen. Die naheliegendste Art, Antisymmetrie für unscharfe Relationen zu erklären, ist durch eine Bedingung der Art

$$m_R(x, y) \, t \, m_R(y, x) \leq (x \doteq y) \quad \text{für alle } x, y \in \mathcal{X}, \tag{3.47}$$

wobei t eine t-Norm ist wie eben und $\doteq$ wie in (2.108) verstanden werden soll. Erfüllt $R \in I\!\!F(\mathcal{X} \times \mathcal{X})$ Bedingung (3.47), nennen wir R *antisymmetrisch* ; und R heiße *unscharfe Halbordnung* in $\mathcal{X}$, falls R reflexiv, transitiv (auf irgendeine Art) und antisymmetrisch ist.

Ebenso wie die gewöhnlichen Halbordnungen kann man auch unscharfe Halbordnungen in endlichen Grundbereichen $\mathcal{X}$ durch HASSE-Diagramme veranschaulichen; jedoch muß das verallgemeinerte HASSE-*Diagramm* einer unscharfen Halbordnung ein bewerteter Graph sein, dessen – geeignet zu definierende – unscharfe transitive Hülle die ursprüngliche unscharfe Halbordnung ist. Die dabei auftretenden Bewertungen mit reellen Zahlen aus $[0,1]$ können übrigens wieder als Zugehörigkeitswerte gedeutet werden und jener Graph somit als *unscharfer Graph*, d. h. als eine unscharfe Kantenmenge zu einem gegebenem Grundbereich von Knoten.

In der Sprache der mehrwertigen Logik erweisen sich die Formulierungen der Eigenschaften für unscharfe Relationen sofort als völlig natürliche und naheliegende Verallgemeinerungen der entsprechenden Eigenschaften für gewöhnliche Relationen. Die Transitivität z. B. ist charakterisiert durch die Forderung

$$\models \forall x \forall y \forall z \, ((x, z) \, \varepsilon \, R \, \wedge \, (z, y) \, \varepsilon \, R \, \rightarrow \, (x, y) \, \varepsilon \, R), \tag{3.48}$$

bei der $\models$ das Gültigkeitsprädikat der betrachteten mehrwertigen Logik ist, also verlangt, daß der danach angegebene Ausdruck den ausgezeichneten Wahrheitswert 1 hat. Wann dies der Fall ist, wird entscheidend von der Interpretation der in (3.48) auftretenden Junktoren $\wedge$ und $\rightarrow$ beeinflußt. Da üblicherweise das Erfülltsein von $\models (H_1 \rightarrow H_2)$ verlangt, daß $[\![H_1]\!] \leq [\![H_2]\!]$ ist (bei allen erlaubten Belegungen evtl. noch frei auftretender Variablen), kommt der Interpretation von $\wedge$ in (3.48) erstrangige Bedeutung zu. In der Tat sind ja (3.30), (3.41), (3.42) nur Spezialfälle von (3.48), in denen $\wedge$ durch je geeignete t-Normen als Wahrheitswertfunktionen interpretiert wird. Tieferliegende Zusammenhänge zwischen den Interpretationen der Junktoren $\wedge$ und $\rightarrow$ spielen z. B. in GOTT-WALD (1986, 1986a) eine Rolle. Es zeigt sich, daß es am günstigsten ist, zu gegebener t-Norm t als verallgemeinerter Wahrheitswertfunktion der Konjunktion $\wedge$ die verallgemeinerte Wahrheitswertfunktion φ_t der „zugehörigen" Implikation $\rightarrow$ zu definieren durch

$$u \, \varphi_t \, v =_{\text{def}} \sup\{z \mid u \, t \, z \leq v\} \quad \text{für alle } u, v \in [0, 1]. \tag{3.49}$$

Aus algebraischer Sicht ist dies gerade eine Pseudokomplementbildung in $[0, 1]$ hinsichtlich der t-Norm t, d. h. φ_t ist die dem „Produkt" t im Sinne von (2.154) entsprechende Residuenbildung. Entsprechend ist die Antisymmetrie am natürlichsten als die Bedingung

$$\models \forall x \forall y \, (\, (x, y) \varepsilon R \wedge (y, x) \varepsilon R \; \to \; x = y) \qquad (3.50)$$

zu formulieren. Zum Problem der Interpretation der Junktoren $\wedge$, $\to$ kommt hier hinzu, daß = geeignet mehrwertig zu deuten ist. (3.47) ist wegen (2.108) eine sehr simple Version; weitergehende Diskussionen gibt z. B. GOTTWALD (1989).

In konsequenter Weiterführung der in den Ansätzen (3.48) und (3.50) realisierten Sichtweise aus der Perspektive mehrwertiger Logik kann man dann noch einen zusätzlichen Schritt gehen und unscharfen Relationen Eigenschaften nur graduiert zusprechen. Im Falle der Transitivität meint dies z. B., ein mehrwertiges Prädikat Trans_t für unscharfe Relationen durch die Definition

$$\mathrm{Trans}_t(R) =_{\mathrm{def}} \forall x \forall y \forall z \, (\, (x, y) \varepsilon R \wedge (y, z) \varepsilon R \to (x, z) \varepsilon R \,) \; (3.51)$$

an der Stelle der Charakterisierung (3.48) einzuführen (vgl. GOTTWALD (1991)).

3.3 Unscharfe Beziehungen zwischen Variablen

Ein für viele Anwendungen unscharfer Relationen wichtiger Punkt ist, daß sie unscharfe Beziehungen zwischen (der der Stellenzahl der Relation entsprechenden Anzahl von) Variablen darstellen. So stellt die unscharfe Gleichheit R_0 – gemäß (2.55) oder (2.56), (2.57) – zwischen zwei Variablen u, v die Beziehung dar, daß die Werte von u und v ungefähr übereinstimmen.

Analog stellt die in (3.28) erklärte Relation K die Beziehung zwischen Variablen u, v dar, daß die Werte von u, v ungefähr die Koordinaten eines Punktes auf dem Einheitskreis sind. Die auf drei Variable u, v, w bezogene Bedingung, daß die Werte der ersten beiden ungefähr Koordinaten eines Punktes auf dem Einheitskreis sind, wird statt durch K durch die Zylindererweiterung $c_{(1,2)}(K)$ von $K \in \mathbb{F}(\mathbb{R}^2)$ auf $\mathbb{R}^3$ dargestellt.

Ein weiteres Beispiel für eine unscharfe Beziehung zwischen drei reellen Variablen u, v, w wird durch die Relation S mit Zugehörigkeitsfunktion

$$m_S(x, y, z) = [1 - a((x^2 + y^2 + z^2)^{1/2} - 1)^2]^+ \qquad (3.52)$$

für alle $x, y, z \in \mathbb{R}$ gegeben: hier haben die Werte (x, y, z) der Variablen u, v, w im wesentlichen auf der Oberfläche der Einheitskugel zu liegen. Fragt man sich nun, welche Beziehung dadurch zwischen den Variablen v, w festgelegt wird, dann wird diese Beziehung beschrieben durch die unscharfe Relation $T = \mathrm{pr}_{2,3}(S)$, für die

$$m_T(y, z) = \sup_{x \in \mathbb{R}} m_S(x, y, z) \qquad (3.53)$$

$$= \begin{cases} 1, & \text{wenn } z^2 + y^2 \leq 1 \\ [1 - a((y^2 + z^2)^{1/2} - 1)^2]^+, & \text{wenn } z^2 + y^2 > 1 \end{cases}$$

gilt. Die Werte von v, w müssen also „im wesentlichen innerhalb des Einheitskreises" liegen.

Anschaulich ist klar, daß in allen diesen Beispielen die Werte der betrachteten Variablen sich gegenseitig beeinflussen, wenn die jeweilige unscharfe Beziehung bestehen soll. Formal drückt sich dies darin aus, daß die diese unscharfen Beziehungen beschreibenden Relationen nicht separabel sind. Ganz allgemein wollen wir Variablen, die in einer unscharfen Beziehung R stehen, dann *interaktiv* nennen, wenn diese unscharfe Relation R nicht separabel ist; ist diese Relation separabel, dann heißen die Variablen *nicht-interaktiv*. [1]

Hat man eine unscharfe Beziehung $R \in \mathbb{F}(\mathcal{X} \times \mathcal{Y})$ zwischen Variablen u, v und einen Wert x_0 der Variablen u, dann wird durch

$$m_B(y) = m_R(x_0, y) \quad \text{für alle } y \in \mathcal{Y} \qquad (3.54)$$

eine *unscharfe Schranke B* für die Werte von v festgelegt (vgl. Abschnitt 2.2). Umgekehrt kann man natürlich, wenn man zu jedem

---

[1]Im Gegensatz zur Ausdrucksweise von Kapitel 2, wo wir Verknüpfungen in $\mathbb{F}(\mathcal{X})$ und [0,1] als interaktiv bzw. nicht-interaktiv bezeichnet hatten, benennen wir hier Variable in dieser Weise. Dieser übliche, ein wenig laxe Sprachgebrauch wird aber beim aufmerksamen Leser nicht zu Mißverständnissen führen können.

möglichen Wert $x_0 \in \mathcal{X}$ von u eine Schranke $B \in I\!\!F(\mathcal{Y})$ für die
Werte v hat, gemäß (3.54) eine unscharfe Relation R erklären. Insbesondere kann man also zu einer unscharfen Funktion zwischen den
Werten von u und v immer eine diesen Zusammenhang beschreibende unscharfe Relation bilden. Dabei ist es unwesentlich, ob der
funktionale Zusammenhang zwischen den betrachteten Variablen als
(explizite oder implizite) unscharfe Funktion, nur als unscharfe Abbildung oder als unscharfe Funktionenschar (vgl. Abschnitt 2.2 für
diese Begriffe) gegeben ist.

In jedem Fall kann man analog (3.54) zu gegebenen (scharfen)
Werten einzelner der betrachteten Variablen unscharfe Schranken
für die Werte der anderen Variablen aus der vorgegebenen unscharfen Relation R ableiten.

Um unnötig komplizierte Bezeichnungen zu vermeiden, wollen
wir gestatten, daß verschiedene Variablen zu neuen Variablen „zusammengefaßt" werden dürfen. Sind etwa u_1, u_2 Variablen für Ele-
mente aus $\mathcal{X}_1$ bzw. $\mathcal{X}_2$, so entspricht dem gleichzeitigen Betrachten
von u_1 und u_2 das Betrachten einer neuen Variablen u mit Werten
aus $\mathcal{X}_1 \times \mathcal{X}_2$; diese neue Variable soll hier kurz mit $u = (u_1, u_2)$ bezeichnet werden. In entsprechender Weise wollen wir zulassen, daß
Variable „zerlegt" werden: etwa eine Variable u mit Werten aus
$\mathcal{X} = \mathcal{X}_1 \times \mathcal{X}_2$ in zwei Variable u_1, u_2 mit Werten aus $\mathcal{X}_1$ bzw. $\mathcal{X}_2$.

Da man also immer verschiedene Variablen u_i mit Werten aus
$\mathcal{X}_i$, $i = 1, \ldots, k$, zu einer neuen Variablen $u = (u_1, \ldots, u_k)$ mit
Werten aus dem kartesischen Produkt $\mathcal{X}_1 \times \ldots \times \mathcal{X}_k$ zusammenfassen
kann, genügt es anzunehmen, daß immer die in (3.54) vorausgesetzte
Situation vorliegt: man hat eine unscharfe Beziehung R zwischen 2
Variablen u, v und einen scharfen Wert x_0 für u. Dies gibt eine
unscharfe Schranke B für die Werte der Variablen v.

Hat man unter Voraussetzung einer unscharfen Beziehung R
solch eine unscharfe Schranke $B \in I\!\!F(\mathcal{Y})$ für die Werte einer Variablen v, dann betrachtet man den Zugehörigkeitswert $m_B(y) =
m_R(x_0, y)$ als *Grad der Möglichkeit*, daß $y \in \mathcal{Y}$ Wert der Variablen
v ist, falls $x_0 \in \mathcal{X}$ Wert der Variablen u ist. Fragt man schlecht-
hin nach Beschränkungen für die Werte von v, also unabhängig davon, welchen Wert u hat, dann wird diese globale unscharfe Beschränkung für die Werte von v durch die Projektion $\mathsf{pr}_2(R)$ geliefert.

Der Übergang von unserer bisherigen Deutung der Zugehörig-keitswerte $m_B(y)$ zu dieser Möglichkeitsdeutung setzt voraus, daß eine unscharfe Menge $B \in I\!F(\mathcal{Y})$ als unscharfe Schranke für die Werte einer Variablen v, deren Variabilitätsbereich $\mathcal{Y}$ ist, betrach-tet wird. B ist dann also eine Bedingung, der die möglichen Werte von v genügen müssen. Man schreibt für diesen Möglichkeitsgrad

$$\text{Poss} \{v = a \mid B\} =_{\text{def}} m_B(a) \tag{3.55}$$

in Anlehnung an die entsprechende Bezeichnung bedingter Wahr-scheinlichkeiten. Konsequenter wäre es allerdings, statt (3.55) etwas komplizierter, dafür aber unmißverständlicher zu schreiben

$$\text{Poss} \{\text{Wert}(v) = a \mid B\} =_{\text{def}} m_B(a). \tag{3.56}$$

Die inhaltliche Vorstellung bei (3.55) ist, daß ein Möglichkeitsgrad $= 1$, gegeben in der allgemeinen Form

$$\text{Poss} \{v = a \mid B\} = 1, \tag{3.57}$$

den Sachverhalt ausdrückt, daß die Variable v den Wert a uneinge-schränkt annehmen kann; entsprechend bedeutet

$$\text{Poss} \{v = a \mid B\} = 0, \tag{3.58}$$

daß v den Wert a nicht annehmen kann. Die zwischen 1 und 0 liegenden Grade der Möglichkeit stufen in ähnlicher Art, wie sie bisher die Zugehörigkeit zu einer Menge abgestuft haben, nun die Möglichkeit ab, daß die betrachtete Variable v den Wert a annimmt. Dabei ist der Möglichkeitsgrad Poss $\{v = a \mid B\}$ von (3.55) jedoch keineswegs die (verallgemeinerte, bedingte) Wahrscheinlichkeit

$$\text{Prob} \{v = a \mid B\} \tag{3.59}$$

dafür, daß v den Wert a annimmt.

Ist v etwa die Produktionszeit einer hochproduktiven Werkzeug-maschine an einem beliebigen Arbeitstag, dann könnten zugehörige Möglichkeitsgrade und Wahrscheinlichkeitswerte z. B. wie in Abb. 10 aussehen: generell ist der Möglichkeitsgrad (3.55) nie kleiner als der ihm entsprechende Wahrscheinlichkeitswert (3.59). Die Möglich-keitsgrade $= 0$ bei ≥ 21 Stunden Produktionszeit sollen dabei durch die Notwendigkeit planmäßiger Stillstandszeiten (etwa zu Wartungs-

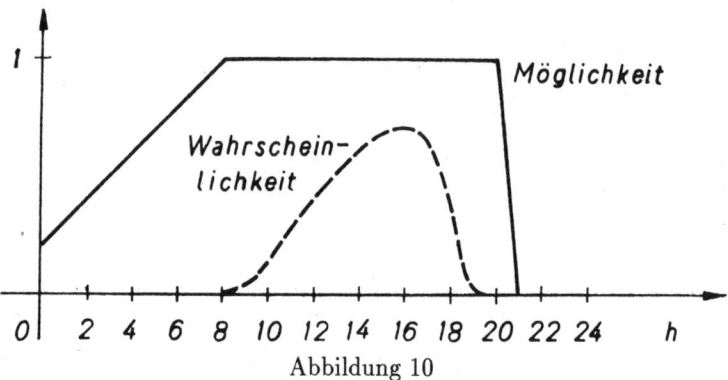

Abbildung 10

oder Reparaturzwecken) bewirkt werden, und die Möglichkeitsgrade < 1 bei < 8 Stunden Produktionszeit sollen ökonomischen Forderungen nach Grundmittelauslastung geschuldet sein.

Ist die unscharfe Schranke B durch den Kontext fixiert, dann ist der Möglichkeitsgrad (3.55) eine Funktion allein von $y \in \mathcal{Y}$, die sich auf die Werte der Variablen v bezieht. ZADEH (1978) schreibt in Analogie zu (3.56)

$$\pi_v = m_B \tag{3.60}$$

für diese Funktion und nennt π_v die durch B für die Variable v induzierte *Möglichkeitsverteilung* . Da die Variable v mehrere Variable zusammenfassen, also $v = (v_1, \ldots, v_k)$ sein kann, ist mit (3.60) auch der Fall erfaßt, daß die unscharfe Schranke B selbst eine unscharfe Relation und die Möglichkeitsverteilung π_v eine simultane Möglichkeitsverteilung für mehrere Variable ist. Möglichkeitsverteilungen spielen auch eine zentrale Rolle bei der Darstellung unscharfer Informationen im Zusammenhang des approximativen Schließens (vgl. Abschnitt 4.4).

Ausgehend von einer unscharfen Relation R zwischen Variablen u, v und scharfen Werten von u erhält man aus (3.54) also unscharfe Schranken für die Werte der anderen Variablen v und damit Möglichkeitsverteilungen (3.60) für die Werte von v. Es ist aber oft eine Idealisierung anzunehmen, daß ein Wert x_0 der Variablen u scharf gegeben sei. Ist dieser Wert etwa aus Beobachtungen zu bestimmen, so wird er i. allg. nur ungenau, also unscharf bestimmt sein. Daher muß man auch dann mittels einer unscharfen Relation R zwischen den Werten von u und v Informationen über die Werte von v gewinnen können, wenn der Wert von u nur unscharf gegeben ist.

Variable, deren Werte unscharfe Mengen sind, nennen wir *unscharfe Variable*. Sind u, v unscharfe Variable mit Werten aus $I\!F(\mathcal{X})$ bzw. $I\!F(\mathcal{Y})$, dann soll R *unscharfe Beziehung* zwischen u und v heißen, falls $R \in I\!F(\mathcal{X} \times \mathcal{Y})$ ist. Die in (3.54) betrachtete Situation kann nun auch so aufgefaßt werden, daß vermittelt durch eine unscharfe Relation R dem Wert $x_0 \in \mathcal{X}$ der Variablen u der Wert $B \in I\!F(\mathcal{Y})$ der unscharfen Variablen v zugeordnet wird. Dieser Wert stellt eine unscharfe Schranke für die „eigentlichen" Werte von v dar und beschreibt entsprechend (3.60) deren Möglichkeitsverteilung.

Ist nun allgemeiner $A \in I\!F(\mathcal{X})$ der (unscharfe) Wert einer unscharfen Variablen u und ist $R \in I\!F(\mathcal{X} \times \mathcal{Y})$ eine unscharfe Relation zwischen den unscharfen Variablen u, v, dann wird bezogen auf den zugehörigen Wert B von v der Möglichkeitsgrad $m_A(x_0)$ des „eigentlichen" Wertes x_0 von u zusammen mit dem Grad $m_R(x_0, y)$ den Möglichkeitsgrad $m_B(y)$ bestimmen. ZADEH (1973) wählt den Ansatz

$$m_B(y) = \sup_{x \in \mathcal{X}} \min\{m_A(x), m_R(x, y)\} \quad \text{für alle } y \in \mathcal{Y}. \quad (3.61)$$

Diese *Zuordnungsregel* gestattet nun bei unscharfen Variablen u, v, die durch eine unscharfe Relation R miteinander in Beziehung stehen, jedem unscharfen Wert A von u einen unscharfen Wert B von v zuzuordnen. Der so durch die Zuordnungsregel (3.61) vermittelte Zusammenhang wird auch in der Form von Bedingungen

$$\text{IF } u = A \text{ THEN } v = B \quad (3.62)$$

ausgedrückt, die man gern als *Fuzzy-Implikationen* oder als *unscharfe Implikationen* bezeichnet. Dabei legt (3.62) die Lesart nahe, daß eine Wertzuweisung $u := A$ vermittelt über die unscharfe Relation R bzw. die Fuzzy-Implikation (3.62) die Wertzuweisung $v := B$ nach sich zieht.

Die Analogie der Formeln (3.61) und (3.3) ist Anlaß, die durch (3.61) erklärte unscharfe Menge $B \in I\!F(\mathcal{Y})$ als

$$B = A \circ R \quad (3.63)$$

zu bezeichnen. Sind $\mathcal{X}, \mathcal{Y}$ endliche Grundbereiche und wählt man gemäß (3.1) für R die Matrixdarstellung $R \,\hat{=}\, (r_{ij})$ und entsprechend (2.3) für A, B die Vektornotationen $A \,\hat{=}\, (a_i)$ und $B \,\hat{=}\, (b_j)$, so ergibt sich $A \circ R$ analog zu (3.14) gerade als Produkt „Vektor × Matrix" mit Supremum- statt Summenbildung und Minimum- statt Produktbildung:

$$b_j = \sup_i \min\{a_i, r_{ij}\}. \tag{3.64}$$

In Anwendungen, etwa bei unscharfen Reglern oder beim approximativen Schließen (vgl. Kapitel 4), ist die Situation oft umgekehrt: IF ... THEN-Bedingungen (3.62) sind inhaltlich naheliegend – und eine diese Zusammenhänge über (3.61) vermittelnde unscharfe Relation R ist gesucht. Hat man nur eine Bedingung der Form (3.62) vorgegeben, dann ist es leicht, dazu passende unscharfe Relationen R zu finden. Man setzt in jedem Falle voraus, daß A, B normalisierte unscharfe Mengen sind oder wenigstens $\mathrm{hgt}\,(B) \leq \mathrm{hgt}\,(A)$ gilt, und wählt vorzugsweise

$$R = A \otimes B, \tag{3.65}$$

vgl. MAMDANI/ASSILIAN (1975). Auch andere Vorschläge für die Festlegung unscharfer Relationen zu gegebenen IF... THEN-Bedingungen (3.62) sind diskutiert worden (evtl. zusammen mit Modifikationen der Zuordnungsregel (3.61)), z. B. mit den Universalmengen X, Y über den Grundbereichen $\mathcal{X}, \mathcal{Y}$ die Ansätze

$$R = (A \otimes B) \cup (A^c \otimes Y), \tag{3.66}$$
$$R = (A^c \otimes Y) + (X \otimes B) \tag{3.67}$$

bei ZADEH (1973), bei MIZUMOTO (1982) und MIZUMOTO/ZIMMERMANN (1982) darüberhinaus noch zahlreiche weitere. Die Motivationen stammen meist aus Analogieüberlegungen: so steht hinter dem Ansatz (3.67) z. B. die Lesart

NOT $(u = A)$ OR $(v = B)$

für die Fuzzy-Implikation

IF $(u = A)$ THEN $(v = B)$,

während (3.66) der Spezialfall $C = Y$ der Bedingung

$$\text{IF } (u = A) \text{ THEN } (v = B) \text{ ELSE } (v = C) \qquad (3.68)$$

ist, die in diesem Falle durch die unscharfe Relation

$$R = (A \otimes B) \cup (A^c \otimes C) \qquad (3.69)$$

beschrieben wird.

Hat man jedoch eine ganze Schar solcher IF...THEN-Bedingungen (3.62) vorliegen, die durch den zu beschreibenden Zusammenhang motiviert sind, dann entspricht dieser Schar ein System von *Relationsgleichungen* (3.63) für eine unbekannte Relation – und die Frage nach der Bestimmung dieser unscharfen Relation wird zum Problem, jenes System von (Relations-)Gleichungen zu lösen (vgl. Abschnitt 4.3).

3.4 Unscharfe Optimierung

Zahlreiche Anwendungsaufgaben werden als *Optimierungsprobleme* formuliert. Über einer Grundmenge $\mathcal{X}$, dem *Entscheidungsraum* (der Menge der Alternativen oder theoretischen Möglichkeiten) sind einige *Optimalitätskriterien* (Ziele)

$$G_j(x) = \text{opt} ! \quad (= \min_x !, \text{ o.B.d.A.}) \quad j = 1, \ldots, m \qquad (3.70)$$

spezifiziert, die unter einer Reihe von *Nebenbedingungen*

$$C_i(\mathcal{X}), \qquad i = 1, \ldots, n \qquad (3.71)$$

zu erfüllen sind. Dabei sind die Nebenbedingungen C_i jeweils denjenigen Teilmengen von $\mathcal{X}$ äquivalent, auf denen sie erfüllt sind. Ein Beispiel für eine solche Nebenbedingung ist die bekannte Nichtnegativitätsforderung, der die Menge $C = \{x \in \mathcal{X} \mid x > 0\}$ entspricht.

Die mathematische Behandlung eines solchen Optimierungsproblems (3.70) und (3.71) mit herkömmlichen Methoden der Operationsforschung setzt jedoch voraus, daß Optimalitätskriterien und Nebenbedingungen scharf formuliert sind und daß alle Bestimmungselemente, wie z. B. die Koeffizienten und algebraischen Verknüpfungen, genau bekannt sind. All dies ist aber bei echten Anwendungsaufgaben höchstens näherungsweise erfüllt, was die Praxisrelevanz der Ergebnisse häufig sehr begrenzt.

Es ist eine allgemeine Erfahrung, daß die Herausarbeitung scharfer Ziele und Nebenbedingungen oft nicht ohne Willkür erfolgt und schwieriger ist, als die praktische Lösung des erhaltenen scharfen Problems. Daher schlugen BELLMAN/ZADEH (1970) vor, die Ziele und Bedingungen von den praktischen Gegebenheiten her als unscharfe Mengen zu erfassen. So lassen sich unscharfe Ziele formulieren, sich gewissen, für nahezu optimal gehaltenen Elementen möglichst gut zu nähern. In den Nebenbedingungen können die Gleichheiten oder Schranken unscharf aufgefaßt werden. Damit wird in vielen Fällen zudem eine bessere Erfassung der praktischen Entscheidungssituation erreicht.

Sei G_j die dem Optimalitätskriterium entsprechende Aussage, codiert als Teilmenge von $\mathcal{X}$. Dann läßt sich die Lösungsmenge $\mathcal{D}$ der scharfen Optimierungsaufgabe formal durch die Forderung nach der gleichzeitigen Erfüllung aller Ziele und aller Nebenbedingungen ausdrücken:

$$\mathcal{D} = \Big(\bigcap_{i=1}^{n} C_i \Big) \cap \Big(\bigcap_{j=1}^{m} G_j \Big). \tag{3.72}$$

Seien nun m_{C_i} und m_{G_j} die Zugehörigkeitsfunktionen der im folgenden als *unscharf* angenommenen Ziele und Bedingungen. Dabei bleibt vorläufig offen, wie die Ziele unscharf erfaßt werden können und sollen, worauf später eingegangen werden wird. Weiterhin soll zuerst einmal angenommen werden, daß alle Ziele und Bedingungen die gleiche Wichtigkeit bezüglich ihrer Erfüllung haben. Unterschiedliche Wichtigkeiten ließen sich z. B. mit passenden multiplikativen Relevanzgewichten berücksichtigen. Während bei scharfen Optimierungsaufgaben für die Gleichzeitigkeitsforderung keine Alternative zur Durchschnittsbildung $\cap$ in (3.72) sinnvoll scheint, steht bei unscharfen Aufgaben das ganze Arsenal der t-Normen (s. Abschnitt 2.4) zur Verfügung, mit dem die Kombination der Ziele und Bedingungen modelliert werden kann, eventuell sogar innerhalb eines vorangehenden Lernprozesses. Dabei kann die t-Norm von Verknüpfung zu Verknüpfung in (3.72) sogar wechseln. Im einfachsten Fall, wenn alle Forderungen gleich wichtig sind und keine Interaktivitäten zeigen, dann kann man z. B. das Minimum als t-Norm wählen und erhält die unscharfe Lösung D mit für alle $x \in \mathcal{X}$

$$m_D(x) = \min\{\min_i m_{C_i}(x), \min_j m_{G_j}(x)\}. \tag{3.73}$$

Zur Bewertung einer solchen unscharfen Lösung, die ja eine *unscharfe Entscheidung* darstellt, können die in Abschnitt 5.5 besprochenen *Unschärfemaße* dienen. Insofern sind die Verhältnisse hier ähnlich wie in der unscharfen Steuerung und Regelung (s. Kapitel 4). Sind *unscharfe* Entscheidungen D_k; $k \in \mathcal{K}$ möglich, dann kann man (wie bei den Reglern) noch über k optimieren. Sei ϱ ein passender Abstand, dann hieße das

$$\varrho(D_k, D) = \min_k \,!\,. \tag{3.74}$$

Wird dagegen eine *scharfe* Entscheidung x verlangt, dann läßt sich $m_D(x)$ als der *Befriedigungsgrad* der scharfen Lösung x für das unscharfe Optimierungsproblem deuten. Man wird sich die scharfe Lösung gewöhnlich aus der *maximalen Entscheidungsmenge*

$$\mathcal{D}^* = \{x^* \in \mathcal{X} \mid m_D(x^*) \geq m_D(x) \text{ für alle } x \in \mathcal{X}\} \tag{3.75}$$

wählen.

Wenn sich die Komponenten des Optimierungsproblems gegenseitig, evtl. teilweise, kompensieren können, dann spiegeln t-Normen diesen Sachverhalt nicht mehr adäquat wider. Eine Möglichkeit zur Berücksichtigung von *Kompromissen* ist die Festlegung von Gewichtsfunktionen α_i, β_j mit

$$\sum_i \alpha_i(x) + \sum_j \beta_j(x) = 1, \qquad \text{für alle } x \in \mathcal{X} \tag{3.76}$$

für die Bildung einer unscharfen Lösung $D(\alpha, \beta)$ mit

$$m_D(x; \alpha, \beta) = \sum_{i=1}^{n} \alpha_i(x) m_{C_i}(x) + \sum_{j=1}^{m} \beta_j(x) m_{G_j}(x). \tag{3.77}$$

Damit erhält man eine Familie von Aggregationen *zwischen* nichtinteraktivem Durchschnitt und Vereinigung

$$\left(\bigcap_{i=1}^{n} C_i \right) \cap \left(\bigcap_{j=1}^{m} G_j \right) \subseteqq D(\alpha, \beta) \subseteqq \left(\bigcup_{i=1}^{n} C_i \right) \cup \left(\bigcup_{j=1}^{m} G_j \right),$$

die recht gute Anpassungen an problemspezifische Zusammenhänge und fachwissenschaftliche Vorstellungen erlaubt. Jedoch sind auch

andere Festlegungen interaktiver Aggregationen möglich und sinnvoll, wie etwa (2.98), (2.100) statt (2.71), darunter auch solche, die
eine Interaktivität der zu den Komponenten gehörigen Variablen im
Sinne von Abschnitt 3.3 berücksichtigen. Im folgenden bezeichne D
die jeweilige unscharfe Lösungsmenge.

Wenn der Zugehörigkeitswert $m_D(x^*)$ in (3.75) sehr klein gegen Eins ist, dann bedeutet dies, daß die Ziele und Bedingungen
in gewisser Weise widersprüchlich sind und keine zufriedenstellende
Lösung des Problems erlauben. Für diesen Fall bieten ASAI/TA-
NAKA/OKUDA (1975) ein Vorgehen an, das durch die Modellierung
eines gewissen Toleranzverhaltens gegenüber den Komponenten des
Optimierungsproblems in praktischen Fällen auch dann noch zu be-
friedigenden Lösungen führen kann. Dabei wird festgestellt, welche
Komponente für den vorliegenden geringen Befriedigungsgrad „ver-
antwortlich" ist, damit sie in gewisser Weise entschärft werden kann,
z. B. durch Senkung des Relevanzkoeffizienten, durch Veränderung
der Gewichtsfunktion der Bedingung oder der Schranken in der Bedingung.

Die Formulierung von unscharfen Zielen und Bedingungen hat
eine generelle Bedeutung für die Entwicklung der Entscheidungstheorie und der Steuertheorie auf der Basis der Theorie unscharfer
Mengen.

Zur Veranschaulichung der Vorgehensweise wird das *lineare Optimierungsproblem* mit der einzigen Zielfunktion G gewählt, d. h.

$$G = g^\mathsf{T} x = \min !$$
$$A x \leq b \qquad\qquad\qquad (3.78)$$
$$x \geq 0 \quad \text{für } x \in I\!\!R^k.$$

Dabei sind die Vektoren $g \in I\!\!R^k, b \in I\!\!R^n$ und die $(n \times k)$-Matrix
A gegeben. Während die Nichtnegativitätsforderung $x \geq 0$ in
der Regel durch das reale Problem begründet ist, sind die weiteren Bedingungen, d. h. die Beschränkungen $A x \leq b$, meist nur
unscharf gemeint. Daher schlägt ZIMMERMANN (1976, 1978, 1985)
vor, diese Schranken durch geeignete unscharfe Relationen „im wesentlichen kleiner oder höchstens gleich" zu ersetzen. Im einfachsten
Fall geschieht dies durch lineare Zugehörigkeitsfunktionen auf dem
Intervall $[b_i, b_i + d_i]$, wobei b_i die Komponenten von b und d_i die
Komponenten eines gegeben Vektors d sind, der angibt, um wieviel

die Schranken b_i in (3.78) jeweils höchstens überschritten werden dürfen. Weiterhin wird vorgeschlagen, die Optimalitätsforderung durch die Forderung zu ersetzen, daß G eine gegebene Schranke g_0 möglichst unterschreitet. Diese Schranke kann z. B. aus dem Sachzusammenhang oder durch die Lösung des scharfen Optimierungsproblems für den „ungünstigsten Fall": $Ax = b + d$, gewonnen werden. Auch die so erhaltene Beschränkung $G \leq g_0$ wird als unscharfe Relation, z. B. durch eine lineare Zugehörigkeitsfunktion modelliert. Hier ist also ein Beispiel, wie das Optimalitätskriterium durch eine unscharfe Menge dargestellt werden kann, wie es beim Übergang zur unscharfen Optimierungsaufgabe zu Beginn dieses Abschnittes vorläufig angenommen worden war. Offensichtlich ist dieser Weg auch noch gangbar, wenn mehrere (lineare) Zielfunktionen vorliegen. Das Optimierungsproblem erhält so eine symmetrische Form, d. h. Optimalitätskriterium und Nebenbedingungen haben die gleiche mathematische Struktur:

$$G \leq g_0,$$
$$Ax \leq b, \quad x \geq 0. \qquad (3.79)$$

Die unscharfe Lösung D von (3.79) läßt sich nun in den eingangs geschilderten Weisen (3.73) oder (3.77) erhalten. Daraus ist eine Menge $\mathcal{D}^*$ maximaler Entscheidungen gemäß (3.75) ableitbar, die als scharfe Entscheidungen verwendet werden können. Im Falle *durchweg linearer* Zugehörigkeitsfunktionen erhält man die $x^* \in \mathcal{D}^*$ direkt durch die Lösung eines scharfen Optimierungsproblems:

$$\lambda = \max !,$$
$$\lambda d + Ax \leq b + d, \qquad (3.80)$$
$$\lambda d_0 + g^\mathsf{T} x \leq g_0 + d_0,$$
$$x \geq 0,$$

dabei ist d_0 die Überschreitungsschranke zu g_0.

Bei Verwendung nichtlinearer Zugehörigkeitsfunktioen können sich für die Bestimmung der x^* nichtlineare Optimierungsprobleme ergeben, die sich in gewissen Fällen auf lineare transformieren lassen (vgl. GEYER-SCHULZ (1986)).

Läßt sich die Optimalitätsforderung nicht durch eine Schrankenbedingung ersetzen, dann ensteht das Problem der Optimierung einer scharfen Funktion über einem unscharfen Bereich C, der durch die Bedingungen C_i, z. B. über $C = \bigcap_{i=1}^{n} C_i$, bestimmt ist (s. ORLOVSKY (1977)).

Für jeden α-Schnitt $C^{\geq \alpha}$ wird die Lösungsmenge

$$S(\alpha) = \left\{ \boldsymbol{x} \in C^{\geq \alpha} \mid G(\boldsymbol{x}) = \inf_{y \in C^{\geq \alpha}} G(\boldsymbol{y}) \right\} \qquad (3.81)$$

betrachtet und daraus die Lösung D mit

$$m_D(\boldsymbol{x}) = \begin{cases} \sup_{x \in S(\alpha)} \alpha & \text{für } \boldsymbol{x} \in \bigcup_{\alpha > 0} S(\alpha), \\ 0 & \text{sonst} \end{cases} \qquad (3.82)$$

bestimmt. Für den unscharfen optimalen Funktionswert G^* von G erhält man hieraus die Zugehörigkeitsfunktion

$$m_G(r) = \begin{cases} \sup_{x \in G^{-1}(r)} m_D(\boldsymbol{x}) & \text{für } G^{-1}(r) \neq \emptyset, \\ 0 & \text{für alle anderen } r \in I\!\!R. \end{cases} \qquad (3.83)$$

Die Lösungsmenge $S(\alpha)$ läßt sich dabei für alle $\alpha \in (0,1]$ mit Methoden der parametrischen Optimierung aus

$$G(\boldsymbol{x}) = \min !,$$
$$\alpha \leq m_{C_i}(\boldsymbol{x}) \qquad (3.84)$$

berechnen. Für praktische Zwecke wird eine endliche Auswahl von α-Werten genügen.

Die Unsicherheit von $\boldsymbol{A}$ und $\boldsymbol{b}$ in (3.78) läßt sich prinzipiell durch Spezifizierung unscharfer Zahlen berücksichtigen. Die Verknüpfung zu $\boldsymbol{A}\boldsymbol{x}$ müßte dann über die erweiterte Addition und Subtraktion realisiert und die Größenbeziehung ($\geq$) entweder scharf gelassen oder durch eine passende unscharfe Beziehung ersetzt werden. Damit wären unscharfe Nebenbedingungen C_i spezifiziert, die – geeignet zur unscharfen Menge C zusammengefaßt – nach dem vorstehenden Konzept weiterbehandelt werden könnten (vgl. RAMIK/RIMANEK (1985)). Die Praktibilität dieses Verfahrens hängt wesentlich von der Leistungsfähigkeit der verfügbaren Rechentechnik ab. Für Spezialfälle (Gleichungen als Nebenbedingungen und unscharfe Zahlen in L/R-Darstellung) gibt es einige Vorschläge bei DUBOIS/PRADE (1978, 1980).

Bei den dargestellten Verfahren zur Fuzzifizierung von Problemen der linearen Optimierung spielte die Linearität der Probleme nur für die numerische Behandlung der zu lösenden Optimierungsaufgaben wie z. B. (3.80) , (3.81) eine Rolle. Prinzipiell können nichtlineare Optimierungsprobleme in analoger Weise behandelt werden. Allerdings kann der numerische Aufwand beträchtlich anwachsen.

Wegen einer ausführlichen und weitergehenden Behandlung der unscharfen Optimierung sei auf die Monographie ROMMELFANGER (1988) verwiesen.

Schließlich können auch Probleme aus der dynamischen Optimierung in dieser Weise fuzzifiziert und angegangen werden (s. etwa DUBOIS/PRADE (1980), ZIMMERMANN (1985)). Jedoch wird gegenwärtig in diesen Fällen häufig die Optimierungsaufabe durch eine linguistische Problembeschreibung und deren Behandlung mit Methoden des approximativen Schließens ersetzt, da sie u. U. eine besser überschaubare und rechentechnisch leichter realisierbare Lösung der ursprünglichen Aufgabe liefert, etwa wenn es sich um ein Problem der optimalen Steuerung handelt (vgl. Abschnitt 4.2).

Kapitel 4

Linguistische Variable und deren Anwendung

4.1 Der Begriff der linguistischen Variablen

Im Gegensatz zur präzisen, meist quantitativ orientierten mathematischen Beschreibung natürlicher oder technischer Prozesse, in der genaue Werte von Prozeßparametern eine wesentliche Rolle spielen (oder zumindest genaue Werte einschließlich genauer Fehlerschranken), arbeiten umgangssprachlich orientierte Prozeß- und auch Handlungsbeschreibungen üblicherweise nicht mit genauen Werten für wichtige Prozeßgrößen, sondern begnügen sich mit – i. allg. jedermann verständlichen – „ungenauen" Angaben solcher Werte. Man denke etwa an die in jedem Fahrschullehrbuch zu findenden Beschreibungen des Einordnens eines PKW in eine Parklücke parallel zur Fahrbahn – oder man denke an Kochrezepte, an Beschreibungen von Krankheitsbildern, an Qualitätseinschätzungen wissenschaftlich-technischer Resultate oder auch von Schweißnähten, an Hinweise zu energiesparenden Fahrweisen von Zügen und viele weitere Beispiele.

In fast allen derartigen Fällen werden für solche Prozesse wesentliche Daten wie Anweisungen, Merkmale, charakteristische Werte etc. unscharf angegeben. Die im Abschnitt 3.3 eingeführten unscharfen Variablen bieten ein natürliches Hilfsmittel, solche qualitativen Beschreibungen einer mathematischen Modellierung zugänglich zu machen. Dazu ist in jedem Einzelfalle natürlich für jede solche unscharfe Variable festzulegen, welches ihre (unscharfen) Werte sein dürfen – und von welchem Grundbereich dies unscharfe Teilmengen sein sollen.

Hinzu kommt nun, daß solche (unscharfen) Werte unscharfer Variabler benannt werden müssen, will man mit ihnen brauchbar operieren können. Anders aber als bei Zahlendarstellungen gibt es keine allgemein üblichen Benennungen unscharfer Mengen. Vom Bezug zu qualitativen Beschreibung von Prozessen, Handlungen etc. her liegt es dann nahe, die Werte solcher unscharfen Variablen unmittelbar mit umgangssprachlich üblichen Worten zu benennen – wobei allerdings genau zu klären ist, welche umgangssprachlichen Worte zur Benennung der zu betrachtenden unscharfen Werte zugelassen sind, und welche unscharfen Mengen den Wertebereich einer solchen konkreten unscharfen Variablen bilden sollen.

Die Entscheidung, die Benennung der Werte solcher unscharfen Variablen mittels umgangssprachlich üblicher Worte vorzunehmen, hat ZADEH (1975) schon bei der Einführung des Konzeptes der unscharfen Variablen veranlaßt, diese als *linguistische Variable* zu bezeichnen. Allerdings vermag diese Benennung der unscharfen Variablen zu täuschen: daß die Werte einer solchen Variablen mit umgangssprachlich üblichen Worten benannt werden, ist für den Charakter dieser Variablen ebenso unwesentlich, wie es für den Charakter einer reellen Variablen (in üblichen mathematischen Modellen) unwesentlich ist, ob deren Werte – also reelle Zahlen – im Dezimalsystem, im Dualsystem oder noch in einer anderen Art von Zahlendarstellung benannt werden.

Das Konzept der linguistischen Variablen gewinnt seine Attraktivität aus der Tatsache, daß mit Hilfe derartiger Variabler relativ leicht Grobmodelle von technischen Prozessen (fast) allein aus vorliegenden qualitativen Prozeßinformationen gebildet werden können. Ein wichtiges, bisher theoretisch jedoch ungelöstes Problem ist dann aber, welche konkreten unscharfen Mengen den in solchen qualitativen Informationen benutzten Worten, die Werte geeigneter linguistischer Variablen benennen (sollen), zuzuordnen sind. Derzeit kann man dem ein unscharfes Modell entwerfenden und aufbauenden Ingenieur oder Mathematiker i. allg. nur den – recht allgemeinen und daher wenig aussagekräftigen – Hinweis geben, daß er diese Werte

„möglichst geschickt und dem Problem angepaßt" wählen muß.

Bemerkenswert am Konzept der linguistischen Variablen ist vor allem die zusätzliche, schon bei ZADEH (1975) zu findende Vorstellung, daß die Gesamtheit der Werte einer solchen linguistischen Variablen erzeugt werden kann ausgehend von gewissen grundlegenden Werten durch Anwendung von Operatoren im Bereich unscharfer Mengen, die in ihrer Wirkung einerseits den logischen Verknüpfungen durch „nicht", „und", „oder" und andererseits sprachlichen *Modifikatoren* wie z. B. „sehr", „mehr oder weniger" und deren Iterationen entsprechen. Die Konsequenz dieser Vorstellung ist, daß auch Benennungen der Werte einer linguistischen Variablen als mittels einer *generativen Grammatik* aus gewissen grundlegenden Namen erzeugbar unterstellt werden. Diese Idee ist verlockend, aber derzeit ist es erneut eine theoretisch weitestgehend ungeklärte Frage, wie die den modifizierenden Sprachpartikeln entsprechenden mengentheoretischen Operatoren definiert werden sollen. Für die logischen Verknüpfungen hat man dieses Problem nicht: sie werden durch – geeignete (!) – ihnen entsprechende mengenalgebraische Verknüpfungen zwischen den jeweiligen Werten linguistischer Variabler, also zwischen unscharfen Mengen, dargestellt, wie das folgende Beispiel zeigt.

Als Beispiel einer linguistischen Variablen wollen wir (etwa für den Kontext medizinischer oder psychologischer Modelle, aber evtl. auch zur Kennzeichnung des Verschleißzustandes technischer Aggregate) die einer Kenngröße „Alter" entsprechende Variable ALTER wählen. (Einer häufig benutzten Konvention folgend bezeichnen wir die fragliche Variable mit dem in Großbuchstaben geschriebenen Namen der Größe, für die sie steht.) Ihre Werte mögen – nach einer evtl. angemessenen Maßstabstransformation – unscharfe Teilmengen des reellen Intervalls $[0, 100]$ sein. Dann kann man etwa als grundlegende Werte die in Abb. 11 mit: **jung, von mittlerem Alter, alt** bezeichneten unscharfen Mengen wählen. Der Effekt logischer Verknüpfungen ist leicht beschreibbar. Bilden wir etwa den Wert **nicht alt**, so ist dies das Komplement der unscharfen Menge **alt**; ebenso bildet man z. B. den Wert **nicht von mittlerem Alter**. Der Wert **alt oder jung** ist entsprechend die Vereinigungsmenge der Werte **alt** und **jung**; analog ist der Wert **jung und nicht von mittlerem Alter** der Durchschnitt der unscharfen Menge **jung** und des Komplements

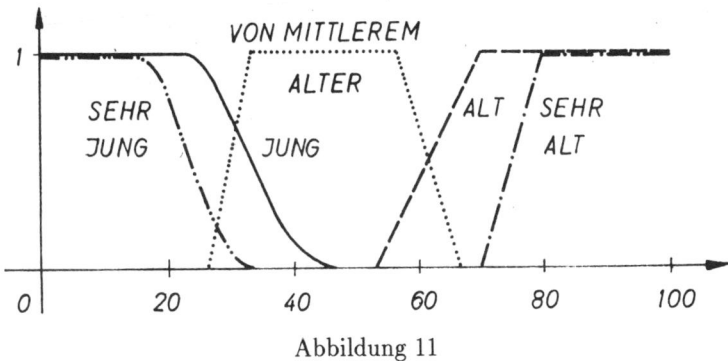

Abbildung 11

der unscharfen Menge von mittlerem Alter.

Bei Durchschnitts- und Vereinigungsbildung ist dabei von vornherein festzulegen, in welchem Sinne diese Verknüpfungen zu verstehen sind (vgl. Abschnitte 2.3 und 2.4). Wenn nichts anderes gesagt wird, so wollen wir uns wie üblich dabei auf die Minimum- bzw. Maximumbildung der Zugehörigkeitswerte beziehen.

Eine Modifizierungsmöglichkeit der Werte dieser Variablen ALTER (oder wenigstens gewisser von ihnen!), die nicht einer logischen Verknüpfung entspricht, könnte – zunächst linguistisch – mittels sehr realisiert werden: man könnte also zusätzlich zu den mittels logischer Verknüpfung bildbaren Werten auch Werte wie sehr jung, nicht sehr alt, sehr sehr jung zulassen. (Dagegen erscheint es vom inhaltlichen Verständnis her sinnvoll, Bildungen wie sehr von mittlerem Alter, sehr (jung oder alt) direkt zu verbieten oder wenigstens nicht zu benutzen; aber dies ist eine Feinheit, die hier nicht diskutiert werden soll: Die Realisierung solcher Verbote muß in den Regeln niedergelegt werden, die die generative Grammatik konstituieren, die die (Namen der) Werte der betrachteten linguistischen Variablen erzeugt.) Bezüglich der Werte der Variablen ALTER hat dem sprachlichen Modifikator „sehr" ein Operator sehr zu entsprechen, der unscharfen Teilmengen von $[0,100]$ neue unscharfe Teilmengen von $[0,100]$ zuordnet. Als Ergebnisse der Modifizierung der Werte jung, alt mittels sehr wären dann etwa die ebenfalls in Abb. 11 angegebenen unscharfen Mengen denkbar.

Unser Beispiel zeigt noch einmal deutlich die beiden offenen Pro-

bleme: weder gibt die übliche Intuition ausreichende Begründung
etwa für die Wahl der unscharfen Mengen **jung** und **alt**, noch gibt
sie ausreichende Information darüber, wie die unscharfen Mengen
jung und **sehr jung**, bzw. analog **alt** und **sehr alt** funktional miteinander zusammenhängen sollten. Der von ZADEH (1975) betrachtete
generelle Vorschlag, dem Modifizieren mit **sehr** immer das Quadrie-
ren der Zugehörigkeitswerte entsprechen zu lassen, also z. B. für alle
$x \in [0, 100]$ zu setzen

$$m_{\text{sehr alt}}(x) =_{\text{def}} (m_{\text{alt}}(x))^2, \tag{4.1}$$

erscheint jedenfalls für obiges Beispiel (und analog für eine Reihe
weiterer, ähnlicher Anwendungsbeispiele) nicht als ein akzeptabler
Vorschlag: würde dieser Ansatz doch z. B. dazu zwingen, wegen der
sicher plausiblen Festlegung $m_{\text{alt}}(70) = 1$ aus Abb. 11, also der Einstufung einer 70-jährigen Person als alt mit dem Wert 1, auch sogar
die weit weniger plausible Einstufung $m_{\text{sehr alt}}(70) = 1$ und damit
sogar die ganz und gar inakzeptable Folgerung $m_{\text{sehr sehr alt}}(70) = 1$
zu akzeptieren. Daher ist in Abb. 11 an Stelle von (4.1) als eine
von verschiedenen Möglichkeiten eine Kombination von „Transla-
tion" der Zugehörigkeitsfunktion und Vergrößerung ihres Anstieges
getreten (deren mathematische Realisierung hier sekundär ist und
also nicht konkret fixiert zu werden braucht).

Allgemein muß jeder Anwender linguistischer Variabler für jeden Fall gesondert festlegen, welche unscharfen Mengen seine grundlegenden Werte der betrachteten linguistischen Variablen sein sollen und welche (nichtlogischen) Modifizierungsmöglichkeiten – wenn
überhaupt – zugelassen sein sollen, und wie diese mathematisch beschrieben werden sollen. In einfacheren Modellen, vor allem dann,
wenn eine linguistische Variable evtl. nur sehr wenige Werte haben
soll, wird man häufig auf solche Modifizierungsmöglichkeiten (weitgehend oder vollständig) verzichten.

Trotz dieses theoretischen Defizits ist die Benutzung linguistischer Variabler ein sehr vorteilhaftes Verfahren beim Entwurf von
Grobmodellen mit Methoden der Theorie unscharfer Mengen. Ist
man sich als Anwender dieser theoretischen Grenzen bewußt und
registriert, an welchen Stellen beim Modellentwurf nur heuristisch
begründete Festlegungen getroffen wurden, dann kennt man auch
die Grenzen der Aussagefähigkeit des jeweiligen Modells und kann

es sinnvoll nutzen. Der Gewinn gegenüber den üblichen, auf klassische Mathematik gestützten Modellbildungsverfahren besteht – wenigstens bei nicht zu einfachen Prozessen – in jedem Falle in einem stark vereinfachten, relativ leicht überschaubaren und doch flexiblen Modellansatz. Die im nächsten Abschnitt betrachteten unscharfen Regler belegen dies paradigmatisch.

4.2 Unscharfe Regler

Hier soll eine Vorgehensweise für den Entwurf von Grobmodellen genauer betrachtet werden, die in einer Reihe konkreter Anwendungsfälle (vgl. Abschnitt 4.5) ihre Nützlichkeit für Zwecke der automatisierten Regelung (sei es als Kontrolle oder als Steuerung) bereits unter Beweis gestellt hat. Sie bezweckt, einen mit Methoden der Theorie unscharfer Mengen entworfenen sog. *unscharfen Regler* als in direkter automatischer Prozeßkopplung oder im Mensch-Maschine-Dialog zu nutzendes Gerät zu realisieren. Beide Betriebsarten sind möglich, aber auch ihre Verbindung – etwa automatische Steuerung bei „Normalbetrieb" und Dialogsteuerung in „Extremsituationen".

Zwei grundlegende Ideen stellen die Hauptpunkte beim methodischen Ansatz für den Entwurf unscharfer Regler dar :

1. Ein unscharfer Regler soll in der Lage sein, aus unscharfen Eingangsinformationen – i. allg. wieder unscharfe – Ausgangsinformationen zu erzeugen.

2. Der Entwurfsprozeß soll i. allg. regelbasiert verlaufen und gestatten, evtl. nur qualitativ vorliegende Prozeß- oder Prozeßsteuerinformationen direkt zu verarbeiten, wie sie etwa als Arbeitsanweisungen für Bedienpersonal formuliert sein können.

Die erste dieser Ideen ist natürlich bei direkter automatischer Prozeßkopplung eines unscharfer Reglers nur sehr bedingt von Interesse: sie steht zwar in engem Zusammenhang mit Idee 2, die aktuell benutzten Meß- und Steuermechanismen liefern bzw. verarbeiten aber nur scharfe Daten – daher muß ein unscharfer Regler bei direkter Prozeßkopplung auch geeignet auf scharfe Eingangsinformationen reagieren und zugleich passend scharfe Ausgangsinformationen liefern können. Bei automatischer Prozeßkopplung gewinnt also Idee 2 Priorität gegenüber Idee 1; letzterer aber kommt entscheidende Bedeutung im Dialogbetrieb zu – eben weil es für den Menschen natürlich ist, aktuelle Prozeßgrößen (die evtl. aus technischen Gründen nicht gemessen werden können oder für die möglicherweise gar keine exakten quantitativen Meßskalen existieren) häufig nur qualitativ zu bewerten.

Die qualitativen Informationen, die entsprechend 2. konstitutiv für den Entwurf eines unscharfen Reglers sein sollen bzw. die er gemäß 1. zu verarbeiten in der Lage sein soll, werden über linguistische Variable zu erfassen sein. Regelbasiertheit entsprechend 2. soll dabei zusätzlich bedeuten, daß zur Anfangsphase des Entwurfes eines unscharfen Reglers eine Art „linguistisches Protokoll" gehören soll, das die relevanten Prozeß(steuer)informationen in Form von Regeln erfaßt, bei denen für den Prozeß bzw. seine Steuerung charakteristische zusammengehörende Werte zu beachtender Eingangs- und Ausgangsgrößen zusammengestellt werden.

Zentral ist weiterhin die Idee, daß für einen unscharfen Regler eine unscharfe Beziehung zwischen den Eingangs- und Ausgangsgrößen, also zwischen geeigneten Input- und Outputvariablen grundlegend ist: durch den Prozeß selbst, dessen unscharfe Steuerung/Regelung Aufgabe des Reglers ist, wird diese unscharfe Beziehung vorgegeben.

Mathematisch wird entsprechend Abschnitt 3.3 die für einen unscharfen Regler konstitutive unscharfe Beziehung durch eine unscharfe Relation beschrieben. Für den Modellbildner bedeutet dies, daß für den Entwurf eines solchen Reglers nicht nur die (linguistischen) Input- und Outputvariablen mit ihren zugelassenen Werten festzulegen sind, sondern daß aus den qualitativen Prozeß(steuer)informationen auch eine unscharfe Relation zu gewinnen ist.

Da stets mehrere (Input- ebenso wie Output-) Variablen zu einer Variablen – mit entsprechend komplizierterem Grundbereich – zusammengefaßt werden können, vgl. Abschnitt 3.3, reicht es für die weitere Diskussion aus, nur je eine (linguistische) Inputvariable u und Outputvariable v zu betrachten. Die qualitativ vorliegenden Prozeßinformationen können dann als System

$$\text{IF } u = A_i \text{ THEN } v = B_i, \quad i = 1, \ldots, n \qquad (4.2)$$

von *Kontrollregeln* der Form (3.62) dargestellt werden. (Im Prinzip könnten statt dessen auch Regeln der Form (3.68) oder von noch anderer Gestalt benutzt werden, aber üblicherweise wählt man Regelsysteme (4.2) und ersetzt eine Regel (3.68) durch mehrere Regeln (3.62).)

Wie im Abschnitt 3.3 angedeutet versteht man jede Kontrollregel von (4.2) als eine Wertzuweisung $v := B_i$, die durch eine Wertzuweisung $u := A_i$ hervorgerufen wird – und durch die den unscharfen Regler konstituierende unscharfe Relation R gemäß Zuordnungsregel (3.61) bewirkt wird. Darüber hinaus soll ein unscharfer Regler aber auch in Situationen, d. h. für Werte $u = A$ der Inputvariablen anwendbar sein, die im System (4.2) nicht explizit berücksichtigt, also durch $A \neq A_i$ für $i = 1, \ldots, n$ charakterisiert sind. Auch in solchen Fällen wird nun die durch (4.2) konstituierte unscharfe Relation benutzt, um einen Wert der Outputvariablen zum Inputwert $u = A$ festzulegen: man setzt einfach unter Rückgriff auf die in (3.63) eingeführte Bezeichnung

$$v := A \circ R, \qquad\qquad (4.3)$$

d. h., man setzt entsprechend (3.61)

$$m_{A \circ R}(y) = \sup_{x \in \mathcal{X}} \min\{m_A(x), m_R(x,y)\} \quad \text{für alle } y \in \mathcal{Y} \quad (4.4)$$

Erst diese Festlegung (4.3) bzw. (4.4) zusammen mit der Bestimmung von R durch das System (4.2) macht unscharfe Regler breit einsetzbar. Allerdings setzt (4.3) voraus, daß das System (4.2) „repräsentativ" für den betrachteten Prozeß ist in dem Sinne, daß es alle relevanten Prozeßinformationen berücksichtigt.

Mathematisch bedeutet die Bestimmung eines unscharfen Reglers, daß die für ihn charakteristische unscharfe Relation R bestimmt wird ausgehend vom zugehörigen System (4.2) von Kontrollregeln. Dieses System (4.2) wird dabei als System

$$B_i = A_i \circ R, \qquad i = 1, \ldots, n \qquad (4.5)$$

von Relationsgleichungen (3.63) mit A_i, B_i als gegebenen unscharfen Mengen betrachtet, das hinsichtlich der unscharfen Relation R zu lösen ist (vgl. Abschnitt 4.3).

Im Entwurfsprozeß eines unscharfen Reglers ist diese mathematische Aufgabe natürlich nur ein Teilproblem. Für den Modellbildner entscheidend sind zuvor schon die Festlegung der unscharfen Variablen u, v und ihrer Werte – und vor allem die Aufstellung des Systems (4.2) von Kontrollregeln. Bei diesem Reglerentwurf ist z. B. zu bedenken, ob der zu betrachtende Prozeß mittels eines unscharfen Reglers oder mittels mehrerer parallel arbeitender unscharfer Regler gesteuert/geregelt werden soll. Der Ansatz (4.2) mit je einer Input- und Outputvariablen ist prinzipiell immer möglich. Realisiert man jedoch auf einem Computer die nach (4.5) zugehörige unscharfe Relation R als Matrix und die Zuordnung (4.3) gemäß Zuordnungsregel (3.61) in der Form (3.64), dann kann die Zusammenfassung mehrerer (z. B. Output-) Variablen $v_1, \ldots, v_k$ zu einer einzigen $v = (v_1, \ldots, v_k)$ einen stark ansteigenden Speicherplatzbedarf bewirken. Nach (3.1) ist ja die Zeilenzahl l der Matrix R die Elementeanzahl des Grundbereiches $\mathcal{X}$ der Inputvariablen u, und die Spaltenzahl m die des Grundbereiches $\mathcal{Y}$ der Outputvariablen v. Ist demnach $v = (v_1, \ldots, v_k)$ eine „mehrdimensionale" unscharfe Variable und haben die Grundbereiche $\mathcal{Y}_j$, $j = 1, \ldots, k$ von v_j je die Elementeanzahl m_j, dann ist das Produkt $m = m_1 \cdot \ldots \cdot m_k$ die Spaltenzahl der Matrix R – und jeder Outputwert $v = B$ eine unscharfe Relation in $\mathcal{Y} = \mathcal{Y}_1 \times \cdots \times \mathcal{Y}_k$. Betrachtet man dagegen statt eines Reglers (mit der Outputvariablen v) k parallel arbeitende mit den Outputvariablen $v_1, \ldots, v_k$, dann haben die diese Regler beschreibenden Matrizen R_j, $j = 1, \ldots, k$, je die Spaltenzahl m_j. Der Elementezahl $l \cdot (m_1 \cdot \ldots \cdot m_k)$ von R steht (bei Parallelbetrieb) also die wesentlich geringere Anzahl $l \cdot (m_1 + \cdots + m_k)$ aller Elemente aller Matrizen $R_1, \ldots, R_k$ gegenüber.

Hat man für die zu entwerfende unscharfe Regelung nicht von vornherein k unabhängig zu behandelnde Ausgangsgrößen, also Outputvariable $v_1, \ldots, v_k$ (für die man k parallel arbeitende unscharfe Regler entwerfen kann), sondern nur eine Outputvariable v, so wird man prüfen, ob eine „Zerlegung" möglich ist. Diese Prüfung sollte man schon am System (4.2) vornehmen. Bedenkt man, daß für eine Outputvariable $v = (v_1, \ldots, v_k)$ alle Outputwerte B_i in (4.2) selbst unscharfe Relationen, also unscharfe Beziehungen zwischen $v_1, \ldots, v_k$ sind, so ist die entscheidende Bedingung für die Zerlegbarkeit eines Regelsystems (4.2) in unabhängige Systeme für $v_1, \ldots, v_k$, daß $v_1, \ldots, v_k$ bez. jeder der unscharfen Beziehungen $B_1, \ldots, B_n$ nicht-interaktive Variable sind, d. h., daß jede der unscharfen Relationen $B_1, \ldots, B_n$ separabel ist.

Dieser *Zerlegungsstrategie* ist schon eines der ersten (im Labormaßstab realisierten) konkreten Anwendungsbeispiele gefolgt, bei dem MAMDANI/ASSILIAN (1975) zur Steuerung einer Dampfmaschine durch eine unscharfe Regelung sowohl die Wärmezufuhr für die Dampferzeugung als auch die Ventilstellung für die Dampfzufuhr zur Dampfturbine geregelt haben (vgl. Abschnitt 4.5).

Meist zeigt sich, daß ein derartiger Parallelbetrieb mehrerer unscharfer Regler bei mehreren zu steuernden Ausgangsgrößen außer dieser Speicherplatzeinsparung noch weitere rechentechnische Vorteile bringen kann – z. B. weil nicht jeder dieser parallel arbeitenden Regler schließlich alle Eingangsgrößen beachten muß. Aber auch, wenn Sparsamkeit im Umgang mit Speicherplatz nicht so wesentlich erscheint, kann diese „Parallelisierung" für den Echtzeitbetrieb eines on-line benutzten unscharfen Reglers ganz entscheidend sein, sowohl z. B. aus Gründen der Rechenzeit als vor allem auch deswegen, weil man so für einzelne der Outputvariablen $v_1, \ldots, v_k$ unterschiedlich lange „Stellzeitintervalle" realisieren kann.

Um bei einem unscharfen Regler R zu einem gegebenen Inputwert $u := A$ den zugehörigen Outputwert $v := B$ zu bestimmen, ist die in (4.3), (4.4) angegebene Variante, unter Rückgriff auf den als unscharfe Relation R spezifizierten unscharfen Regler unmittelbar $B = A \circ R$ zu setzen, nur eine Möglichkeit. Einen – allerdings nur scheinbar – anderen, direkt auf das Kontrollregelsystem (4.2) zurückgreifenden Weg haben erstmals HOLMBLAD/ØSTERGAARD (1982) benutzt: die *Methode der Aktivierungsgrade*.

Durch diese Methode läßt sich für den betrachteten unscharfen Regler die explizite Bestimmung dieser zugehörigen unscharfen Relation vermeidet. Um jedoch auch in diesem Falle die Absicht realisieren zu können, den durch (4.2) konstituierten unscharfen Regler auf Inputwerte $u := A$ anwenden zu können, die in keiner der Regeln von (4.2) explizit als Werte der Inputvariablen u vorkommen, muß geklärt werden, wie die einzelnen Regeln von (4.2) auf einen beliebigen Inputwert $u := A$ „reagieren" sollen.

Für die im Rahmen der gewöhnlichen, „scharfen" mathematischen Modellierung diskutierten regelbasierten Systeme wird eine

IF...THEN-Regel nur dann anwendbar, wenn die im IF-Teil angeführte Bedingung wirklich erfüllt ist. Bei unscharfer Modellierung will und muß man aber auch den Fall betrachten, daß die im
IF-Teil solch einer IF...THEN-Regel (3.62) angeführte Bedingung
nur „zu einem gewissen Grade" erfüllt ist. Dieser Grad, mit dem
die im IF-Teil einer Regel (3.62) angegebene Bedingung bei beliebigem Inputwert erfüllt ist, soll zugleich der Grad sein, zu dem diese
Kontrollregel beim Input A „aktiviert" wird.

   Dieser Grad, zu dem die j-te Regel von (4.2) durch einen Input
$u := A$ aktiviert wird, kann dann als Parameter genommen werden,
um den Beitrag des in dieser Kontrollregel angegebenen Outputwertes B_j zum aktuellen Output $v := B$ des Reglers beim Input A zu
bestimmen.

   Sowohl für die Festlegung des Grades, zu dem ein Input A die
j-te Kontrollregel (4.2) aktiviert, als auch für die Bestimmung des
Outputs des durch (4.2) beschriebenen unscharfen Reglers aus allen
„Aktivierungsgraden" aller Regeln von (4.2) durch den Input A und
aus allen Kontrollregeloutputs B_j gibt es vielfältige Möglichkeiten.

   Wie HOLMBLAD/ØSTERGAARD (1982) kann man als *Aktivierungsgrad* der j-ten Kontrollregel von (4.2) durch einen Input A
z. B. den Wert

$$\beta_j = \mathrm{hgt}\,(A \cap A_j) = \sup_{x \in \mathcal{X}} \min\{m_A(x), m_{A_j}(x)\}. \tag{4.6}$$

nehmen, der als sehr einfacher „Grad der Übereinstimmung" des
realen Inputs A mit dem Regelinput A_j angesehen werden kann.
Dieser Aktivierungsgrad der j-ten Regel wird von ihnen danach benutzt, um den Output B_j der j-ten Kontrollregel nur „zum Grade"
β_j im Gesamtoutput B zu berücksichtigen, d. h. bei ihnen speziell,
um die Zugehörigkeitswerte zu B_j nur mit dem Faktor β_j multipli-
ziert für die Festlegung von B zu nehmen, also für die zum Grade β_j
aktivierte j-te Kontrollregel als modifizierten Output die unscharfe
Menge C_j :

$$C_j := \beta_j \cdot B_j : \quad m_{C_j}(y) = \beta_j \cdot m_{B_j}(y) \quad \text{für alle } y \in \mathcal{Y} \tag{4.7}$$

zu nehmen und damit den Gesamtoutput B festzulegen durch

$$m_B(y) = \max_{1 \le j \le n} m_{C_j}(y)$$

$$= \max_{1 \le j \le n} \left(\sup_{x \in \mathcal{X}} \min\{m_A(x), m_{A_j}(x)\} \right) \cdot m_{B_j}(y). \quad (4.8)$$

Sowohl das Vorgehen nach (4.3), (4.4) als auch die Methode der Aktivierungsgrade akzeptieren scharfe Inputwerte, wie sie z. B. vorliegen können, wenn ein unscharfer Regler in direkter Prozeßkopplung betrieben wird und die Eingangsdaten des Reglers von konventionellen Meßelementen geliefert werden. Das Vorgehen nach (4.3), (4.4) transformiert in diesem Falle solch einen scharfen Inputwert $x_0 \in \mathcal{X}$ in die unscharfe Einermenge $A = \langle\!\langle x_0 \rangle\!\rangle_1$ mit Träger $\text{supp}(\langle\!\langle x_0 \rangle\!\rangle_1) = \{x_0\}$ und Zugehörigkeitswert $m_{\langle\!\langle x_0 \rangle\!\rangle_1}(x_0) = 1$. Die Methode der Aktivierungsgrade verfährt im Prinzip ebenso; allerdings vereinfacht sich in diesem Falle die Bestimmung von β_j erheblich, weil die unscharfe Einermenge $A = \langle\!\langle x_0 \rangle\!\rangle_1$ in (4.6) nicht explizit erwähnt zu werden braucht, da (4.6) sich nun reduziert auf

$$\beta_j = m_{A_j}(x_0).$$

Als Output $v := B$ zum Input $u := A$ liefert ein unscharfer Regler eine unscharfe Menge B. Dieser Outputwert B kann dem Nutzer direkt mitgeteilt werden. Ist jedoch v eine linguistische Variable mit gewissen Standardwerten, dann wird man statt B meist als Output einen dieser Standardwerte bevorzugen. In diesem Falle hätte eine sog. „linguistische Approximation" zu erfolgen, d. h. man hätte einen der Standardwerte zu suchen, der mit B möglichst gut übereinstimmt.

Diese Forderung nach möglichst guter Übereinstimmung wird man diesmal jedoch nicht mit einem so einfachen „Übereinstimmungsgrad" wie β_j in (4.6) behandeln. Statt dessen wird man die Zugehörigkeitsfunktion m_B mit den Zugehörigkeitsfunktionen der Standardwerte von v als Funktionen vergleichen und den „Übereinstimmungsgrad" als Abstand von Funktionen (hinsichtlich einer passend zu wählenden Abstandsfunktion für Funktionen) verstehen. Linguistische Approximation bedeutet in diesem Falle also Approximation der Funktion m_B durch eine geeignet zu wählende Zugehörigkeitsfunktion eines linguistischen Standardwertes von v.

Will man aber weder B selbst noch eine linguistische Approximation von B vom unscharfen Regler R mitgeteilt bekommen, sondern will man im on-line-Betrieb durch R etwa eine Stellgröße des zu regelnden Prozesses direkt steuern lassen, dann braucht man statt der unscharfen Menge $B \in I\!F(\mathcal{Y})$ einen scharfen Steuerwert $y_0 \in \mathcal{Y}$, man muß B also *defuzzifizieren*, d. h. man muß von der vom unscharfen Regler R gelieferten unscharfen Entscheidung über die zu wählende Steuerfestlegung B zu einer scharfen Entscheidung $y_0(B)$ gelangen.

Die *Maximummethode* geht im einfachsten Fall davon aus, daß die Zugehörigkeitsfunktion m_B ein eindeutig bestimmtes Maximum hat und nimmt $y_0(B)$ als dessen Argumentwert:

$$y_0(B) = \arg\max\{m_B(y) \mid y \in \mathcal{Y}\}$$
$$= m_B{}^{-1}(\max\{m_B(y) \mid y \in \mathcal{Y}\}).$$

Dieser Fall ist aber selten realisiert. Hat m_B jedoch immerhin Maximalwerte, nur eben mehrere, dann kann man zunächst die Menge $\mathcal{B}_{\max}$ der m_B maximierenden Argumente bilden:

$$\mathcal{B}_{\max} = m_B{}^{-1}(\{\max_{z \in \mathcal{Y}} m_B(z)\})$$
$$= \{y \in \mathcal{Y} \mid m_B(y) = \max_{z \in \mathcal{Y}} m_B(z)\}. \qquad (4.9)$$

Allerdings ist nun aus den in $\mathcal{B}_{\max}$ zusammengefaßten „bestmöglichen" Entscheidungen immer noch eine konkrete auszuwählen.

Eine Variante ist, ein Element von $\mathcal{B}_{\max}$ zufällig auszuwählen. In diesem Falle wird unterstellt, daß alle in $\mathcal{B}_{\max}$ zusammengefaßten konkreten Steuerentscheidungen gleichwertig sind. Da jedoch die außerhalb $\mathcal{B}_{\max}$ liegenden Steuerentscheidungen weniger günstig sind als die in $\mathcal{B}_{\max}$ gelegenen, ist man häufig interessiert, $y_0(B)$ nicht vom „Rande" von $\mathcal{B}_{\max}$ zu wählen, sondern eher aus der „Mitte" von $\mathcal{B}_{\max}$.

Ist $\mathcal{Y}$ eine Menge von Zahlen, also etwa $\mathcal{Y} \subseteq I\!R$, so kann man über die Werte von $\mathcal{B}_{\max}$ mitteln, also für eine endliche Menge $\mathcal{B}_{\max}$ setzen

$$y_0(B) = \frac{1}{N} \sum_{y \in \mathcal{B}_{\max}} y \qquad (4.10)$$

mit N als Elementeanzahl von $\mathcal{B}_{\max}$. Ist $\mathcal{B}_{\max}$ aber eine „kontinuierliche" Menge, so ist

$$y_0(B) = \frac{1}{\int_{\mathcal{B}_{\max}} dy} \cdot \int_{\mathcal{B}_{\max}} y \, dy \qquad (4.11)$$

die (4.10) entsprechende Festlegung, natürlich unter der zusätzlichen Voraussetzung der Existenz und Endlichkeit der auftretenden Integrale.

Diese Mittelungen über die „günstigsten" Steuerentscheidungen aus $\mathcal{B}_{max}$ empfehlen sich aber nur, wenn $\mathcal{B}_{max}$ ein Intervall in $\mathcal{Y}$ ist. Andernfalls könnte $y_0(B) \notin \mathcal{B}_{max}$ sein und u. U. sogar eine besonders schlechte Entscheidung darstellen. (Man denke an eine Situation, wo ein Fahrzeug rechts bzw. links um ein in Fahrbahnmitte befindliches Hindernis herumzulenken ist; dann könnte solch eine Mittelung der günstigsten Varianten bedeuten, direkt auf das Hindernis zuzufahren!)

Der Nachteil der Maximummethode ist, daß sie zwar die Maximalstellen der Zugehörigkeitsfunktion m_B berücksichtigt, den sonstigen Funktionsverlauf von m_B außerhalb $\mathcal{B}_{max}$ aber ganz außer Betracht läßt. Der gesamte Funktionsverlauf von m_B spielt dagegen in der *Schwerpunktmethode* eine Rolle. Diese Methode geht von der Vorstellung aus, daß die günstigste Entscheidung $y_0(B)$ durch Mittelung über diesen gesamten Funktionsverlauf, und zwar eine mit dem jeweiligen Zugehörigkeitswerten gewichtete Mittelung, gewonnen werden sollte. Daher legt die Schwerpunktmethode $y_0(B)$ bei „diskretem" Grundbereich $\mathcal{Y}$ durch

$$y_0(B) = \frac{1}{\operatorname{card}(B)} \sum_{y \in \mathcal{Y}} y \cdot m_B(y) \qquad (4.12)$$

fest, wobei $\operatorname{card}(B)$ nach (2.18) die Summe über alle Zugehörigkeitswerte $m_B(y)$ ist; bei „kontinuierlichem" Grundbereich $\mathcal{Y}$ ist $\operatorname{card}(B)$ gemäß (2.19) zu verstehen und es wird analog

$$y_0(B) = \frac{1}{\operatorname{card}(B)} \int_{\mathcal{Y}} y \cdot m_B(y)\, dy \qquad (4.13)$$

gesetzt.

Die oben bez. der Mittelung im Rahmen der Maximummethode erwähnten Probleme werden natürlich durch die Schwerpunktmethode nicht ausgeräumt: immer dann, wenn B keine konvexe unscharfe Menge ist, kann durch (4.12) bzw. (4.13) eine – evtl. sehr – ungünstige Entscheidung ausgewählt werden.

Obwohl die Mittelungen (4.12) und (4.13) diejenigen Punkte $y \in \mathcal{Y}$, deren Zugehörigkeitswerte $m_B(y)$ klein sind, jeweils nur in geringem Maße zur Bestimmung der Gesamtentscheidung $y_0(B)$ berücksichtigen, kann es sachgemäß sein, Punkte $y \in \mathcal{Y}$ mit „zu geringem" Zugehörigkeitswert $m_B(y)$ für die Bestimmung von $y_0(B)$ ganz außer Betracht zu lassen. Die *Schwerpunktmethode mit Schwellwert* (vgl. PEDRYCZ (1989)) trägt dieser Vorstellung Rechnung: alle mit ihrem Zugehörigkeitswert zu B unterhalb eines vorgegebenen Schwellwertes λ liegenden Punkte $y \in \mathcal{Y}$ werden zur Bestimmung der günstigsten Entscheidung $y_0{}^\lambda(B)$ nicht herangezogen. Ist λ der vorgegebene Schwellwert, so wählt man im „diskreten" Fall

$$y_0{}^\lambda(B) = \frac{1}{\text{card}\,(B^{\geq\lambda})} \sum_{y \in B^{\geq\lambda}} y \cdot m_B(y), \qquad (4.14)$$

wobei $\text{card}\,(B^{\geq\lambda})$ die Elementeanzahl der scharfen Menge $B^{\geq\lambda}$ ist, und im „kontinuierlichen" Fall

$$y_0{}^\lambda(B) = \frac{1}{\int_{B^{\geq\lambda}} m_B(y)\,dy} \cdot \int_{B^{\geq\lambda}} y \cdot m_B(y)\,dy. \qquad (4.15)$$

Es ist leicht zu sehen, daß sich für den Schwellwert $\lambda = 0$ die gewöhnliche Schwerpunktmethode ergibt. Wählt man dagegen den Schwellwert $\lambda = \max_{y \in \mathcal{Y}} m_B(y)$, falls dieses Maximum existiert, dann hat man die Maximummethode mit Mittelbildung.

Daher ist auch die Schwerpunktmethode mit Schwellwert den oben erwähnten Problemen der Mittelung ausgesetzt: der kritische Fall, in dem $y_0{}^\lambda(B)$ eine schlechte Entscheidung sein kann, ist wieder, daß die „Einschränkung" von B auf $B^{\geq\lambda}$ keine konvexe unscharfe Menge ist. Genauer gesagt: ist $Y^{[\lambda]}$ die unscharfe λ-Universalmenge (2.9)

$$m_{Y^{[\lambda]}}(y) = \lambda \qquad \text{für alle } y \in \mathcal{Y},$$

dann ist Vorsicht bei der Anwendung von (4.14) bzw. (4.15) geboten, falls die unscharfe Menge $B \cup Y_\lambda$ nicht konvex ist.

4.3 Lösungen und Näherungslösungen von Relationsgleichungssystemen

Die Formulierung eines Kontrollregelsystems (4.2) als System (4.5) von Relationsgleichungen bewirkt, daß die Frage nach der Bestimmung einer (4.2) realisierenden unscharfen Beziehung zum Problem wird, eine unscharfe Relation zu bestimmen, die Lösung des Systems (4.5) ist.

Betrachtet man zunächst den einfachsten Fall nur einer Relationsgleichung

$$B = A \circ R \qquad (4.16)$$

mit gegebenen unscharfen Mengen $A \in \mathbb{F}(\mathcal{X})$, $B \in \mathbb{F}(\mathcal{Y})$ und gesuchter unscharfer Relation $R \in \mathbb{F}(\mathcal{X} \times \mathcal{Y})$, so kann man von deren Lösungsmenge

$$\boldsymbol{R} = \{R \in \mathbb{F}(\mathcal{X} \times \mathcal{Y}) \mid B = A \circ R\} \qquad (4.17)$$

leicht zeigen, daß sie bez. Inklusion unscharfer Mengen ein sog. oberer Halbverband ist, d. h., es ist mit je zwei Lösungen R', R'' von (4.16) auch die Vereinigung $R' \cup R''$ Lösung von (4.16):

$$R', R'' \in \boldsymbol{R} \;\Rightarrow\; R' \cup R'' \in \boldsymbol{R}, \qquad (4.18)$$

und $R' \cup R''$ ist die bez. $\subseteq$ kleinste R' und R'' umfassende Lösung von (4.16). Deswegen kann die Lösungsmenge $\boldsymbol{R}$ höchstens ein bez. $\subseteq$ maximales Element, die *größte Lösung* von (4.16), wohl aber mehrere bez. $\subseteq$ minimale Lösungen enthalten.

Die Bestimmung minimaler Lösungen von (4.16), also bez. $\subseteq$ kleinster Elemente von $\boldsymbol{R}$, ist nur gelegentlich diskutiert worden und i. allg. von geringerem Interesse als die Betrachtung der größten Lösung. Solche minimalen Lösungen untersuchen z. B. SANCHEZ (1977), SESSA (1984), DI NOLA (1984, 1985); einen guten Überblick gibt das Buch DI NOLA/SESSA/PEDRYCZ/SANCHEZ (1989).

Wichtiger (und einfacher) ist die Betrachtung der größten Lösung von (4.16). Dazu muß eine neue mengenalgebraische Verknüpfung $\oslash$ für unscharfe Mengen betrachtet werden. Sie liefert, ausgehend von

beliebigen unscharfen Mengen $A \in I\!\!F(\mathcal{X})$, $B \in I\!\!F(\mathcal{Y})$ eine unscharfe
Relation $A \oslash B \in I\!\!F(\mathcal{X} \times \mathcal{Y})$, die definiert wird als

$R := A \oslash B:$

$$m_R(x,y) =_{\text{def}} \begin{cases} 1, & \text{wenn } m_A(x) \leq m_B(y) \\ m_B(y), & \text{wenn } m_A(x) > m_B(y). \end{cases} \quad (4.19)$$

Damit erhält man nach dem Vorbild von SANCHEZ (1984) (vgl. auch
GOTTWALD (1986a)) ein einfaches Lösbarkeitskriterium für Gleichung (4.16).

Satz 4.1: *Eine Relationsgleichung $B = A \circ R$ ist genau dann
lösbar, wenn $A \oslash B$ eine Lösung dieser Gleichung ist; und wenn
$A \oslash B$ eine Lösung dieser Gleichung ist, dann ist $A \oslash B$ zugleich
die bez. der Inklusion $\subseteqq$ größte Lösung.*

Wählen wir für ein Beispiel $\mathcal{X}$ als dreielementigen und $\mathcal{Y}$ als
vierelementigen Grundbereich. Die unscharfen Teilmengen A_0 von
$\mathcal{X}$ und B_0 von $\mathcal{Y}$ sollen durch die Vektordarstellungen

$$A_0 \hat{=} (0,9\,;\,1\,;\,0,7), \quad B_0 \hat{=} (1\,;\,0,4\,;\,0,8\,;\,0,7) \quad (4.20)$$

gegeben sein. Dann ist nach (4.19) die unscharfe Relation

$$R_0 \hat{=} \begin{pmatrix} 1 & 0,4 & 0,8 & 0,7 \\ 1 & 0,4 & 0,8 & 0,7 \\ 1 & 0,4 & 1 & 1 \end{pmatrix} \quad (4.21)$$

bez. $\subseteqq$ größte Lösung der Relationsgleichung $B_0 = A_0 \circ R$. Ebenfalls Lösung dieser Gleichung ist

$$R_1 \hat{=} \begin{pmatrix} 0 & 0,4 & 0,8 & 0 \\ 1 & 0 & 0 & 0 \\ 0 & 0 & 0 & 0,7 \end{pmatrix}, \quad (4.22)$$

und zwar sogar eine bez. $\subseteqq$ minimale Lösung. Deswegen beschreibt
jede Matrix, deren Elemente jeweils der Größe nach zwischen den
entsprechenden Elementen von R_0 und R_1 liegen, auch eine Lösung
der Gleichung $B_0 = A_0 \circ R$. Eine weitere Lösung dieser Gleichung
ist

$$R_2 \hat{=} \begin{pmatrix} 0 & 0 & 0 & 0,7 \\ 1 & 0,4 & 0,8 & 0 \\ 0 & 0 & 0 & 0 \end{pmatrix}. \quad (4.23)$$

Offenbar gelten $R_1 \subseteqq R_0$ und $R_2 \subseteqq R_0$; aber R_1 und R_2 sind bez. der Inklusion $\subseteqq$ unvergleichbar.

Auch für Systeme (4.5) von Relationsgleichungen gilt (4.18), wenn R nun die Lösungsmenge von (4.5) bedeuten möge. Daher hat auch die Lösungsmenge R eines Systems (4.5) ein bez. $\subseteqq$ maximales Element, falls überhaupt $R \neq \emptyset$ gilt, also System (4.5) lösbar ist. Und erneut hat $R \neq \emptyset$ i. allg. verschiedene bez. $\subseteqq$ minimale Elemente, also (4.5) bez. $\subseteqq$ unvergleichbare kleinste Lösungen.

Es bestehen aber nicht nur diese strukturellen Analogien zwischen den Lösungsmengen einzelner Gleichungen (4.16) und ganzer Systeme (4.5). Man kann auch ein dem obigen analoges Lösbarkeitskriterium beweisen (vgl. GOTTWALD (1984, 1986a)), das zudem noch eine Rückführung von Lösungen des Systems (4.5) auf größte Lösungen seiner einzelnen Gleichungen erlaubt.

Satz 4.2: *Ein System* $B_i = A_i \circ R$, $i = 1, \ldots, n$, *von Relationsgleichungen ist genau dann lösbar, wenn die unscharfe Relation*

$$C = \bigcap_{i=1}^{n} (A_i \oslash B_i)$$

Lösung dieses Systems ist; und wenn C *Lösung des Systems* $B_i = A_i \circ R$, $i = 1, \ldots, n$, *ist, dann ist diese unscharfe Relation zugleich die bez. der Inklusion* $\subseteqq$ *größte Lösung.*

Diese beiden Lösbarkeitskriterien liefern aber nur für den Fall interessante Informationen, daß eine Gleichung (4.16) bzw. ein System (4.5) überhaupt eine Lösung hat. Bei vielen praktisch wichtigen Systemen (4.2) von Kontrollregeln wird man jedoch zunächst in natürlicher Weise auf Gleichungssysteme (4.5) geführt, die nicht lösbar sind oder über deren Lösbarkeit man keine Informationen hat.

Daher interessieren Bedingungen, die die Lösbarkeit von Relationsgleichungssystemen (4.5) garantieren. Da Lösbarkeit von (4.5) bedeutet, daß die dafür konstitutiven Kontrollregeln (4.2) durch eine einheitliche unscharfe Beziehung vermittelt sein können, sich also nicht gegenseitig durch „Wechselwirkung" stören, bedeutet Lösbarkeit von (4.5) zugleich, daß das entsprechende Regelsystem (4.2) genau realisiert werden kann.

Die Frage nach der Lösbarkeit eines Gleichungssystems (4.5) zerfällt in natürlicher Weise in zwei Fragen nach der Lösbarkeit der „Ungleichungs"-Systeme

$$B_i \subseteq A_i \circ R, \quad i = 1, \ldots, n, \qquad (4.24)$$

$$B_i \supseteq A_i \circ R, \quad i = 1, \ldots, n. \qquad (4.25)$$

Die als *Obermengeneigenschaft* von R bezeichnete Lösbarkeit von (4.24) ist relativ leicht zu garantieren: eine hinreichende Bedingung für (4.24) ist, daß

$$\mathrm{hgt}\,(B_i) \leq \mathrm{hgt}\,(A_i) \quad \text{für } i = 1, \ldots, n \qquad (4.26)$$

gilt. Dies ist insbesondere dann erfüllt, wenn man die inhaltlich naheliegende Forderung stellt, daß im System (4.2) alle Eingangsdaten A_i normalisierte unscharfe Mengen sein sollen.

Die als *Teilmengeneigenschaft* von R bezeichnete Lösbarkeit von (4.25) stellt ein schwierigeres Problem dar, für dessen Lösung nur relativ einschneidende hinreichende Bedingungen bekannt sind (vgl. GOTTWALD (1984a)). Die am einfachsten zu formulierende dieser hinreichenden Bedingungen ist die paarweise Disjunktheit der Eingangsdaten des Kontrollregelsystems (4.2):

$$A_j \cap A_k = \emptyset \quad \text{für alle } 1 \leq j < k \leq n. \qquad (4.27)$$

Diese Bedingung (4.27) ist eine für die Anwendungen sehr einschneidende Forderung. Aber auch alle anderen bei GOTTWALD (1984a) bewiesenen hinreichenden Bedingungen für die Teilmengeneigenschaft (4.25) sind nicht viel schwächer.

Damit ist die Methode, ein Regelsystem (4.2) in ein Gleichungssystem (4.5) zu übersetzen und die Lösung von (4.5) als die Realisierung von (4.2) durch eine unscharfe Beziehung zu nehmen, aber nicht ad absurdum geführt. Man darf sich nur nicht auf exakte Lösungen von (4.5) beschränken, sondern muß auch Näherungslösungen zulassen. Dies ist in enger Anlehnung an Satz 4.2 möglich, da als Verschärfung der folgende Satz gilt (vgl. GOTTWALD (1986a)).

Satz 4.3: *Für das System* (4.5) *von Relationsgleichungen ist die unscharfe Relation*

$$\hat{R} = \bigcap_{i=1}^{n} (A_i \oslash B_i)$$

nicht nur größte Lösung im Falle der Lösbarkeit von (4.5), *sondern* $\hat{R}$ *ist in jedem Falle eine besonders günstige Näherungslösung.*

Satz 4.3 ergab sich bei GOTTWALD (1986a) als Folgerung aus einem verallgemeinerten Lösbarkeitskriterium für Relationsgleichungssysteme. Ausgangspunkt war, die Aussage G: „es gibt eine Lösung von System (4.5)" in der Sprache eines geeigneten Systems mehrwertiger Logik zu formulieren und den Wahrheitswert von G zu bestimmen. Dazu erwies es sich als nötig, die im System (4.5) auftretende Gleichheitsbeziehung durch eine passende mehrwertige Verallgemeinerung zu ersetzen. Allerdings nicht durch die zu simple Version (2.109), sondern durch die aus (2.39) durch

$$A \equiv B =_{\text{def}} A \subseteq B \wedge B \subseteq A$$

zu gewinnende Version. Dies ist eine sup-$*$-transitive unscharfe Äquivalenzrelation; und hinsichtlich des ihr durch (3.43) zugeordneten Abstandes ϱ_0 ist R optimale Lösung in dem Sinne, daß dafür die $*$-Verknüpfung (3.40), also die durch die t-Norm t_2 bewirkte Verknüpfung aller Abstände $\varrho_0(B_i, A_i \circ \hat{R})$, $i = 1, \ldots, n$, minimal wird. Die Abstandsfunktion ϱ_0 ergibt sich insgesamt für $C, D \in \mathbb{F}(\mathcal{Y})$ zu

$$\varrho_0(C, D) = \sup_{\substack{y \in \mathcal{Y} \\ m_C(y) \neq m_D(y)}} (1 - \min\{m_C(y), m_D(y)\}), \qquad (4.28)$$

hat also eine ungewohnte Form. Will man statt ϱ_0 die geläufigere Supremumnorm, d. h. den Tschebyscheff-Abstand

$$\varrho^*(C, D) = \sup_{y \in \mathcal{Y}} |m_C(y) - m_D(y)| \qquad (4.29)$$

als Abstandsfunktion nehmen, hinsichtlich deren eine optimale Näherungslösung für System (4.5) gesucht ist, dann muß man in der Zuordnungsregel (3.61) und an weiteren Stellen oben die min-Verknüpfung durch die $*$-Verknüpfung, d. h. durch die t-Norm t_2 ersetzen, um den Satz 4.3 geringfügig modifiziert wieder beweisen zu können. Für Details vergleiche man GOTTWALD (1986a).

Näherungslösungen von System (4.5) lassen sich aber nicht nur im Sinne der Sätze 4.3 und 4.2 auffassen, d. h. als Forderung, (4.24) und (4.25) simultan erfüllt zu haben. Eine andere Möglichkeit ist, diese Bedingungen (4.24), (4.25) abzuschwächen, indem die unscharfen Mengen B_i in (4.24) stets durch unscharfe Mengen $\underline{B}_i$ mit $\underline{B}_i \subseteq B_i$ und in (4.25) stets durch unscharfe Mengen $\overline{B}_i$ mit $B_i \subseteq \overline{B}_i$ ersetzt werden – danach aber wieder nach einer simultanen Lösung R der so abgeschwächten Bedingungen (4.24), (4.25) gefragt wird. WAGENKNECHT/HARTMANN (1986, 1986a) wählen diesen Weg und erhalten die *Toleranzmengen* $\underline{B}_i, \overline{B}_i$ dadurch, daß sie z. B. punktweise Toleranzen für die Zugehörigkeitswerte $m_{B_i}(y)$ für alle $y \in \mathcal{Y}$ und $i = 1, \ldots, n$, vorgeben:

$$c_i(y) \leq m_{B_i}(y) \leq d_i(y)) \tag{4.30}$$

und damit die unscharfen Mengen $\underline{B}_i, \overline{B}_i$ definieren durch

$$m_{\underline{B}_i}(y) = c_i(y), \quad m_{\overline{B}_i}(y) = d_i(y) \quad \text{für alle } y \in \mathcal{Y}. \tag{4.31}$$

Die Lösbarkeit des an die Stelle von (4.5) tretenden *Gleichungssystems mit Toleranzen*

$$\underline{B}_i \subseteq A_i \circ R \subseteq \overline{B}_i, \quad i = 1, \ldots, n \tag{4.32}$$

hängt natürlich wesentlich von der Wahl der Toleranzen (4.30) ab: erst eine günstige Wahl führt zur Lösbarkeit von (4.32). Indem man die Toleranzbereiche $[c_i(y), d_i(y)]$ genügend breit wählt, läßt sich Lösbarkeit von (4.32) immer erreichen. Je breiter diese Toleranzbereiche aber gewählt werden, umso ungenauer realisiert eine zugehörige Lösung R von (4.32) die ursprünglichen Regeln (4.2).

Da (4.26) die Obermengeneigenschaft (4.24) garantiert, kann man sogar immer dann $\underline{B}_i = B_i$ wählen in (4.32), wenn (4.26) erfüllt ist. Außerdem kann man die Relation $\hat{R}$ von Satz 4.3 stets benutzen, um Toleranzen (4.30) zu bestimmen, hinsichtlich deren (4.32) lösbar ist. Aber auch von $\hat{R}$ verschiedene Relationen geben solche Toleranzen.

Legt man nicht Wert auf eine möglichst günstige Näherungslösung, sondern begnügt sich mit einer evtl. schlechteren, aber leichter zugänglichen Näherungslösung (im Sinne einfacherer theoretischer Vorstellungen oder einfacherer Bestimmbarkeit), dann findet man neben

$$\hat{R} = \bigcap_{i=1}^{n} (A_i \oslash B_i)$$

weitere, rechnerisch sehr einfach realisierbare Varianten, um (4.2) eine unscharfe Relation R zuzuordnen, die vermöge der Zuordnungsregel (3.61) die durch (4.2) konstituierte unscharfe Beziehung beschreibt.

Eine solche sehr einfache Version, (4.2) eine derartige unscharfe Relation R zuzuordnen, haben schon MAMDANI/ASSILIAN (1975) für ihr Labormodell eines unscharfen Reglers und seither viele andere Autoren benutzt. Betrachtet man zunächst den Fall $n = 1$ eines Regelsystems (4.2) mit nur einer Kontrollregel, dann könnte man sofort

$$R_1 = A_1 \otimes B_1, \tag{4.33}$$

also R_1 als kartesisches Produkt der unscharfen Mengen A_1, B_1 wählen, d. h. könnte setzen

$$m_{R_1}(a,b) = \min\{m_{A_1}(a),\ m_{B_1}(b)\}, \tag{4.34}$$

und hat gemäß (3.61) für jedes $y \in \mathcal{Y}$:

$$D := A_1 \circ R_1 : \tag{4.35}$$
$$\begin{aligned} m_D(y) &= \sup_{x \in \mathcal{X}} \min\{m_{A_1}(x), \min\{m_{A_1}(x), m_{B_1}(y)\}\} \\ &= \sup_{x \in \mathcal{X}} \min\{m_{A_1}(x), m_{B_1}(y)\} = m_{B_1}(y), \end{aligned}$$

also wie gewünscht

$$B_1 = A_1 \circ R_1, \tag{4.36}$$

wenn man voraussetzt, daß (4.26), also $\mathrm{hgt}(A_1) \geq \mathrm{hgt}(B_1)$, gilt. Entsprechend (4.33) kann man jeder Kontrollregel eines Systems (4.2) eine unscharfe Relation $R_i = A_i \otimes B_i$ zuordnen und versuchen, eine (4.2) zugeordnete unscharfe Relation R aus allen diesen „Anteilen" aufzubauen. MAMDANI/ASSILIAN (1975) wählen ausgehend von (4.33) als R die „Zusammenfassung"

$$R = \bigcup_{i=1}^{n} R_i = \bigcup_{i=1}^{n} (A_i \otimes B_i) \tag{4.37}$$

und können so die gesuchte unscharfe Relation R direkt und sehr einfach aus den im konstituierenden System (4.2) angegebenen speziellen Eingangs- und Ausgangsdaten A_i, B_i bilden, nämlich einfach dadurch, daß der Minimumbildung von (4.34) eine Maximumbildung (bzw. allgemeiner eine Supremumbildung) überlagert wird:

$$m_R(a, b) = \max_{1 \le i \le n} \min\{m_{A_i}(a), m_{B_i}(b)\}. \tag{4.38}$$

Der auf dieser Relation R basierende unscharfe Regler liefert entsprechend der Zuordnungsregel (3.61) zu einem beliebigen Inputwert $u := A$ den Outputwert $v := A \circ R$ mit

$$m_{A \circ R}(y) = \sup_{\substack{x \in \mathcal{X} \\ i=1,\ldots,n}} \min\{m_A(x), m_{A_i}(x), m_{B_i}(y)\}. \tag{4.39}$$

Ganz anders als das Vorgehen von MAMDANI/ASSILIAN (1975), dem Regelsystem (4.2) eine grobe Näherungslösung (4.37) des Gleichungssystems (4.5) zuzuordnen, scheint zunächst die Methode der Aktivierungsgrade (vgl. Abschnitt 4.2) zu sein, die erstmals HOLMBLAD/ØSTERGAARD (1982) in einem konkreten Anwendungsfall, ihrem unscharfen Regler für den Zementbrennprozeß, genutzt haben (vgl. Abschnitt 4.5). Zunächst ergibt sich bei ihnen der Aktivierungsgrad der j-ten Kontrollregel von (4.2) bei einem Input A als „Xbereinstimmungsgrad" der Werte $u := A$ und $u := A_j$, d. h. als ein Maß für die Gleichheit der unscharfen Mengen A und A_j. Speziell wählen sie dafür den Parameter $\beta_j = \text{hgt}\,(A \cap A_j)$ von (4.6). Die mit dem Grad β_j „aktivierte" j-te Kontrollregel liefert zum gesamten Output des unscharfen Reglers den Beitrag $C_j = \beta_j \cdot B_j$ gemäß (4.7), und alle diese Beiträge zusammengefaßt ergeben den Output $v := B$ des durch (4.2) konstituierten unscharfen Reglers zum Input $u := A$ als

$$B = \bigcup_{j=1}^{n} C_j = \bigcup_{j=1}^{n} \beta_j \cdot B_j.$$

Mit verallgemeinerten Klassentermen (2.40) und Bezug auf die sprachlichen Mittel mehrwertiger Logik kann die auf (4.2) basierende Zuordnung eines Outputwertes $v := B$ zu einem Inputwert $u := A$ für das Vorgehen von MAMDANI/ASSILIAN (1975) beschrieben werden durch die Formel

$$B = \left\{ y \in \mathcal{Y} \;\middle\|\; \exists x \,(x \,\varepsilon\, A \,\wedge\, (x, y)\,\varepsilon\, \bigcap_{j=1}^{n}(A_j \otimes B_j)) \right\}, \tag{4.40}$$

während Satz 4.2 und der auf der optimalen Näherung im Sinne von Satz 4.3 basierenden Zuordnung die Formel

$$B = \left\{ y \in \mathcal{Y} \; \| \; \exists x \, (x \, \varepsilon \, A \, \wedge \, (x,y) \, \varepsilon \, \bigcup_{j=1}^{n} (A_j \oslash B_j)) \right\} \qquad (4.41)$$

entspricht. Dabei bedeute die Konjunktion $\wedge$ immer die Minimum-bildung. In beiden Fällen (4.40) und (4.41) ist aus mengentheoretischer Sicht B das (verallgemeinerte) unscharfe volle Bild einer unscharfen Menge bez. einer unscharfen Relation.

Der Ansatz (4.8) ordnet sich diesem Konzept nicht direkt unter. Wählt man aber, angeregt durch die Produktbildung in (4.7), statt (4.6) die Aktivierungsgrade

$$\gamma_j = \text{hgt} \, (A \bullet A_j), \qquad (4.42)$$

wählt man also in (4.6) statt des Durchschnittes (2.71) den durch (2.98) definierten Durchschnitt unscharfer Mengen und setzt dann entsprechend statt (4.7) den Zugehörigkeitsgrad im Output der zum Grade γ_j „aktivierten" j-ten Regel fest durch

$$C_j := \gamma_j \cdot B_j : \quad m_{C_j}(y) = \gamma_j \cdot m_{B_j}(y) \quad \text{für alle } y \in \mathcal{Y}, \qquad (4.43)$$

dann tritt an die Stelle von (4.8) die Formel

$$B = \left\{ y \in \mathcal{Y} \; \| \; \exists x \, (x \, \varepsilon \, A \, \wedge \, (x,y) \, \varepsilon \, \bigcup_{j=1}^{n} (A_j \otimes B_j)) \right\}, \qquad (4.44)$$

in der aber nun die direkt auftretende Konjunktion $\wedge$ ebenso wie die in der gemäß (2.107) aufgeschriebenen Definition von $A_j \otimes B_j$ indirekt auftretende Konjunktion als Produktbildung zu deuten ist. (Würde man übrigens in (4.7) die Produkt- durch die Minimumbildung ersetzen, dann würde sich (4.8) auf (4.39) reduzieren.)

Die Ansätze von MAMDANI/ASSILIAN (1975) und von HOLMBLAD/ØSTERGAARD (1982) hängen also eng zusammen; und (4.6) kann als eine Inkonsequenz des letzteren angesehen werden.

Die Vorgehensweise von HOLMBLAD/ØSTERGAARD (1982) zeigt, daß man nicht gezwungen ist, den durch ein System (4.2) von Kontrollregeln konstituierten unscharfen Regler über die Anwendung der Zuordnungsregel (3.61) auf eine durch (4.2) festgelegte unscharfe

Relation zu realisieren. An die Stelle von (3.61) können andere Zu-ordnungsfestlegungen treten, die einem beliebigen Inputwert $u := A$ einen Outputwert $v := B$ zuordnen vermittelt über eine durch (4.2) festgelegte unscharfe Beziehung. Es gibt jedoch bisher außer dem Bezug auf (3.61) und dem durch (4.8) beschriebenen Vorgehen keine weiteren, erfolgreich angewendeten oder breiter diskutierten Zuordnungsfestlegungen.

Solange man eine derartige Zuordnungsfestlegung als Gleichungssystem der Art (4.5) – mit entspechend umgedeuteten „Zuordnungsmechanismus" ... $\circ R$ – schreiben kann, wird man immer wieder wie oben mit dem Problem konfrontiert, dieses System zu lösen. Hat man dafür nur Näherungslösungen zur Verfügung, wie z. B. bei (4.37), oder gelingt es nicht, den betrachteten „Zuordnungsmechanismus" in die Form der Lösung eines solchen Gleichungssystems zu bringen, dann ist man mit dem Problem konfrontiert, „wie gut" die aus (4.2) gewonnenen Zuordnungsfestlegungen die in (4.2) enthaltenen einzelnen Kontrollregeln realisieren.

Schreiben wir – unabhängig von dem mit $\circ$ gemeinten konkreten „Zuordnungsmechanismus" – $v := A \circ R$ für den Outputwert des durch (4.2) konstituierten unscharfen Reglers zum Input $u := A$, dann ist die Qualität dieses Reglers zunächst an der Realisierung der Kontrollregeln (4.2), d. h. an den Paaren $(B_i, A_i \circ R)$ für $i = 1, \ldots, n$ zu messen. Hat man unterschiedliche mit einem Regelsystem (4.2) verbundene unscharfe Relationen R, dann kann man auf solche Art eine „günstigste" unter ihnen auswählen. Hat man dagegen – wie z. B. in (4.37) – eine feste Vorschrift für die Bestimmung einer Näherungslösung von (4.5), dann kann man versuchen, Abänderungen von (4.2) zu formulieren, die qualitativ günstiger realisiert werden.

Gerade dieser letzte Effekt, die Schar von Daten $(B_i, A_i \circ R)$, $i = 1, \ldots, n$, zur „Verbesserung" des Kontrollsystems (4.2) zu nutzen, ist wiederholt diskutiert worden. Bedenkt man, daß die in (4.2) benutzten Input- und Outputdaten A_i, B_i häufig nur heuristisch gewonnene Beschreibungen linguistischer Werte der Input- bzw. Outputvariablen u, v sind, dann kann oft schon eine (u. U. geringfügige) Anpassung dieser Daten die Qualität verbessern, mit der der aus (4.2) konstruierte unscharfe Regler das System (4.2) realisiert. Bedenkt man ferner, daß (4.2) aus qualitativen Prozeßinformationen gewonnen sein kann, dann können sogar weitergehende Änderungen von (4.2) sinnvoll sein – etwa die Eliminierung einzelner Regeln.

Die einfachste Idee ist, ausgehend von einer Abstandsfunktion ϱ für unscharfe Mengen die Folge $\varrho(B_i, A_i \circ R)$, $i = 1, \ldots, n$, von Abständen zur Grundlage einer numerischen Charakterisierung der Qualität des auf (4.2) basierenden unscharfen Reglers zu machen – etwa durch Mittelwertbildung über alle diese Abstände $\varrho(B_i, A_i \circ R)$ oder einfach durch deren Summation. GOTTWALD/PEDRYCZ (1986) wählen dagegen einen (aus den theoretischen Betrachtungen im Umfeld des Beweises von Satz 4.3 resultierenden) Lösbarkeits- index des (4.2) zugeordneten Gleichungssystems (4.5) und disku- tieren damit „Verbesserungen" des Kontrollregelsystems (4.2). Die Datenschar $(B_i, A_i \circ R)$, $i = 1, \ldots, n$, kann auch mittels eines un- scharfen Maßes (vgl. Abschnitt 5.1) und Integration bez. dieses Maßes (im Sinne eines Sugeno-Integrales) Anlaß zu einem Qua- litätsindex für (4.2) geben – wobei man relativ leicht sogar noch die Genauigkeit der Realisierung von (4.2) über unterschiedlichen Teil- bereichen des Grundbereiches $\mathcal{Y}$ verschieden bewerten kann (vgl. GOTTWALD/PEDRYCZ (1986)). Ein weiterer Vorschlag von GOTT- WALD/PEDRYCZ (1988) geht von der Idee aus, die Schar $(B_i, A_i \circ R)$, $i = 1, \ldots, n$, von Daten als „Stichprobe" dafür anzusehen, in wel- chem Maße der aus (4.2) konstituierte unscharfe Regler die in (4.2) niedergelegten Intentionen realisiert. (Allerdings bleibt dabei offen, ob diese „Stichprobe" in einem präzisierbaren Sinne als repräsenta- tiv gelten kann, wenn man gleich annehmen darf, daß (4.2) das wesentliche Verhalten des zu konstruierenden unscharfen Reglers repräsentiert.)

Man muß aber gar nicht unbedingt auf den aus (4.2) konstru- ierten Regler Bezug nehmen, um (4.2) bewerten zu können. Schon die einfache Überlegung, daß dann, wenn in verschiedenen Regeln von (4.2) „annähernd gleiche" Inputdaten auftreten, die zugehörigen Outputdaten nicht „zu verschieden" sein sollten, ermöglicht es, Re- gelsysteme (4.2) hinsichtlich einer intuitiv verstandenen Konsistenz zu testen – und evtl. zu verbessern (vgl. GOTTWALD/PEDRYCZ (1985)).

Keiner dieser Ansätze, unscharfe Regler und Kontrollsysteme – und damit letztendlich unscharfe Modelle – hinsichtlich ihrer Qua- lität zu bewerten, ist aber bisher allgemein akzeptiert. Der Anwen- der wird daher in jedem Falle auch ohne Rückgriff auf theoretischen

Stützen seine Modelle am realen Prozeß auf ihre Qualität und Einsatzfähigkeit zu testen haben.

4.4   Approximatives Schließen

Der im Abschnitt 4.2 diskutierte Entwurfsprozeß unscharfer Regler, der durch die Benutzung linguistischer Variabler und deren Verkettung in Kontrollregeln charakterisiert war, und der sich daran anschließende Prozeß der Übersetzung von Kontrollregelsystemen in unscharfe Relationen und der Verarbeitung beliebiger Eingangsinformationen unter Bezug auf die Zuordnungsregel (3.61) ist ein besonders einfacher Spezialfall des oft mit dem Entwerfen und Betreiben von Expertensystemen verbundenen Bedürfnisses, in sinnvoller Weise vielfach nur unscharf, d. h. „qualitativ" gegebene Informationen zu verarbeiten. Gerade bei nicht quantifiziertem und vielleicht (gegenwärtig) gar nicht quantifizierbarem Expertenwissen begegnet man dieser Situation sehr häufig.

Wird in (4.2) die Anzahl der Kontrollregeln auf eine reduziert, also $n = 1$ gesetzt, dann folgt die Arbeitsweise eines unscharfen Reglers mit einer Input- und einer Outputvariablen dem einfachen Schema

$$\begin{array}{l} \text{IF } u = A_1 \text{ THEN } v = B_1 \\ \underline{u = A} \\ v = B = A \circ R \end{array} \qquad (4.45)$$

bei dem die unscharfe Relation R als durch A_1, B_1 bestimmt angenommen wird und $A_1 \circ R = B_1$ unterstellt wird. Offenbar ist Schema (4.45) dem üblichen Anwendungsschema der Abtrennungsregel in der Logik analog. Der neben der Benutzung linguistischer Variabler im Vorderglied $u = A_1$ und im Hinterglied $v = B_1$ der *unscharfen Implikation*

$$\text{IF } u = A_1 \text{ THEN } v = B_1 \qquad (4.46)$$

wesentlichste Unterschied zu den üblichen Anwendungen der Abtrennungsregel ist, daß das Vorderglied dieser unscharfen Implikation (4.46), also die ersten Prämisse des Schemas (4.45), nicht mit der zweiten Prämisse $u = A$ dieses Schemas übereinzustimmen braucht.

Diese Analogie einerseits, der erwähnte Unterschied andererseits sind Anlaß, das Schema (4.45) als *unscharfes Schlußschema* bzw. als *Schema eines approximativen Schlusses* zu bezeichnen. Sowohl die Eingabe unscharfer Informationen als auch deren Verarbeitung z. B. bei Schlußfolgerungen als wichtiger Gesichtspunkt für Expertensysteme betreffen vor allem die mit solchen Expertensystemen gekoppelten Daten- und Wissensbasen sowie die zugehörigen Inferenzmechanismen. Deswegen muß das Schema (4.45) eines approximativen Schlusses als *ein* Beispiel für dem „Alltagsschließen" nahekommendes *approximatives Schließen* gelten. Insbesondere ZADEH (1978, 1978a, 1979, 1981, 1982, 1983, 1984) hat sich bemüht, eine umfassendere Theorie approximativen Schließens zu entwickeln. Obwohl sie noch viele offene Fragen hat, sollen einige ihrer Grundgedanken angedeutet werden.

Das Vorliegen unscharfer Informationen wird wieder durch linguistische Werte geeigneter Variablen erfaßt. Diese linguistischen Werte – und mit ihnen die Zugehörigkeitswerte zu unscharfen Mengen generell – erhalten jedoch eine neue Deutung: es wird auf die im Abschnitt 3.3 erwähnte Auffassung der Zugehörigkeitswerte als Möglichkeitswerte zurückgegriffen. Dazu wird wieder vorausgesetzt, daß u, v Variable sind, die „eigentlich" als Wertebereiche die Grundbereiche $\mathcal{X}, \mathcal{Y}$ ihrer linguistischen Werte haben, deren jeweilige Werte aber nur unscharf, nur als „elastische Bedingungen" gegeben sind – und für die evtl. auch nur eine unscharfe Beziehung zwischen ihren Werten bekannt ist. Vorzügliche Aufgabe des *approximativen Schließens* ist es dann, in der Form solcher unscharfen Bedingungen und in der Form unscharfer Beziehungen vorliegende Informationen sinnvoll und sachgemäß zu verarbeiten, und zwar in einer dem Schließen beim „Alltagsdenken", das ja im täglichen Leben solche Informationen durchaus zu verarbeiten vermag, nahekommenden Weise.

Der dazu bei den bisher betrachteten Methoden approximativen Schließens eingeschlagene Weg ist, unscharfe Informationen und Beziehungen in die Form von Gleichungen zu bringen, die Möglichkeitszuordnungen für die „eigentlichen" Werte der zu betrachtenden Variablen u, v und für das Bestehen von (unscharfen) Beziehungen zwischen den Werten dieser Variablen angeben und miteinander verknüpfen.

Mit der Darstellung unscharfer Informationen als Möglichkeitszuordnungen (3.55), (3.60) für geeignete Variable ist erst die Voraussetzung für approximatives Schließen bereitgestellt, das ja das
Verarbeiten und Kombinieren solcher Informationen leisten soll.
Ohne Anspruch auf Vollständigkeit unterteilt ZADEH (1978a) die
für approximatives Schließen konstitutiven Regeln in vier Gruppen:

(1) Modifizierungsregeln,
(2) Verknüpfungsregeln,
(3) Quantifizierungsregeln,
(4) Qualifizierungsregeln.

Die *Modifizierungsregeln* betreffen den Fall, daß von einer unscharfen Information „$u = A$" der in (3.55) betrachteten Form überge-
gangen wird zu einer unscharfen Information „$u = m\text{-}A$". Dabei
stellt $m\text{-}A$ eine Modifizierung von A dar, die durch – evtl. iterierte
– Anwendung von Modifikatoren wie

sehr, mehr-oder-weniger, annähernd, ...   (4.47)

sprachlich repräsentiert wird. Solche Modifizierungsregeln hätten
daher im obigen, durch Abb. 11 veranschaulichten Beispiel aus Abschnitt 4.1 den Xbergang von den durch **jung, alt** angegebenen unscharfen Mengen zu den unscharfen Mengen **sehr jung, sehr alt** zu
regulieren. Für den Modifikator **sehr** gibt ZADEH (1973) als Stan-
dardvorschlag (4.1), und ganz analog gibt ZADEH (1975) für den
Modifikator **mehr-oder-weniger** den Vorschlag

$$m_{\textbf{mehr-oder-weniger}-A}(x) = (m_A(x))^{1/2},$$ (4.48)

auf den die am Ansatz (4.1) in Abschnitt 4.1 geübte Kritik sinngemäß ebenfalls zutrifft. Allerdings ist es (wenigstens derzeit) nicht
möglich, außer obiger Kritik an diesen Ansätzen übergreifende und
einheitlich mathematisch faßbare theoretische Begründungen für Ansätze zu geben, die statt (4.1), (4.48) benutzt werden sollten.

Wie oben schon erwähnt, müssen demnach die an Stelle von
(4.1), (4.48) tretenden und weitere Festlegungen hinsichtlich außerdem noch zugelassener Modifikatoren (4.47) in jedem Anwendungs-
falle gesondert und für diesen Fall angepaßt gewählt werden.

Die *Verknüpfungsregeln* beziehen sich in erster Linie auf kon-
junktive, alternative sowie implikative Verknüpfungen unscharfer

Informationen und auf deren Negation. Schema (4.45) ist schon ein Beispiel einer solchen Verknüpfungsregel. Die unscharfe Implikation (4.46) konstituiert wie bei den unscharfen Reglern eine unscharfe Relation R und damit analog zu (3.60) eine *bedingte Möglichkeitszuordnung* $\pi_{(v|u)}$ als

$$\pi_{(v|u)} = m_{A \otimes B} = m_{(A^c \otimes X) + (Y \otimes B)} \qquad (4.49)$$

oder auch als

$$\pi_{(v|u)} = m_{(A \otimes B) \cup (A^c \otimes Y)}. \qquad (4.50)$$

Um von einer Möglichkeitszuordnung π_u und einer bedingten Möglichkeitszuordnung $\pi_{(v|u)}$ zu einer Möglichkeitszuordnung π_v zu gelangen, benutzt man wieder die Zuordnungsregel (3.61), setzt also

$$\pi_v = m_{A \circ R} \quad \text{bei} \quad \pi_u = m_A \quad \text{und} \quad \pi_{(v|u)} = m_R. \qquad (4.51)$$

Mathematisch ist solch eine bedingte Möglichkeitszuordnung nichts anderes als eine gemeinsame Möglichkeitszuordnung für die Variablen u, v, d. h. eine Möglichkeitszuordnung für die zusammengefaßte Variable $w = (u, v)$.

Prinzipiell wichtig an diesem Herangehen ist, daß Ansätze wie (4.19) oder (3.66), (3.67) zur Beschreibung unscharfer Implikationen (3.62) durch unscharfe Relationen als Möglichkeitszuordnungen gedeutet werden.

Im Falle konjunktiver bzw. alternativer Verknüpfung unscharfer Informationen der Formen „$u = A$" und „$v = B$" geht man ebenfalls zu gemeinsamen Möglichkeitszuordnungen für u, v über und läßt der unscharfen Informationen

$$u = A \quad \text{und} \quad v = B \qquad (4.52)$$

unter der Voraussetzung, daß u und v verschiedene Variable sind, die Möglichkeitszuordnung

$$\pi_{(u,v)} = m_{A \otimes B} = m_{(A \otimes Y) \cap (X \otimes B)} \qquad (4.53)$$

und analog der unscharfen Information

$$u = A \quad \text{oder} \quad v = B \qquad (4.54)$$

die Möglichkeitszuordnung

$$\pi_{(u,v)} = m_{(A \otimes Y) \cup (X \otimes B)} \qquad (4.55)$$

entsprechen.

Handelt es sich allerdings bei v um dieselbe Variable wie u, ist also (4.52) die unscharfe Information

$$u = A \quad \text{und} \quad u = B, \qquad (4.56)$$

dann tritt an die Stelle von (4.53) die Möglichkeitszuordnung

$$\pi_u = m_{A \cap B} \qquad (4.57)$$

und an die Stelle der (4.54) entsprechenden unscharfen Information

$$u = A \quad \text{oder} \quad u = B \qquad (4.58)$$

die Möglichkeitszuordnung

$$\pi_u = m_{A \cup B}. \qquad (4.59)$$

Sinngemäß in gleicher Weise verfährt man beim Negieren: die unscharfe Information

$$u = \text{nicht-}A \qquad (4.60)$$

wird übersetzt in die Möglichkeitszuordnung

$$\pi_u = m_{A^c}. \qquad (4.61)$$

Sind also verschiedene Variable zu betrachten, geht man von Booleschen Verknüpfungen unscharfer Informationen über Werte dieser Variablen zu gemeinsamen Möglichkeitszuordnungen über. Damit ist man mit dem Problem konfrontiert, für die Verarbeitung unscharfer Informationen (gemeinsame) Möglichkeitszuordnungen für zusammengefaßte Variable $u = (u_1, \dots, u_k)$ und z. B. für einzelne Variable u_j miteinander in Einklang zu bringen. Das Prinzip dafür ist einfach und soll nur für $k = 2$ erläutert werden.

Will man die durch die Möglichkeitszuordnungen

$$\pi_{(u,v)} = m_R, \qquad \pi_u = m_A, \qquad (4.62)$$

wobei $R \in I\!\!F(\mathcal{X} \times \mathcal{Y})$ und $A \in I\!\!F(\mathcal{X})$ sei, dargestellten Informationen koppeln, dann geht man von (4.62) über zur Möglichkeitszuordnung

$$\pi_{(u,v)} = m_{R \cap (A \otimes Y)} = m_{A \circ R}, \tag{4.63}$$

wendet also die Zuordnungsregel entsprechend (4.51) an und hat so die beiden unscharfen Informationen aus (4.62) miteinander in Beziehung gesetzt.

Die *Quantifizierungsregeln* dienen der Verarbeitung unscharfer Anzahlaussagen, wie sie etwa durch Worte wie

viele, die meisten, fast alle, wenige, nicht sehr viele, etwa 5, ...

angezeigt werden. Auch hier wird wieder davon ausgegangen, daß eine unscharfe Information hinsichtlich einer (oder mehrerer) Variablen vorliegt, deren „eigentliche" Werte in diesem Falle Zahlen sind. Dabei hat man gegebenenfalls noch zu beachten, daß solche unscharfen Anzahlaussagen teils auf absolute Zahlenangaben (etwa 5, viel mehr als 20, einige wenige, viele, ...) und teils auf relative Zahlenangaben (die meisten, fast alle, viele von, ein Großteil, ...) bezogen sind – aber diese Unterscheidung ist nicht allein aus den benutzten Worten zu entnehmen, dazu ist i. allg. der Kontext mit zu beachten. Einige typische Beispiele für unscharfe Anzahlaussagen seine angeführt:

– Sehr wenige produzierte Teile sind von geringer Qualität.
– Die meisten im Frühstadium entdeckten Tumore können geheilt werden.
– Viele Übergewichtige haben stark erhöhten Blutdruck.
– Relativ viele moderne PKW-Typen haben Vorderradantrieb.
– Nicht sehr viele LKW haben umweltfreundliche Dieselmotoren.

In vielen Fällen lassen sich solche unscharfen Anzahlaussagen in die Form

$$Q \ N \ \text{sind} \ A \tag{4.64}$$

bringen, in der Q eine unscharfe Quantitätsangabe ist und A eine (i. allg. ebenfalls unscharfe) Eigenschaft der mit N benannten Objekte. Natürlich müssen die mit N benannten Objekte – im obigen

ersten Beispiel die produzierten Teile, im 2. Beispiel die Tumore
– den Grundbereich $\mathcal{X}$ der unscharfen Mengen A bilden oder ihm
zumindest angehören. (Dabei ist zugelassen, daß N jeweils auf Systeme von Objekten verweist, also $\mathcal{X}$ evtl. selbst ein kartesisches
Produkt ist; dies kann z. B. der Fall sein in: „Etwa die Hälfte der
Studentenehepaare haben ihre Kinder am Hochschulort.")

Zur Verarbeitung der unscharfen Information (4.64) beim approximativen Schließen muß (4.64) wieder in die Gestalt einer Möglichkeitszuordnung gebracht werden. Die zu betrachtende Variable u
ist offenbar die (absolute bzw. relative) Anzahl der Objekte von $\mathcal{X}$
mit der Eigenschaft A – und dies ist gerade eine geeignet gewählte
Kardinalität der unscharfen Menge $A \in I\!F(\mathcal{X})$. Also wird (4.64)
transformiert in eine Möglichkeitszuordnung

$$\pi_{\text{card}(A)} = m_Q \quad \text{bzw.} \quad \pi_{\text{card}_\mathcal{X}(A)} = m_Q, \tag{4.65}$$

wenn man zusätzlich vereinbart, daß die unscharfe Quantitätsangabe Q in (4.64) zugleich eine unscharfe Menge über einem geeigneten Grundbereich von Zahlen bedeuten soll.

Betrachten wir das erste der obigen Beispiele, dann wird über
dem Grundbereich $\mathcal{X}$ aller (z. B. im Laufe eines Tages) produzierten
Teile die unscharfe Eigenschaft A als die unscharfe Teilmenge aller
Teile von geringer Qualität zu betrachten sein; als Möglichkeitszuordnung (4.65) ergibt sich dann

$$\pi_{\text{card}(A)} = m_{\text{sehr}-\text{wenige}}, \tag{4.66}$$

wenn man die Quantitätsangabe in diesem Satz absolut nimmt.

Nach diesen vorbereitenden Schritten, (4.64) in die Form (4.65)
zu bringen, kann man konkrete Schlußschemata betrachten, in denen unscharfe Anzahlaussagen eine wesentliche Rolle spielen. Solche
Schemata könnten etwa den gewöhnlichen Syllogismen[1] analog sein.

---

[1] Unter Syllogismen versteht man in der traditionellen Logik spezielle prädi-
katenlogische Schlußschemata, also Schlußschemata, in denen Quantifizierungen
eine wesentliche Rolle spielen. Jeder Syllogismus hat zwei Prämissen, und jede
dieser Prämissen hat eine der Formen: alle A sind B; einige A sind B; einige A
sind nicht B; kein A ist B. Dabei bedeuten A,B gewöhnliche Begriffe. Wichtig
ist bei den Syllogismen, daß ein Begriff zugleich in beiden Prämissen vorkommt.
Die Theorie der Syllogismen, die Syllogistik, war ein zentraler Teil der traditionellen Logik. Aus heutiger Sicht behandelte sie sehr spezielle Schlußschemata
der Prädikatenlogik.

Ein Beispiel repräsentiert der Schluß:

Viele Übergewichtige haben stark erhöhten Blutdruck.
Nicht wenige Übergewichtige sind Diabetiker.
_____
(?Q) Übergewichtige sind Diabetiker mit stark
                    erhöhtem Blutdruck.

Hierbei zeigt (?Q) eine unscharfe Anzahlangabe an, die noch zu bestimmen ist oder durch ein allgemeines Schema, dem dieser Schluß
untergeordnet ist, bestimmt sein muß. (Selbst der umgangssprachliche Gebrauch fixiert aber die „angemessenen" Varianten der Anzahlangabe (?Q) nicht eindeutig.) ZADEH (1983, 1985) diskutiert
von derartigen Schlußtypen z. B. solche, deren Schemata die Formen haben

$$\frac{\begin{array}{l} Q_1 \ N \text{ sind } M \\ Q_2 \ M \text{ sind } P \end{array}}{(?Q) \ N \text{ sind } P} \qquad \frac{\begin{array}{l} Q_1 \ N \text{ sind } A \\ Q_2 \ N \text{ sind } B \end{array}}{(?Q) \ N \text{ sind } A \cap B} \qquad (4.67)$$

und gibt Vorschläge für die „resultierenden" unscharfen Anzahlangaben (?Q). Wegen der Vielzahl der nun bildbaren Schlußschemata
mit unscharfen Anzahlaussagen soll hier kein einzelnes herausge-
hoben werden, sondern generell auf die angegebenen Arbeiten von
ZADEH verwiesen werden (die aber noch keine zusammenhängende
Theorie repräsentieren). Wieder hat man hier übrigens das schon
bei den Modifizierungsregeln erörterte Problem: die Theorie vermag
bisher nicht, überzeugende Begründungen für die in Schlußschemata
wie (4.67) in den Konklusionen auftretenden unscharfen Anzahlangaben (als Funktionen der Anzahlangaben Q_1, Q_2 der Prämissen)
zu liefern.

Die *Qualifizierungsregeln* schließlich betreffen zunächst den Fall,
daß auch das Wahrsein von Aussagen linguistisch bewertet wird mit
Termini wie

wahr, absolut falsch, nicht sehr wahr, ziemlich falsch,..., (4.68)

also z. B. unscharfe Informationen wie:

Es ist ziemlich falsch,.
    daß sehr viele PKW Dieselmotoren haben.   (4.69)

Die Termini (4.68) werden *linguistische Wahrheitswerte* genannt und bezeichnen unscharfe Teilmengen der Menge [0, 1] der verallgemeinerten Zugehörigkeitswerte, die in diesem Falle direkt als verallgemeinerte Wahrheitswerte angesehen werden. Der Gebrauch solcher linguistischen Werte einer (linguistischen) Variablen WAHRHEIT ist in der Umgangssprache weniger üblich als der Gebrauch linguistischer Werte anderer Variabler wie ALTER oder TEMPERATUR. Man bekommt aber ein handhabbares Verständnis für diese linguistischen Wahrheitswerte, wenn man davon ausgeht, daß einer mit solch einem linguistischen Wahrheitswert bewerteten Aussage H „eigentlich" ein verallgemeinerter Wahrheitswert aus [0,1] zukommt, man diesen „eigentlichen Wahrheitswert" von H aber nicht genau kennt, sondern nur eine Möglichkeitsverteilung für ihn hat.

Ist etwa eine unscharfe Information „$u = A$" gegeben und ist sie mit einem linguistischen Wahrheitswert $\tau \in I\!F([0,1])$ bewertet, dann drückt man diese, dem Beispiel (4.69) entsprechende, *Wahrheitsqualifizierung* von „$u = A$" aus als

$$(u = A) \quad \text{ist} \quad \tau. \tag{4.70}$$

Um (4.69) wieder in die übliche Form einer unscharfen Information zu bringen, muß man eine zu (4.70) gleichwertige Aussage „$u = B$" finden, in der sich $B \in I\!F(\mathcal{X})$ aus $A \in I\!F(\mathcal{X})$ und $\tau \in I\!F([0,1])$ ergibt. ZADEH (1976) und BELLMAN/ZADEH (1977) schlagen dafür den Ansatz

$$\pi_u(x) = m_B(x) = m_\tau\left(m_A(x)\right) \quad \text{für alle } x \in \mathcal{X} \tag{4.71}$$

vor, der sinngemäß auch auf kompliziertere Beispiele als (4.69) angewendet werden kann.

Um zu diesem Ansatz (4.71) zu gelangen, gehen wir zunächst davon aus, für die unscharfe Information „$u = A$" nicht wie in (4.70) eine unscharfe Angabe des Wahrheitswertes zu haben, sondern diesen verallgemeinerten Wahrheitswert $r \in [0,1]$ genau zu kennen. Die (4.70) entsprechende „Wahrheitsqualifizierung" bekommt in diesem Falle die einfachere Form

$$(u = A) \quad \text{hat Wahrheitswert} \quad r \tag{4.72}$$

und wird mittels der der Information „$u = A$" entsprechenden Möglichkeitsverteilung $\pi_u = m_A$ übersetzt in die Formel

$$\pi_u(x) = m_A(x) = r. \tag{4.73}$$

Die darin auftretende Variable x steht für die „eigentlichen" Werte der Variablen u, die „$u = A$" den (verallgemeinerten) Wahrheitswert $r \in [0,1]$ geben, falls sie es sind, die die aktuellen Werte von u darstellen.

Will man dann, ausgehend von (4.72), diese mit (4.72) verträglichen Werte der Variablen u berechnen, so wird man – da es i. allg. mehrere solcher mit (4.72) verträglichen Werte geben wird – die (scharfe) Menge $\mathcal{B}$ aller dieser Werte bestimmen. Sie ergibt sich mittels der zur Funktion m_A inversen, i. allg. mehrdeutigen Abbildung $m_A{}^{-1}$ als

$$\mathcal{B} = m_A{}^{-1}(r) = \pi_u{}^{-1}(r), \tag{4.74}$$

d. h. als volles Urbild der gewöhnlichen Einermenge $\{r\}$ bez. der Abbildung $m_A{}^{-1}$:

$$\mathcal{B} = \{x \in \mathcal{X} \mid m_A(x) = r\} = \{x \in \mathcal{X} \mid m_A(x) \in \{r\}\}. \tag{4.75}$$

Gleichbedeutend mit (4.74) und (4.75) ist es aber, daß die Beziehung

$$x \in \mathcal{B} \quad \Leftrightarrow \quad m_A(x) \in \{r\} \quad \text{für alle } x \in \mathcal{X} \tag{4.76}$$

besteht. Und gerade diese letzte Formulierung macht augenfällig, wie man den Übergang von (4.72) zur allgemeineren Situation einer Wahrheitsqualifizierung der Form (4.70) vornehmen wird: die gewöhnlichen Elementbeziehungen in (4.76) werden durch Betrachtungen von Zugehörigkeitswerten ersetzt, und an die Stelle von $\{r\}$ tritt der linguistische Wahrheitswert τ. Dies führt direkt zur Formel (4.71):

$$m_{\mathcal{B}}(x) =_{\text{def}} m_\tau(m_A(x)).$$

Linguistische Wahrheitswerte nutzen BELLMAN/ZADEH (1977) aber auch, um unscharfe Informationen relativ zu vorgegebenen anderen unscharfen Informationen zu bewerten. Ist z. B. für eine Variable u mit Werten aus $\mathcal{X}$ die unscharfe Information „$u = B$" gegeben, dann kann auf dieser Grundlage eine weitere unscharfe Information „$u = A$" bewertet werden. Dazu wird „$u = B$" gemäß (3.55), (3.60) als Möglichkeitszuordnung $\pi_u = m_B$ für die (eigentlichen) Werte der Variablen u gelesen. Die Funktion $\pi_u : \mathcal{X} \to [0,1]$ zwischen den Grundbereichen von A, B und $\tau_{A,B}$ gibt entsprechend dem Erweiterungsprinzip (2.105) die Möglichkeit, den unscharfen Mengen A, B eine unscharfe Menge $\tau_{A,B} \in I\!F([0,1])$ zuzuordnen durch die Festlegung für alle $z \in [0,1]$:

$$m_{\tau_{A,B}}(z) = \sup_{\substack{x \in \mathcal{X} \\ z=\pi_u(x)}} m_A(x) = \sup_{\substack{x \in \mathcal{X} \\ z=m_B(x)}} m_A(x) \tag{4.77}$$

Damit gewinnen sie die (bedingte) Wahrheitsqualifizierung :

$$(u = A) \text{ ist } \tau_{A,B} \text{ unter der Bedingung } u = B. \tag{4.78}$$

Geht man zur Bestimmung von $\tau_{A,B}$ wie in (4.77) vor, ist man u. U. nach der Bestimmung von $\tau_{A,B} \in I\!F([0,1])$ zusätzlich mit dem Problem der *linguistischen Approximation* konfrontiert, der Funktion $\tau_{A,B} : [0,1] \to [0,1]$ einen passenden Namen zu geben, d. h. $\tau_{A,B}$ geeignet als einen der gemäß (4.68) zugelassenen linguistischen Wahrheitswerte aufzufassen. Dies ist i. allg. aber selbst wieder nur näherungsweise möglich.

Neben die linguistische Bewertung des Wahrseins von Aussagen treten in gleicher Weise bei ZADEH (1978) linguistische Bewertungen ihrer Wahrscheinlichkeit und ihrer Möglichkeit, wie es die folgenden Formulierungen andeuten:

Es ist sehr wahrscheinlich, daß Fieber und Kopfschmerzen einen grippalen Infekt bedeuten.

Es ist weder sehr wahrscheinlich noch sehr unwahrscheinlich, daß eine Ehe in den ersten 10 Jahren ihres Bestehens geschieden wird.

Die Möglichkeit ist gering, daß ein schlechter Schüler durch Abschreiben stets gute Zensuren erhält.

Die Möglichkeit ist hoch, daß eine stark überhöhte Geschwindigkeit im Straßenverkehr zu einem Unfall führt.

Erneut werden wie im Falle einer Wahrheitsqualifizierung (4.70) solche Qualifizierungen dargestellt als Möglichkeitszuordnungen für geeignete Variable (vgl. ZADEH (1978a, 1979), DUBOIS/PRADE (1985)). Allerdings ist es für diese Wahrscheinlichkeits- und Möglichkeitsqualifizierungen mit linguistischen Wahrscheinlichkeiten bzw.

Möglichkeitswerten sofort klar, daß es sich dabei um Möglichkeitsverteilungen der „eigentlichen" Wahrscheinlichkeits- bzw. Möglichkeitswerte aus [0,1] handelt. Die Art und Weise aber, wie man mit
den aus solchen linguistischen Qualifizierungen gewonnenen Möglichkeitsverteilungen weiter umgeht, unterscheidet sich in diesen drei
Fällen nicht voneinander.

Die durch die auf Seite 130 genannten Regelgruppen (1),..,(4),
die das approximative Schließen konstituieren, ermöglichten Umfor-
mulierungen unscharfer Informationen als Möglichkeitszuordnungen
für die Werte geeigneter Variabler und die weiteren Methoden, solche Möglichkeitszuordnungen zu kombinieren, ergeben ein System
von Verfahrensweisen zur Verarbeitung unscharfer Informationen.
Das Hauptproblem, das derzeit noch mit sämtlichen hier diskutierten Methoden der Verarbeitung unscharfer Informationen verbunden ist, ist die Tatsache, daß alle diese Methoden nur heuristisch
begründet sind und eine zwingende und klare theoretische Grundlage für sie fehlt. Das wirkt sich z. B. bei der Frage, welche Schemata
etwa bei Verknüpfungsregeln oder auch bei Quantifizierungsregeln
allgemein akzeptabel (also „logisch zwingend") sind, so aus, daß es
darauf momentan weder eine klare, theoretisch begründete Antwort
gibt noch zu sehen ist, wie zu solch einer Antwort zu gelangen sein
wird.

Für den bisherigen Hauptanwendungsfall der unscharfen Regler ist dieses Problem der allein heuristischen Grundlage nicht so
schwerwiegend: man kann die Brauchbarkeit solch eines Reglers immer relativ leicht direkt am zu steuernden Prozeß testen. Will man
aber die in diesem Abschnitt besprochenen Verfahrensweisen approximativen Schließens etwa in Expertensystemen einsetzen, dann
sollte man von Fall zu Fall sich sehr genau überlegen, ob die jeweiligen Vorschläge für konkrete Verfahrensweisen auch mit den dadurch
zu automatisierenden inhaltlichen Xberlegungen im Einklang sind.

4.5 Anwendungsbeispiele für unscharfe Regler

Erste konkrete Anwendungen unscharfer Regler und damit auch linguistischer Variabler betrafen die Steuerung einfacher technischer

Prozesse im Labormaßstab. Den entscheidenden Anstoß gab die Steuerung einer Dampfmaschine bei MAMDANI/ASSILIAN (1975), deren Behandlung des Problems unscharfer Steuerung wesentliche Prinzipien der Konstruktion unscharfer Regler festlegte. Daher soll ihr Herangehen hier etwas ausführlicher dargestellt werden.

Betrachtet wird eine Kombination von Dampfkessel und Dampfturbine, deren Laufregime gesteuert wird über die Wärmezufuhr zum Dampfkessel und die Dampfzufuhr zur Turbine. Daher zerfällt der unscharfe Regler für den Gesamtprozeß sofort in zwei parallel arbeitende Regler: einen für die Steuerung der Wärmezuführung zum Dampfkessel und einen für die Steuerung desjenigen Ventils, das die Dampfzufuhr zur Turbine reguliert. Es soll nur der unscharfe Regler für die Steuerung dieses Ventils nun genauer betrachtet werden. Seine Outputvariable ist die Änderung VÄ dieser Ventilstellung; seine Inputvariablen sind die Drehzahlabweichung DA der Dampfturbine von einem vorgegebenen Wert und die Änderung ÄDA dieser Drehzahlabweichung relativ zum letzten vorliegenden Meßwert. (Es wird eine diskontinuierliche Messung des Zustandes der Dampfmaschine unterstellt.) Alle die Variablen VÄ, DA, ÄDA werden als linguistische Variable betrachtet.

Die im Prinzip kontinuierlichen Grundbereiche dieser Variablen werden diskretisiert, und zwar für DA und ÄDA in je 13 und für VÄ in 5 äquidistante Punkte, die jeweils symmetrisch zu einem Nullpunkt liegen. Als linguistische Werte sind zugelassen:

PG	positiv groß,	NG	negativ groß,
PM	positiv mittelgroß,	NM	negativ mittelgroß,
PK	positiv klein,	NK	negativ klein,

sowie ein Nullwert (NO) bzw. deren zwei (NO$^-$, NO$^+$), die geringe Abweichungen vom exakten Wert Null bzw. solche geringen Abweichungen entweder nur ins Negative (NO$^-$) oder nur ins Positive (NO$^+$) tolerieren. Dabei wird der Wert NO für die Variable ÄDA genutzt und die Werte NO$^-$, NO$^+$ für die Variable DA; für die Variable VÄ sind nur PG, PK, NO, NK, NG zugelassen. Die Festlegung der Zugehörigkeitsfunktionen für die Werte der Variablen ÄDA gibt Tab. 4.1, die für die Variable VÄ die Tab. 4.2.

Die in beiden Tabellen auftretenden Benennungen PG, PK,... bezeichnen also je unterschiedliche unscharfe Mengen. Für die Werte

Tabelle 4.1: Linguistische Werte der Variablen ÄDA (alle Stellen ohne Eintragung bedeuten eine Null)

	-6	-5	-4	-3	-2	-1	0	+1	+2	+3	+4	+5	+6
PG										0,1	0,4	0,8	1
PM									0,2	0,7	1	0,7	0,2
PK								0,9	1	0,7	0,2		
NO						0,5	1	0,5					
NK			0,2	0,7	1	0,9							
NM	0,2	0,7	1	0,7	0,2								
NG	1	0,8	0,4	0,1									

der Variablen DA geben MAMDANI/ASSILIAN (1975) eine Tab. 4.1 weitgehend ähnliche Tabelle an: die mit PG, PM, NM, NG bezeichneten Werte stimmen dabei überein, während PK, NK jeweils voneinander abweichen.

Tabelle 4.2: Linguistische Werte der Variablen VÄ (alle Stellen ohne Eintragung bedeuten eine Null)

	-2	-1	0	+1	+2
PG				0,5	1
PK			0,5	1	0,5
NO		0,5	1	0,5	
NK	0,5	1	0,5		
NG	1	0,5			

Das Kontrollregelsystem (4.2) für den Regler, der das Dampfzufuhrventil steuert, der also (DA, ÄDA) als Inputvariable und VÄ als Outputvariable hat, besteht aus 9 Regeln und ist in Tab. 4.3 kurz zusammengefaßt.

Die Diskretisierung der Grundbereiche (und die entsprechende Diskretisierung des Intervalls $[0,1]$ der Zugehörigkeitswerte), wie sie für die Darstellung in Tab. 4.1 und 4.2 grundlegend war, ist in diesem Beispiel dadurch motiviert, daß die unscharfen Mengen PG, PM, PK,... nur grob aus inhaltlichen Vorstellungen durch experimentelle Anpassung gewonnen worden sind. Die Beschreibung der linguistischen Werten entsprechenden unscharfen Mengen

Tabelle 4.3: Kontrollregelsystem für Dampfzufuhrsteuerung

	DA	ÄDA	VÄ
1	NG	nicht (NG oder NM)	PG
2	NM	PG oder PM oder PK	PK
3	NK	PG oder PM	PK
4	NO^-	PG	PK
5	NO^- oder NO^+	PK oder NK oder NO	NO
6	NO^+	PG	NK
7	PK	PG oder PM	NK
8	PM	PG oder PM oder PK	NK
9	PG	nicht (NG oder NM)	NG

durch stetige Funktionen ist in Anwendungsfällen in gleicher Weise möglich. So betrachten z. B. ADLASSNIG/KOLARZ (1982) im Kontext medizinischer Diagnostik das Auftreten von Symptomen und deren Aussagekraft hinsichtlich von Krankheiten und charakterisieren sie durch linguistische Bewertungen über einer reellwertigen Skala $[0, 100]$. Dazu benutzen sie zwei fundamentale Funktionstypen: die S-förmige Zugehörigkeitsfunktion f_1 von (2.48) und die glockenförmige Zugehörigkeitsfunktion f_2 von (2.49). Als linguistische Werte treten bei ihnen u. a. auf: **immer, fast immer, oft, unspezifisch, selten** mit folgenden speziellen Parameterwahlen für die Zugehörigkeitsfunktionen:

$$m_{\text{immer}}(x) = f_1(x; 97, 98, 99),$$
$$m_{\text{fast immer}}(x) = f_1(x; 80, 85, 90),$$
$$m_{\text{oft}}(x) = f_1(x; 40, 60, 80),$$
$$m_{\text{unspezifisch}}(x) = f_2(x; 20, 50),$$
$$m_{\text{selten}}(x) = 1 - f_1(x; 20, 40, 60).$$

Ob man die Werte linguistischer Variabler durch diskrete oder kontinuierliche Zugehörigkeitsfunktionen beschreibt, ist also stark vom jeweiligen Anwendungsfall abhängig und soll weiterhin nicht gesondert betrachtet werden. Dagegen ist interessant zu registrieren, in wie unterschiedlichen Anwendungsbereichen linguistische Variable im Kontext der Bildung unscharfer Modelle, d. h. von Modellen, die unscharfe Mengen wesentlich benutzen, erfolgreich eingesetzt worden sind.

Für Probleme medizinischer Diagnostik ist außer bei ADLASSNIG/ KOLARZ (1982) dies z. B. bei SAITTA/TORASSO (1981), LESMO/ SAITTA/TORASSO (1982) der Fall, die u. a. mögliche Ursachen für Herzerkrankungen und Albumin-Konzentrationen linguistisch bewerten, sowie in unterschiedlichen Situationen beispielsweise bei MOON et al. (1977), CERUTTI/PIERI (1981), TUSCH (1981), ADLASSNIG (1982), KRUSINSKA/LIEBHART (1986). Kosten-Nutzen-Analyse mit linguistischen Variablen treiben NEITZEL/HOFFMAN (1980), ein sozialpsychologisches Modell diskutiert KICKERT (1979), ein System der Risikoanalyse beschreibt SCHMUCKER (1984) und allgemeinere quantitative Analysen untersucht WENSTØP (1980), der in WENSTØP (1975) schon solcherart Organisationsstrukturen diskutiert hatte. Linguistische Werte zur Benennung der Intensitätstypen von Erdbeben benutzen LIU/WANG/ CHEN (1985) und für Zerstörungsgrade allgemein OGAWA/FU/YAO (1985).

Diese vielfältige Nutzbarkeit linguistischer Variabler für sehr unterschiedliche Anwendungsbereiche, zu denen neben zahlreichen weiteren Varianten vor allem noch die Modellierungen technischer Prozesse hinzukommen (s. unten), war Anlaß, den Gebrauch linguistischer Variabler und weitergehend den Bezug auf Ansätze approximativen Schließens schon (in unterschiedlich ausführlicher Form) in Daten- und Wissensbanksystemen und darauf basierenden Inferenzsystemen zu implementieren; einige parallel dafür erarbeitete Ansätze beschreiben ZEMANKOVA-LEECH/KANDEL (1984, 1985), BALDWIN (1985) und BALDWIN/BALDWIN/BROWN (1985), UMANO (1985) sowie BORISOV et al. (1982) und ALEXEYEV (1985).

Für die Modellierung technischer Prozesse sind linguistische Variable vor allem interessant, weil mit Bezug auf solche Variable übliche „informale" Prozeßbeschreibungen bzw. Steueranweisungen sehr direkt in eine für Automatisierungszwecke handhabbare Form gebracht werden können. Ist in nichttechnischen Anwendungen die Benutzung linguistischer Variabler nur gelegentlich mit der direkten Formulierung von Regeln der Art (3.62) oder (3.68) verbunden, wie etwa bei LESMO/SAITTA/TORASSO (1982) im Zusammenhang mit medizinischer Diagnostik, so ist deren Nutzung im Rahmen des Entwurfs bzw. Betriebes eines auf solchen Regeln ba-

sierten unscharfen Reglers bei technischen Anwendungen ein sehr
häufiger Fall, aber nicht nur in diesem Kontext anzutreffen; vgl.
etwa HANSEL/STRAUBE (1980), HANSEL/OPPERMANN/STRAU-
BE (1983) und POSPELOV (1986).

Schon früheste Anwendungsstudien etwa von MAMDANI/ASSI-
LIAN (1975), KICKERT/VAN NAUTA LEMKE (1976), PAPPIS/
MAMDANI (1977), LARSEN (1980) nutzen bzw. diskutieren dieses
in Abschnitt 4.2 beschriebene Konzept eines unscharfen Reglers, das
in dem von HOLMBLAD/ØSTERGAARD (1982) beschriebenen Regler für die Steuerung des Zementbrennprozesses erste erfolgreiche
großtechnische Realisierung fand.

Xberhaupt sind chemische Prozesse u. a. wegen ihrer Komplexität, oft wegen der Unmöglichkeit der Messung aktueller Prozeßpa-
rameter oder aber wegen Echtzeitanforderungen, denen ein präzise-
res und daher komplizierteres Modell nicht zu entsprechen vermag,
viel betrachtete Kandidaten für unscharfe Regelungen/Steuerungen.
So sind außer dem schon erwähnten Zementbrennprozeß u. a. mit
unscharfen Methoden modelliert worden: Hochtemperaturprozesse
bei der Karbidproduktion von WEISZ/HÖRIG/SCHÜTTE (1983),
der An- und Abfahrprozeß von Pyrolyseöfen bei AHNERT (1986)
– hier war eine Analyse des Produktionsprozesses der entsprechenden Pyrolyseanlage mit Mitteln der unscharfen Klassifikation bei
BÖHME (1983) vorangegangen – und die Herstellung von Graphit-
elektroden aus Kohleformkörpern nach dem ACHESON-Verfahren
bei BRETSCHNEIDER (1991). Aber auch lebensmittelchemische Pro-
zessse wie das Brotbacken bei BRETSCHNEIDER (1988), ökologische
Fragen zur Wasserführung von Flüssen z. B. bei ARENDT/STRAU-
BE/HANSEL (1979) und zur Wasserreinhaltung bei YAGISHITA/
ITOH/SUGENO (1985) sowie Probleme der Regionalplanung und
der psychologischen Diagnose (vgl. STRAUBE (1986)) mittels unscharfer Regler diskutiert bzw. erfolgreich gesteuert worden. Sogar
die qualitative Behandlung dynamischer Systeme, die mit LOTKA-
VOLTERRA-Gleichungen im Stile der mathematischen Analysis mo-
dellierbar sind, scheint generell möglich, vgl. PESCHEL/STRAUBE/
MENDE (1986).

Ähnlich verhält es sich mit den unterschiedlichsten technischen
Prozessen außerhalb des Gebietes chemischer Verfahren. Die große
Vielfalt solcher Prozesse hat zu entsprechend vielfältigen Anwen-

dungen unscharfer Regler geführt, bei denen sich jedoch gewisse Schwerpunktbereiche herausgebildet haben. Dazu gehören etwa Probleme der Steuerung von Kraftmaschinen wie Elektro- bzw. Dieselmotoren bei KISZKA/ GUPTA/NIKIFORUK (1985), MURAYAMA et al. (1985) oder eines 210 MW-Dampferzeugers bei RAY/DUTTA MAJUMDER (1985); dazu gehören Fragen der Robotersteuerung z. B. für einen Bogenschweißroboter bei LAKOV (1985) und für Roboterarme u. a. bei SCHARF/MANDIC (1985), HIROTA/YOSHINORI/ PEDRYCZ (1985) sowie HIROTA/ARAI/ HACHISU (1986); und dazu gehören auch Probleme des Transport- und Verkehrswesens wie Umschlagprozesse bei YASUNOBU/HASEGAWA (1986), die Steuerung des Fahrweges eines Modells eines Straßenfahrzeuges bei SUGENO/ NISHIDA (1985) bzw. die eines Schiffes durch eine Meerenge bei RAMAN/KERRE (1985) jeweils durch Auswertung von Informationen über die relative Position des Fahrzeuges innerhalb des möglichen Fahrweges, die Steuerung des Landeanfluges eines Flugzeuges bei LARKIN (1985) und auch die automatische Steuerung von Zügen bei YASUNOBU/MIYAMOTO (1985).

Im Normalfall der on-line-Steuerung erhält der unscharfe Regler dabei seine aktuellen Inputs durch geeignete Sensoren. Von deren Leistungsfähigkeit und von dem in den Kontrollregeln des unscharfen Reglers implementierten Wissen hängt die Leistungsfähigkeit der gesamten unscharfen Steuerung wesentlich ab. In welchem Maße ausgefeiltere Lösungen in diesen beiden zentralen Problempunkten zu viel leistungsfähigeren unscharfen Regelungen zu führen vermögen, zeigt für den Fall der Steuerung eines Modellfahrzeuges etwa das bei V. ALTROCK/KRAUSE/ZIMMERMANN (1992) studierte Modellfahrzeug, bei dem es in erster Linie um die Steuerung dieses Fahrzeuges in Grenzsituationen seines Fahrverhaltens geht.

Diese Vielfalt von Anwendungen und Anwendungsversuchen, die keineswegs eine vollständige Aufzählung darstellt, zeigt die Attraktivität, die unscharfe Regler und die Benutzung linguistischer Variabler für den praktischen Einsatz haben. Die Entwicklung sogar auf dem Konsumgütermarkt der jüngsten Zeit belegt zudem, daß es gerade im Bereich alltäglichen Tuns sicher noch viele Varianten für die Automatisierung scheinbar „typisch menschlicher" Verfahrensweisen gibt, die vom Stillhalten bei Filmaufnahmen, bzw. der Vermeidung von Verwacklungen durch automatischen Bildabgleich, und dem geeignet sparsamen Nutzen von Energie und Waschmitteln beim Waschprozeß reichen und vielleicht bald auch bis in den Bereich des Kochens reichen werden.

Weder sind aber mit den angedeuteten Einsatzgebieten alle Möglichkeiten erfaßt, noch kann man voraussetzen, daß nur das in Abschnitt 4.2 besprochene Konzept des unscharfes Reglers in allen Fällen das (allein) geeignete Mittel sein wird, mit unscharfen Mengen und darauf beruhenden Methoden Prozesse zu steuern bzw. zu modellieren.

Die in Abschnitt 6.2 vorgestellten Clusterverfahren mit den sich daraus ergebenden unscharfen Klassifikationen bilden insbesondere für Diagnoseprobleme, bzw. in Problemsituationen, wo man eine von einer vorangehenden unscharfen Zustandsdiagnose abhängige Steuerungsentscheidung zu treffen hat, eine weitere attraktive Methode des Arbeitens mit unscharfen Mengen. Auch bei dieser Art der mathematischen Modellierung ist ebenso wie bei den regelbasierten unscharfen Reglern sowohl ein on-line-Betrieb zur automatischen Prozeßsteuerung als auch ein off-line-Betrieb als Beratungssystem möglich. Das Buch BOCKLISCH (1987) gibt eine gute Einführung in diese Art der Modellbildung mit unscharfen Mengen und erörtert zahlreiche Anwendungen.

Aber auch noch andere Grundprinzipien können zu erfolgreichen Anwendungen führen – etwa unscharfe PETRI-Netze, aufgefaßt als spezielle unscharf bewertete Graphen. LIPP (1980) und LIPP/GUENTHER (1986) haben auf dieser Grundlage den Produktionsprozeß einer Zellulosefabrik modelliert und dieses Modell für ein Beratungssystem genutzt, mit dem sie dem für den Produktionsablauf in dieser Fabrik verantwortlichen Dispatcher Beratung für Steuerentscheidungen, speziell in Situationen außerhalb des Normalzustandes des Produktionsablaufs, also z. B. bei der Reaktion auf Havarien, gaben.

Kapitel 5

Maßtheorie und unscharfe Mengen

5.1 Unscharfe Maße für gewöhnliche Mengen

Bei der Beschreibung einer gewöhnlichen Menge A ist für *jeden* Punkt des Grundbereiches $\mathcal{X}$ festzulegen, ob er zu A gehören soll oder nicht. Ist diese Festlegung nur graduell möglich, dann beschreibt die Gesamtheit der Zugehörigkeitsgrade $m_A(x)$, $x \in \mathcal{X}$, eine unscharfe Menge A.

Dual dazu könnte man ein bestimmtes Element $x_0 \in \mathcal{X}$ dadurch beschreiben, daß man für alle Teilmengen $\mathcal{B}$ von $\mathcal{X}$, d. h. alle Elemente der Potenzmenge $I\!P(\mathcal{X})$, angibt, ob x_0 darin enthalten ist. Die dies beschreibende Mengenfunktion

$$Q \; : \; I\!P(\mathcal{X}) \to \{0,1\} \tag{5.1}$$

entspricht der charakteristischen Funktion bei der Festlegung von Mengen, d. h. bei gegebenem x_0 ist $Q(\mathcal{B}, x_0)$ die charakteristische Funktion der Menge der $\mathcal{B}$'s, die x_0 treffen (die sogenannte Hitfunction).

In vielen praktischen Fällen ist nun ein interessierendes Element des Grundbereiches nicht exakt zu lokalisieren, z. B. die Ursache einer Krankheit, der Täter einer kriminellen Handlung oder die genaue Artzugehörigkeit eines aufgefundenen Fossils. Dies gibt Veranlassung, eine *unscharfe Beschreibung Q dieses Elementes* durch die

Angabe eines entsprechenden Zuordnungsgrades für jede der Mengen aus $I\!\!P(\mathcal{X})$ einzuführen. Für die Funktion

$$Q : I\!\!P(\mathcal{X}) \to [0,1] \qquad (5.2)$$

ist es sinnvoll zu fordern, daß

$$Q(\emptyset) = 0 ; \qquad Q(\mathcal{X}) = 1 \qquad (5.3)$$

gilt und weiterhin

$$\forall \mathcal{A}, \mathcal{B} \in I\!\!P(\mathcal{X}) : \quad \mathcal{A} \subseteq \mathcal{B} \Rightarrow Q(\mathcal{A}) \le Q(\mathcal{B}) , \qquad (5.4)$$

d. h. der Zuordnungsgrad kann nicht fallen, wenn die Menge vergrößert wird.

Für *endliche* Grundbereiche genügen diese Eigenschaften bereits, um mit solchen sogenannten *unscharfen Maßen* eine sinnvolle Theorie und Anwendung zu machen. Für *nichtendliche* Grundbereiche wird zudem gemäß SUGENO (1974, 1977) noch die Stetigkeit bezüglich der Mengeninklusion gefordert:

Sei $I\!\!A \subseteq I\!\!P(\mathcal{X})$ eine Menge mit der Eigenschaft, daß jede monotone Folge

$$\mathcal{A}_1 \subseteq \mathcal{A}_2 \subseteq \cdots \quad \text{oder} \quad \mathcal{A}_1 \supseteq \mathcal{A}_2 \supseteq \cdots$$

von Mengen $\mathcal{A}_i \in I\!\!A$; $i = 1, 2, \ldots$; gegen ein Element aus $I\!\!A$ strebt. Dann bedeutet diese Stetigkeit, daß für jede solche monotone Folge gilt

$$\lim_{i \to \infty} Q(\mathcal{A}_i) = Q(\lim_{i \to \infty} \mathcal{A}_i). \qquad (5.5)$$

An die Stelle von $I\!\!P(\mathcal{X})$ oder $I\!\!A$ tritt gewöhnlich, aus der Problembezogenheit oder wegen der leichteren mathematischen Behandelbarkeit, eine passende σ-Algebra $I\!\!B$ über $\mathcal{X}$. Man nennt dann, in Analogie zum Wahrscheinlichkeitsraum, $[\mathcal{X}, I\!\!B, Q]$ einen *unscharfen Maßraum*.

Da aus der Additivität der Wahrscheinlichkeit, d. h. aus

$$\text{Prob}\,(\mathcal{A} \cup \mathcal{B}) = \text{Prob}\,(\mathcal{A}) + \text{Prob}\,(\mathcal{B}) \text{ für } \mathcal{A} \cap \mathcal{B} = \emptyset \qquad (5.6)$$

die Monotonie

$$\mathcal{A} \subseteq \mathcal{B} \quad \Rightarrow \quad \mathcal{B} = \mathcal{A} \cup (\mathcal{B} \cap \mathcal{A}^c)$$
$$\Rightarrow \quad \text{Prob}(\mathcal{A}) \le \text{Prob}(\mathcal{B}) \qquad (5.7)$$

und sogar die Stetigkeit (5.5) folgt, sind Wahrscheinlichkeitsmaße spezielle unscharfe Maße. Sie drücken den jeweiligen Grad der Zuordnung (zur Argumentmenge) einer noch nicht erfolgten Realisierung der Zufallsvariablen aus, die gemäß des entsprechenden Wahrscheinlichkeitsmaßes verteilt ist.

Seit der Axiomatisierung der Wahrscheinlichkeitstheorie durch KOLMOGOROV (1933) ist es eine in der Mathematik und in den Anwendungen weit verbreitete Ansicht, daß diese Theorie geeignet ist, *jede* Art von Unsicherheit sachgerecht zu modellieren. Dieser Ansicht muß widersprochen werden. Wir folgen hier der Argumentation von DUBOIS/PRADE (1985). Das wichtigste Axiom ist die Forderung der Additivität der Wahrscheinlichkeit unvereinbarer Ereignisse (5.6). Was bedeutet diese Forderung für den Anwendungsfall? Für die klassische Definition der Wahrscheinlichkeit, die auf der Chancenrechnung bei Glücksspielen aufbaut, als dem Quotienten aus der Anzahl der günstigen Atome und der Anzahl der möglichen Atome, wie auch für die frequentistische Deutung im Stile von VON MISES (1919), ist die Additivität einleuchtend. Allerdings postulieren diese Zugänge u. a. die beliebige Wiederholbarkeit von Versuchen unter stets gleichbleibenden Bedingungen. Den damit verbundenen Schwierigkeiten bei der Behandlung realer Probleme gehen die Vertreter der subjektiven Wahrscheinlichkeit durch die Interpretation der Wahrscheinlichkeit als ein *Maß des Gefühls der Ungewißheit* aus dem Weg, damit sehr frühe Gedanken der Theorie (s. LEIBNIZ (1704), COURNOT (1843)) wiederaufgreifend. Um dieses Gefühl zu quantifizieren, wie es für die Anwendung und den Kalkül nötig ist, wird der Zahlenwert einer Wahrscheinlichkeit als proportional zu der Summe bestimmt, die jemand zu zahlen bereit ist, wenn das von ihm behauptete „wahrscheinliche Ereignis" nicht eintritt, d. h. seine Behauptung sich als falsch herausstellt. Unter der Annahme, daß eine solche Summe existiert, wurde gezeigt, daß das so definierte Maß der Ungewißheit den Axiomen der Wahrscheinlichkeitstheorie gehorcht, vorausgesetzt, daß der Jemand gewissen Bedingungen der „Rationalität" genügt (s. dazu SAVAGE (1972)). Auf dieser Basis zeigten die Subjektivisten, daß die Axiome von KOLMOGOROV (1933) die einzig „vernünftige" Grundlage für die Bewertung subjektiver Ungewißheit sind.

Diese recht extreme Einstellung kann sowohl vom philosophischen als auch vom praktischen Standpunkt hinterfragt werden.

So scheint es schwer zu rechtfertigen, daß jedes Urteilen unter Ungewißheit den Wettregeln gehorcht. Das notwendige finanzielle Enga-

gement, das einen wesentlichen Teil der Modellvorstellung ausmacht,
kann einen Jemand durchaus davon abhalten, den wahren Zustand seiner
Kenntnis bekanntzumachen, aus Furcht vor einem finanziellen Verlust.
So wird ein professioneller Spieler seine Einsätze in irgendeiner Weise
gleichmäßig verteilen, wenn er weiß, daß alle Optionen, auf die er wettet,
die gleiche „Schärfe" besitzen. Der Neuling, ohne jegliche Information,
wird genau das Gleiche tun, da es die umsichtigste Strategie zu sein
scheint. Der Zugang der subjektiven Wahrscheinlichkeit erlaubt keine
Unterscheidung dieser beiden Kenntnisstände und scheint auch wenig an
Situationen angepaßt, wo diese Kenntnis nur spärlich ist.

Speziell der Grenzfall der völligen Unkenntnis ist sehr unzuläng-
lich mit einem Wahrscheinlichkeitsmodell zu behandeln, da angenommen
wird, daß eine Menge wechselseitig unvereinbarer Ereignisse identifiziert
wurde, denen mit dem Prinzip der maximalen Entropie (im endlichen
Fall) gleiche Wahrscheinlichkeiten zugeordnet werden können. Im Falle
totaler Unkenntnis scheint es wohl ausgeschlossen zu sein, daß man alle
diese Ereignisse identifizieren kann, und daher ist es diskussionswürdig,
ob die ihnen zugeschriebenen Unsicherheitsmaße von der Anzahl der Alternativen abhängen sollten, wie es bei Wahrscheinlichkeiten der Fall ist.

Vom praktischen Standpunkt ist es ziemlich klar, daß die von einem
Jemand angegeben Zahlen, die z. B. seinen Kenntnisstand beschreiben
sollen, als das angesehen werden müssen, was sie sind: nämlich näherungsweise Befunde. So scheinen die Vertreter der subjektiven Wahrscheinlichkeitstheorie mit dieser Art der Ungenauigkeit nicht umgehen
zu wollen und zu können, wenn sie verlangen, daß ein rationell vorge-
hender Jemand in der Lage sein muß, genaue Zahlen zu liefern, wenn er
korrekte Verfahren zu deren Bestimmung benutzt.

So zeigt sich die Wahrscheinlichkeitstheorie als ein zu normativer
Rahmen, um alle Aspekte der Einschätzung von Ungewißheit zu behandeln.

Gibt es bereits ernstzunehmende Bedenken gegen die ausschließ-
liche Benutzung der Wahrscheinlichkeit zur Modellierung von Ungewißheit, so wird ihre Inadäquatheit bei vornehmlich subjektiven Beurteilungen von Elementen der Potenzmenge $I\!P(\mathcal{X})$ offensichtlich. Bei der Beurteilung, durch Experten, von Grundstücken
bezüglich ihrer Brauchbarkeit zum Bau einer Produktionsanlage
kann es durchaus vorkommen, daß die Zusammenlegung (Vereinigung) zweier disjunkter und völlig unbrauchbarer, aber benachbar-

ter Grundstücke (d. h. mit der jeweiligen Bewertung von z. B. „0")
zu einem ideal geeigneten Grundstück (mit der entsprechenden Bewertung „1") führt.

Daher ist es interessant und notwendig, sich auch um Maße zu
kümmern, die die Additivitätsforderung *nicht* erfüllen.

Aus der Monotonie (5.4) folgt unmittelbar, daß für alle unscharfen Maße gilt

$$Q(\mathcal{A} \cup \mathcal{B}) \geq \max\{Q(\mathcal{A}), Q(\mathcal{B})\} \tag{5.8}$$

und

$$Q(\mathcal{A} \cap \mathcal{B}) \leq \min\{Q(\mathcal{A}), Q(\mathcal{B})\} \tag{5.9}$$

Der Grenzfall in (5.8) wurde von ZADEH (1978) als *Möglichkeits-*
oder *Possibilitätsmaß* Poss bezeichnet: für alle $\mathcal{A}, \mathcal{B} \in I\!\!P(\mathcal{X})$:

$$\text{Poss}\,(\mathcal{A} \cup \mathcal{B}) = \max\{\text{Poss}\,(\mathcal{A}), \text{Poss}\,(\mathcal{B})\} \tag{5.10}$$

Es bezeichnet den *Grad der Möglichkeit* , daß ein nicht lokalisiertes
Element in der Argumentmenge liegt.

Es mag verwundern, daß im Gegensatz zu (5.6) hier die Vor-
aussetzung $\mathcal{A} \cap \mathcal{B} = \emptyset$ fehlt. Es läßt sich zeigen (DUBOIS/PRADE
(1980)), daß aus der Gültigkeit von (5.10) für alle Paare *disjunkter*
Mengen seine Gültigkeit für *alle* Mengenpaare folgt.

Falls $\mathcal{X}$ *endlich* ist, dann läßt sich jedes Possibilitätsmaß Poss
über seine Werte auf den Elementen $x \in \mathcal{X}$ definieren:

$$\forall \mathcal{A} \in I\!\!P(\mathcal{X}) : \text{Poss}\,(\mathcal{A}) = \max_{x \in \mathcal{X}} \pi(x) \tag{5.11}$$

wobei

$$\pi(x) = \text{Poss}\,(\{x\}) \tag{5.12}$$

und $\pi : \mathcal{X} \to [0,1]$ heißt die *Möglichkeits-* oder *Possibilitätsvertei-*
lung. Wegen der sinnvollen Forderung Poss $(\mathcal{X}) = 1$ ist π normalisiert

$$\exists x \in \mathcal{X} : \pi(x) = 1 \,. \tag{5.13}$$

Falls $\mathcal{X}$ *unendlich* ist, dann muß eine solche Possibilitätsverteilung nicht notwendig existieren. Die Existenz ist jedoch gesichert,

falls die Ausgangsannahme (5.10) auf unendliche Vereinigungen von Mengen ausgedehnt wird (s. NGUYEN (1979)). In den Anwendungen kann man die Existenz stets voraussetzen und (5.11) erforderlichenfalls mit sup statt max benutzen. Allerdings müssen Possibilitätsmaße im Fall unendlicher Universen $\mathcal{X}$ nicht mehr die Stetigkeitsforderung (5.5) erfüllen, also dann *keine* unscharfen Maße mehr sein (s. dazu PURI/RALESCU (1982)).

Da die Possibilitätsverteilung π die Eigenschaft einer normierten Zugehörigkeitsfunktion hat, läßt sich der Zugehörigkeitswert $m_B(y)$ zu einer unscharfen Menge B als Grad der Möglichkeit deuten, daß eine Variable v den Wert $y \in Y$ annimmt. Dieser Weg wurde im Abschnitt 3.3 beschrieben. Die unscharfe Menge B wird oft *induzierende* genannt und bei der Angabe des Möglichkeitsgrades einer Variablen mitgeführt (s. z. B. (3.55)). Man kann also, entsprechend dem jeweiligen formalen Umfeld, Poss $(\{x\})$ auch mit Poss $(v = x|B)$, und Poss $(\mathcal{A})$ mit Poss $(v = \mathcal{A}|B)$ identifizieren.

Seien $\mathcal{X}$ und $\mathcal{Y}$ zwei Grundbereiche mit den entsprechenden Variablen u und v, sowie $\pi_{(u,v)}$ die zu (u, v) gehörige Möglichkeitsverteilung. Dann liefern die Projektionen

$$\pi_u(x) = \sup_y \pi_{(u,v)}(x, y); \qquad \pi_v(y) = \sup_x \pi_{(u,v)}(x, y) \qquad (5.14)$$

die sogenannten *Randverteilungen*. Im Fall der Separabilität (3.33) der $\pi_{(u,v)}$ entsprechenden unscharfen Relation gilt

$$\pi_{(u,v)}(x, y) = \min\{\pi_u(x), \pi_v(y)\}. \qquad (5.15)$$

Über

$$\begin{aligned}
\pi_u(x) &= \sup_y \pi_{(u,v)}(x, y) \\
&= \sup_y \min\{\pi_{(u,v)}(x, y), \sup_x \pi_{(u,v)}(x, y)\}
\end{aligned}$$

erhält man

$$\pi_u(x) = \sup_y \min\{\pi_{(u,v)}(x, y), \pi_v(y)\}. \qquad (5.16)$$

Deutet man (5.15) als das Analogon zur *Unabhängigkeit* bei Wahrscheinlichkeiten, so ist (5.16) das entsprechende Analogon zur Formel über die totale Wahrscheinlichkeit. Daher bezeichnet man $\pi_{(u,v)}$ in diesem Zusammenhang als *bedingte Möglichkeitsverteilung*. Diese Analogie wurde von NGUYEN (1978) betrachtet, der den Begriff der *normalisierten bedingten Möglichkeitsverteilung* einführte, die wieder der Forderung (5.13) genügt. Dazu betrachtet er

$$\pi(x|y) = \pi_{(u,v)}(x,y)\theta(\pi_u(x), \pi_v(y)), \qquad (5.17)$$

wobei θ eine Normierungsfunktion ist, die aus

$$\text{hgt}(\pi(x|y)) = 1$$

und

$$\min\{\pi_u(x), \pi_v(y)\}\theta(\pi_u(x), \pi_v(y)) = \pi_u(x) \qquad (5.18)$$

zu bestimmen ist. Dabei bedeutet (5.18), daß im Falle der Separabilität (5.15) die normalisierte bedingte Möglichkeitsverteilung gleich der Randverteilung ist, womit die Analogie zur Wahrscheinlichkeitsverteilung vollkommen wird. Die Forderungen (5.18) führen zu

$$\pi(x|y) = \begin{cases} \pi_{(u,v)}(x,y), & \text{falls} \quad \pi_u(x) \leq \pi_v(y), \\ \pi_{(u,v)}(x,y)\pi_u(x)/\pi_v(y), & \text{falls} \quad \pi_u(x) > \pi_v(y). \end{cases}$$

Damit kommt man schließlich zu

$$\pi_u(x) = \sup_y \min\{\pi(x|y), \pi_v(y)\}, \qquad (5.19)$$

Der andere Grenzfall aus (5.9) führt auf sogenannte *Notwendigkeits-* oder *Necessitätsmaße* Nec, die für alle $\mathcal{A}, \mathcal{B} \in I\!\!P(\mathcal{X})$ der Forderung genügen

$$\text{Nec}(\mathcal{A} \cap \mathcal{B}) = \min\{\text{Nec}(\mathcal{A}), \text{Nec}(\mathcal{B})\}. \qquad (5.20)$$

Ein Notwendigkeitsmaß gibt den Grad an, daß ein nichtlokalisiertes Element von $\mathcal{X}$ notwendigerweise in der Argumentmenge liegt. Diese Deutung wird klar, wenn man sieht, daß (5.20) äquivalent zu

$$\forall \mathcal{A} \in I\!\!P(\mathcal{X}) : \text{Nec}(\mathcal{A}) = 1 - \text{Poss}(\mathcal{A}^c) \qquad (5.21)$$

ist, denn (5.21) ist eine quantitative Fassung der in der modalen Logik diskutierten Dualitätsbeziehung zwischen den Begriffen des

Möglichen und des Notwendigen, die festlegt, daß ein Ereignis *notwendig* ist, wenn sein Gegenteil *unmöglich* ist.

Gemäß (5.21) läßt sich aus einer Possibilitätsverteilung auch ein Necessitätsmaß konstruieren:

$$\text{Nec}(\mathcal{A}) = \inf_{x \notin \mathcal{A}} \{1 - \pi(x)\}. \tag{5.22}$$

Wegen (5.13) gilt auch

$$1 = \text{Poss}(\mathcal{A} \cup \mathcal{A}^c) = \max\{\text{Poss}(\mathcal{A}), \text{Poss}(\mathcal{A}^c)\} \tag{5.23}$$

und gemäß (5.21) dann

$$0 = \min\{\text{Nec}(\mathcal{A}), \text{Nec}(\mathcal{A}^c)\}. \tag{5.24}$$

Aus (5.21) und (5.24) kann man schließen, daß

$$\forall \mathcal{A} \in I\!P(\mathcal{X}) : \text{Poss}(\mathcal{A}) \geq \text{Nec}(\mathcal{A}), \tag{5.25}$$

was mit der Vorstellung übereinstimmt, daß etwas eher möglich als notwendig ist. Darüber hinaus gelten sogar

$$\text{Nec}(\mathcal{A}) > 0 \quad \Rightarrow \quad \text{Poss}(\mathcal{A}) = 1, \tag{5.26}$$

$$\text{Poss}(\mathcal{A}) < 1 \quad \Rightarrow \quad \text{Nec}(\mathcal{A}) = 0. \tag{5.27}$$

Die Bildungsvorschrift für das Maß der Vereinigung zweier Mengen (s. (5.6), (5.8), (5.10)) ist ein interessanter Ausgangspunkt für die Konstruktion von Maßen, z. B. aus einem System von Elementarmengen.

In Verallgemeinerung von (5.6) schlug SUGENO (1974) sogenannte λ-unscharfe Maße Q_λ vor, die der Verknüpfungsformel genügen:

$$Q_\lambda(\mathcal{A} \cup \mathcal{B}) = Q_\lambda(\mathcal{A}) + Q_\lambda(\mathcal{B}) + \lambda Q_\lambda(\mathcal{A})Q_\lambda(\mathcal{B})$$
$$\text{für} \quad \mathcal{A} \cap \mathcal{B} = \emptyset. \tag{5.28}$$

Mit $Q_\lambda(\mathcal{X}) = 1$ erfüllt Q_λ die Forderungen (5.3) bis (5.5) für $\lambda > -1$. Für $\lambda = 0$ ist Q_λ offensichtlich ein Wahrscheinlichkeitsmaß.

Die für Anwendungen benötigten Formeln lassen sich analog zum Vorgehen in der Wahrscheinlichkeitstheorie leicht aus (5.28) herleiten, z. B.

$$Q_\lambda(\mathcal{A}^c) = \big(1 - Q_\lambda(\mathcal{A})\big)\big/\big(1 + \lambda Q_\lambda(\mathcal{A})\big) \tag{5.29}$$

und die Verallgemeinerung von (5.28) auf den Fall $\mathcal{A} \cap \mathcal{B} \neq \emptyset$:

$$Q_\lambda(\mathcal{A} \cup \mathcal{B}) = \qquad\qquad (5.30)$$
$$\frac{\big(Q_\lambda(\mathcal{A}) + Q_\lambda(\mathcal{B}) - Q_\lambda(\mathcal{A} \cap \mathcal{B}) + Q_\lambda(\mathcal{A})Q_\lambda(\mathcal{B})\big)}{\big(1 + \lambda Q_\lambda(\mathcal{A} \cap \mathcal{B})\big)} .$$

Sei $\mathcal{E}_1, \mathcal{E}_2 \ldots$ ein System disjunkter (Elementar-)Mengen, dann ist

$$Q_\lambda\Big(\bigcup_{i=1}^{\infty} \mathcal{E}_i\Big) = \lambda^{-1}\Big(\prod_{i=1}^{\infty}\big(1 + \lambda Q_\lambda(\mathcal{E}_i)\big) - 1\Big). \qquad (5.31)$$

Für den Spezialfall $\mathcal{X} = I\!R$ kann man Q_λ über eine Funktion h definieren, die die Eigenschaften einer stetigen Verteilungsfunktion der Wahrscheinlichkeitstheorie hat, d. h. monoton und stetig mit Grenzwerten 0 bzw. 1 ist (vgl. SUGENO (1977)). Dann ist für alle Intervalle $[a, b]$

$$Q_\lambda([a, b]) = \big(h(b) - h(a)\big)/\big(1 + \lambda h(a)\big). \qquad (5.32)$$

Die Bedeutung der λ-unscharfen Maße liegt darin, daß man mit ihnen häufig sehr flexibel notwendige Forderungen aus dem Kontext an ein unscharfes Maß durch die Wahl von λ approximativ erfüllen kann, und daß der Formelapparat relativ einfach handhabbar ist.

Ein andere Weg zur Verallgemeinerung der üblichen Wahrscheinlichkeit wurde von DEMPSTER und SHAFER (s. DEMPSTER (1967), SHAFER (1976)) eingeschlagen.

Ein Wahrscheinlichkeitsmaß ist gegeben, wenn $\mathrm{Prob}(\mathcal{A})$ für alle Ereignisse, d. h. für alle Elemente einer σ-Algebra $I\!B(\mathcal{X})$ bekannt sind, oder präziser, für alle Elemente eines Erzeugendensystems von $I\!B(\mathcal{X})$. In den Anwendungen auf reale Probleme erlaubt der vorhandene Kenntnisstand häufig nur die Angabe des Wahrscheinlichkeitswertes für einige Ereignisse, d. h. für Elemente einer Untermenge $I\!A \subseteq I\!B(\mathcal{X})$. In gewissen Fällen, z. B. wenn $I\!A$ ein Erzeugendensystem von $I\!B(\mathcal{X})$ enthält, läßt sich die Wahrscheinlichkeit für alle Ereignisse $\mathcal{B}$ außerhalb von $I\!A$ berechnen. In jedem Fall beschränkt die Vorgabe von $\mathrm{Prob}(\mathcal{A})$ für alle $\mathcal{A} \in I\!A$ die möglichen Werte für $\mathrm{Prob}(\mathcal{B})$ für $\mathcal{B} \notin I\!A$. Möglicherweise die erste Erwähnung eines solchen Problems findet man schon in BOOLE (1854), wo der Fall betrachtet wird, daß für zwei Ereignisse $\mathcal{A}, \mathcal{B}$ nur die Wahrscheinlichkeiten

$$\mathrm{Prob}\,(\mathcal{A}) = p \quad \text{und} \quad \mathrm{Prob}\,(\mathcal{A} \cap \mathcal{B}) = q \qquad (5.33)$$

gegeben sind. Aus (5.33) ergeben sich für Prob $(\mathcal{B})$ die Schranken

$$q \leq \text{Prob}\,(\mathcal{B}) \leq q + 1 - p. \tag{5.34}$$

Ein anderer Zugang zu Schranken für Wahrscheinlichkeiten stammt von CHOQUET (1953/4), der obere und untere Maße, P und S, betrachtete, so daß für alle Ereignisse $\mathcal{A} \in \mathbb{B}(\mathcal{X})$

$$P(\mathcal{A}) \leq \text{Prob}(\mathcal{A}) \leq S(\mathcal{A}) \tag{5.35}$$

gilt. Er zeigte u. a., wie man mit solchen *Kapazitäten* (P, S) rechnen kann. Einen speziellen Fall, daß nämlich das Wahrscheinlichkeitsmaß auf einer gröberen Algebra gegeben ist, behandelt PAWLAK (1984) in einiger Ausführlichkeit.

Die Tatsache, daß die Werte der Wahrscheinlichkeiten nur für eine zur Erzeugung der σ-Algebra $\mathbb{B}(\mathcal{X})$ nicht ausreichenden Teilmenge $\mathbb{A}$ angegeben werden können, ist Ausdruck des gegebenen Kenntnisstandes, oder besser Unkenntnisstandes, der sogenannten *partiellen Ignoranz*, über die Wahrscheinlichkeitsverteilung.

Für *endliche* Grundbereiche $\mathcal{X}$ hat SHAFER (1976) (vgl. auch DUBOIS/PRADE (1987)) ein interessantes Konzept vorgelegt, nach dem man aus diesen Vorgaben unscharfe Maße konstruieren kann. Auf die Mengen von $\mathbb{P}(\mathcal{X})$ (oder $\mathbb{B}(\mathcal{X})$) wird das Gewicht 1 verteilt, d. h. eine Abbildung

$$p : \mathbb{P}(\mathcal{X}) \to [0, 1] \tag{5.36}$$

zugrunde gelegt. Wegen der Normierung auf 1, d. h. neben $p(\emptyset) = 0$ soll

$$\sum_{\mathcal{B} \in \mathbf{P}(\mathcal{X})} p(\mathcal{B}) = 1 \tag{5.37}$$

gelten, wird p *grundlegende Wahrscheinlichkeitszuweisung* genannt. Die Mengen mit $p(\mathcal{A}) > 0$ werden als *Herdmengen* von p bezeichnet. Ihre Gesamtheit, gewissermaßen der Träger von p werde daher mit supp p abgekürzt. Das Paar (supp p, p) nennt SHAFER (1976) Darstellung einer *Evidenzgesamtheit*.

Das Gewicht $p(\mathcal{A})$ wird auch *globale Wahrscheinlichkeitszuweisung an $\mathcal{A}$* genannt. Diese Bezeichnung ist etwas irreführend, handelt es sich doch nur um den *Rest* der Wahrscheinlichkeit Prob $(\mathcal{A})$, der sich, beim gegebenen Kenntnisstand, nicht weiter auf Teilereignisse von $\mathcal{A}$ verteilen läßt (in diesem Sinne also „global" bleibt). Die Größe $p(\mathcal{A})$ wird häufig auch als relatives Vertrauensniveau in $\mathcal{A}$ gedeutet, als eine Darstellung der verfügbaren Information. Es repräsentiert die „Wahrscheinlichkeit", daß diese Information korrekt und vollständig von $x \in \mathcal{A}$ beschrieben wird. Die Herdmengen müssen weder disjunkt sein noch $\mathcal{X}$ überdecken. Selbst $\mathcal{X}$ kann Herdmenge sein. Dann bedeutet $p(\mathcal{X})$ den Anteil des Vertrauens, das der Unkenntnis geschuldet ist. Totale Unkenntnis wird also durch $p(\mathcal{X}) = 1$ ausgedrückt. Diese Interpretation kommt aus der Einstellung, daß die Herdmenge $\mathcal{A}$ die möglichen Lagen des Wertes einer gewissen Variablen beschreibt, z. B. kann $\mathcal{A}$ eine ungenaue Beobachtung oder Messung sein. In diesem Zusammenhang wird die Information *disjunktiv* genannt, in dem Sinne, daß der tatsächliche Wert der Variablen eindeutig ist. Die Herdmengen stellen also sich gegenseitig ausschließende mögliche Werte der Variablen dar.

Im allgemeinen bleiben die Wahrscheinlichkeiten der Ereignisse $\mathcal{B} \in \mathbb{B}(\mathcal{X})$ durch eine globale Wahrscheinlichkeitszuweisung p unbestimmt, wobei es im allgemeinen gleichgültig ist, ob $\mathcal{B}$ Teilmenge einer Herdmenge $\mathcal{A}$ ist oder nicht. Man weiß nur, daß die Wahrscheinlichkeit Prob$(\mathcal{B})$ in einem Intervall $[P_*(\mathcal{B}), P^*(\mathcal{B})]$ liegt, wobei

$$P_*(\mathcal{B}) = \sum_{\mathcal{A} \subseteq \mathcal{B}} p(\mathcal{A}), \tag{5.38}$$

$$P^*(\mathcal{B}) = \sum_{\mathcal{A} \cap \mathcal{B} \neq \emptyset} p(\mathcal{A}). \tag{5.39}$$

Es wird also $P_*(\mathcal{B})$ berechnet, indem man alle Herdmengen $\mathcal{A}$ betrachtet, die das Ereignis $\mathcal{B}$ notwendig machen (d. h. nach sich ziehen), während bei $P^*(\mathcal{B})$ alle Herdmengen berücksichtigt werden, die das Ereignis möglich machen.

Weiterhin existiert eine Dualitätsbeziehung zwischen P^* und P_*; es gilt für alle $\mathcal{A} \in \mathbb{P}(\mathcal{X})$:

$$P^*(\mathcal{A}) = 1 - P_*(\mathcal{A}^c). \tag{5.40}$$

Jedoch sind P^* und P_* im allgemeinen keine Möglichkeits- bzw. Notwendigkeitsmaße. Dies ist genau dann gesichert, wenn die Herdmengen ineinander liegen, dies nennt man dann den *konsonanten* Fall. Genauer, wenn für die Herdmengen gilt

$$\mathcal{A}_1 \subset \mathcal{A}_2 \subset \cdots \subset \mathcal{A}_s, \tag{5.41}$$

dann ist die zugehörige Möglichkeitsverteilung definiert durch

$$\pi(x) = P^*(\{x\}) = \begin{cases} \sum\limits_{j=i}^{s} p(\mathcal{A}_j), & \text{falls } x \in \mathcal{A}_i \, ; \, x \notin \mathcal{A}_{i-1}, \\ 0, & \text{falls } x \in \mathcal{X} \setminus \mathcal{A}_s. \end{cases}$$

Falls andererseits alle Herdmengen elementare (bzw. atomare) Ereignisse und daher disjunkt sind, der sogenannte *dissonante* Fall, dann gilt offensichtlich

$$\forall \mathcal{B} : P_*(\mathcal{B}) = \text{Prob}\,(\mathcal{B}) = P^*(\mathcal{B}). \tag{5.42}$$

Falls der Kenntnisstand durch eine Evidenzgesamtheit ausgedrückt wird, kann man deutlich sehen, daß Wahrscheinlichkeitsmaße sich an genaue aber differenzierte Information wenden, während Possibilitätsmaße ungenaue aber kohärente Information widerspiegeln. So eignen sich Möglichkeitsmaße gut für subjektive Unsicherheit: wir erwarten von einem Informanden keine sehr genaue Daten, aber wir erwarten in seinen Aussagen eine größtmögliche Kohärenz. Andererseits sind genaue aber variable Daten gewöhnlich das Ergebnis sorgfältiger Beobachtung physikalischer Erscheinungen.

Gewöhnlich ist der Kenntnisstand weder genau noch völlig kohärent, d. h. die P^* und P_* sind keine Wahrscheinlichkeiten, Möglichkeitsgrade bzw. Notwendigkeitsgrade. Daher nennt SHAFER (1976) das durch (5.38) definierte Maß P_*, für endliche Grundbereiche $\mathcal{X}$, im allgemeinen Fall den *Glaubwürdigkeitsgrad* von $\mathcal{B}$:

$$\text{Cr}(\mathcal{B}) = \sum_{\mathcal{A} \subseteq \mathcal{B}} p(\mathcal{A}). \tag{5.43}$$

Es stellt das *Evidenzgewicht*, den *Vertrauensgrad* dar, das sich auf $\mathcal{B}$ konzentriert, oder, wie bereits in der Sprache der Wahrscheinlichkeitstheorie ausgedrückt, auf Ereignisse konzentriert, die das Auftreten von $\mathcal{B}$ zur Folge haben. Davon abgeleitet bildet SHAFER mit

$$\text{Pl}(\mathcal{B}) = 1 - \text{Cr}(\mathcal{B}^c) = \sum_{\mathcal{A} \cap \mathcal{B} \neq \emptyset} p(\mathcal{A}) \tag{5.44}$$

den *Plausibilitätsgrad*, den Grad des „Einleuchtens", der offensichtlich mit P^* gemäß (5.39) übereinstimmt. Er stellt das Evidenzgewicht dar, das sich *nicht* auf B konzentriert; dies ist, wie bereits bemerkt, äquivalent mit der Konzentration auf Ereignisse, die das Auftreten von B möglich machen.

Deutet man $\mathrm{Cr}(B^c)$ als den Grad, mit dem an der Zugehörigkeit eines nicht lokalisierten Elementes zu B *gezweifelt* wird, dann ist $\mathrm{Pl}(B)$ der Grad, zu dem daran *nicht* gezweifelt wird, es also für einleuchtend oder plausibel erachtet wird.

Die grundlegende Wahrscheinlichkeitszuweisung kann sowohl aus Cr als auch aus Pl zurückgewonnen werden, z. B. gilt

$$p(B) = \sum_{A \subseteq B} (-1)^{\mathrm{card}(B \setminus A)} \mathrm{Cr}(A). \tag{5.45}$$

Natürlich gilt stets

$$\mathrm{Pl}(B) \geq \mathrm{Cr}(B). \tag{5.46}$$

Wenn die Herdmengen Einermengen sind, dann ist p eine gewöhnliche Wahrscheinlichkeitsverteilung auf $\mathcal{X}$ und $\mathrm{Pl}(B) = \mathrm{Cr}(B) = \mathrm{Prob}\,(B)$ eine Wahrscheinlichkeit.

Für den Glaubwürdigkeitsgrad gilt als Abschwächung der bekannten allgemeinen Additionsformel für Wahrscheinlichkeiten

$$\mathrm{Cr}(A \cup B) \geq \mathrm{Cr}(A) + \mathrm{Cr}(B) - \mathrm{Cr}(A \cap B), \tag{5.47}$$

und allgemeiner für beliebige endliche Mengensysteme $\{A_i\}$ mit $A_i \in I\!P(\mathcal{X})$ (vgl. SMETS (1981), SHAFER (1976)) :

$$\mathrm{Cr}\left(\bigcup_i A_i\right) \geq \sum_i \mathrm{Cr}(A_i) - \sum_{i<j} \mathrm{Cr}(A_i \cap A_j) + \cdots$$
$$+ (-1)^{n+1} \mathrm{Cr}\left(\bigcap_j A_j\right). \tag{5.48}$$

Offensichtlich ist dann (B ist eine scharfe Menge!)

$$\mathrm{Cr}(B) + \mathrm{Cr}(B^c) \leq 1. \tag{5.49}$$

Sei das nicht lokalisierte Element von $\mathcal{X}$ zum Beispiel ein aufgefundenes Fossil. So kann es mit einer gewissen Glaubwürdigkeit (Überzeugtheit) zu einer Spezies B gerechnet werden, die in der untersuchten Schicht sehr häufig angetroffen wird. Jedoch wird ein mangelndes Vertrauen $(\mathrm{Cr}(\mathcal{B}) < 1)$ nicht notwendig ein starkes Vertrauen dafür hervorrufen, daß das Fossil *nicht* zu $\mathcal{B}$ gehört $(\mathrm{Cr}(\mathcal{B}^c) > 0)$.

Für Pl gelten zu (5.47) bis (5.49) analoge Formeln, die man erhält, wenn man Vereinigung und Durchschnitt jeweils vertauscht und die Ungleichungszeichen umkehrt.

Für *unendliche* Grundbereiche kann man (5.48) und die entsprechende Formel für Pl, jeweils für alle natürlichen Zahlen n gefordert, zur Charakterisierung unscharfer Maße Cr und Pl verwenden und findet damit eine Anbindung an die Choquetschen Kapazitäten (CHOQUET (1953)). Allerdings scheint dieser Zugang gegenwärtig wenig praktikabel.

5.2 Unscharfe Maße für unscharfe Mengen

Ein Argument bei der Einführung unscharfer Maße in Abschnitt 5.1 war die dadurch geschaffene Möglichkeit, ein nicht genau lokalisierbares Element der Grundmenge $\mathcal{X}$ dadurch zu charakterisieren, daß man für jede Teilmenge von $\mathcal{X}$, d. h. für jedes $\mathcal{A} \in I\!\!P(\mathcal{X})$, einen Zuordnungsgrad $Q(\mathcal{A})$ angibt. Dadurch wurde über $I\!\!P(\mathcal{X})$ eine unscharfe Menge spezifiziert. Wie die Beschäftigung mit unscharfen Mengen zeigt, lassen sich vielfach praktisch interessierende Mengen selbst nur unscharf definieren, wie Gruppen potentieller Käufer, Klimagebiete, Krankheitssymptome und Mengen verschlissener Aggregate. Daher ist es interessant, das Definitionsgebiet unscharfer Maße von $I\!\!P(\mathcal{X})$ auf die Menge aller unscharfen Mengen über $\mathcal{X}$, d. h. auf $I\!\!F(\mathcal{X})$, zu erweitern.

Da Wahrscheinlichkeitsmaße spezielle unscharfe Maße sind, betrachten wir zuerst diesen Fall. Bekanntlich geht man bei der Einführung der Wahrscheinlichkeit für gewöhnliche Mengen $\mathcal{A}, \mathcal{B}, \ldots$ davon aus, daß diese als zufällige Ereignisse, d. h. als Elemente einer σ-Algebra $I\!\!B(\mathcal{X})$ vorliegen. Jedem Ereignis $\mathcal{A}$ wird dann die Wahrscheinlichkeit Prob $(\mathcal{A})$ als Wert der Mengenfunktion P, des Wahrscheinlichkeitsmaßes, zugeordnet. Man schreibt sie gewöhnlich in Integralform

$$\text{Prob}\,(\mathcal{A}) = \int_{\mathcal{A}} dP(x). \tag{5.50}$$

Mit der charakteristischen Funktion $m_{\mathcal{A}}$ von $\mathcal{A}$ läßt sich dies als

$$\text{Prob}\,(\mathcal{A}) = \int_{\mathcal{X}} m_{\mathcal{A}}(x)\,dP(x) \tag{5.51}$$

schreiben. Für endliche und abzählbar unendliche Grundbereiche erhält man daraus die bekannten Summendarstellungen über die Wahrscheinlichkeiten der Elemente von $\mathcal{X}$.

Diese Darstellung war für ZADEH (1968) der Ausgangspunkt, um die Wahrscheinlichkeit auch für unscharfe Mengen $A \in I\!F(\mathcal{X})$, z. B. für Werte linguistischer Variabler (vgl. Abschnitt 4.1) einzuführen, indem er m_A in (5.51) als Zugehörigkeitsfunktion interpretierte.

Dieses Konzept erweist sich als tragfähig, obwohl die übliche Deutung als Wahrscheinlichkeit dafür, daß eine Realisierung gemäß P in A liegt, nun nicht mehr möglich scheint. Man kann jedoch (5.51) auch als Erwartungswert der Zugehörigkeitsfunktion auffassen. Wie üblich führt man eine Zufallsvariable $\mathbf{X}\colon \Omega \to \mathcal{X}$ ein und schreibt

$$\text{Prob}\,(A) = \mathsf{E}_P m_A(\mathbf{X}) = \text{Prob}\,(\text{„}\mathbf{X} \in A\text{“})\,. \tag{5.52}$$

Seien $x_1, x_2, \ldots, x_n$ unabhängige Realisierungen der Zufallsvariablen $\mathbf{X}$, dann gelten, unter gewissen wenig einschränkenden Voraussetzungen, Aussagen, wie sie von den Gesetzen der großen Zahlen her bekannt sind, z. B.

$$\text{Prob}\,(A) = \lim_{n\to\infty}(1/n) \sum_{i=1}^{n} m_A(x_i)\,. \tag{5.53}$$

Die Wahrscheinlichkeit läßt sich also für unscharfe Mengen A als *durchschnittlicher Zugehörigkeitsgrad* der Elemente einer Stichprobe von unendlichem Umfang gemäß der zu P gehörigen Wahrscheinlichkeitsverteilungen deuten.

Einige Eigenschaften der Wahrscheinlichkeit gelten auch für unscharfe Mengen, z. B.

$$A \subseteq B \quad \Rightarrow \quad \text{Prob}\,(A) \leq \text{Prob}\,(B),$$
$$\text{Prob}\,(A \cup B) \;=\; \text{Prob}\,(A) + \text{Prob}\,(B) - \text{Prob}\,(A \cap B).$$

Jedoch der wichtige Begriff der *Unabhängigkeit* zweier (unscharfer) Ereignisse muß nun anders eingeführt werden, denn zum Durchschnitt $A \cap B$ gehört gemäß der hier verwendeten Verknüpfung ja das *Minimum* der entsprechenden Zugehörigkeitswerte. Nimmt man aber die *alternative* Mengenverknüpfung

$$C = A \bullet B \quad \text{mit} \quad m_C(x) = m_A(x) \cdot m_B(x), \tag{5.54}$$

vgl. (2.98), dann stimmt die Definition

$$A, B \text{ unabhängig} \iff \text{Prob}\,(A \bullet B) = \text{Prob}\,(A)\text{Prob}\,(B) \tag{5.55}$$

mit den Vorstellungen über die Unabhängigkeit aus der gewöhnlichen Wahrscheinlichkeitstheorie überein.

Damit wird z. B. der Weg frei für die Einführung bedingter Wahrscheinlichkeiten in der Form (für $\text{Prob}\,(B) > 0$)

$$\text{Prob}\,(A|B) = \text{Prob}\,(A \bullet B)/\text{Prob}\,(B). \tag{5.56}$$

Damit die Darstellung (5.51) auch für unscharfe Ereignisse Sinn hat, muß natürlich gefordert werden, daß m_A bez. P integrierbar ist.

Der heuristische Charakter der Einführung der Wahrscheinlichkeit für unscharfe Ereignisse hat SMETS (1982) veranlaßt, diesen Zugang theoretisch zu rechtfertigen. Er setzt allgemeiner

$$\text{Prob}\,(A) = \int\limits_{\mathcal{X}} g(m_A(x))\,\mathrm{d}P(x) \tag{5.57}$$

an und stellt eine Reihe von Forderungen bezüglich der Eigenschaften von g. So muß z. B. g monoton nichtfallend sein mit $g(0) = 0$ und $g(1) = 1$, damit die Kolmogorovschen Axiome gelten. Weiterhin kann man fordern, daß die Summe der bedingten Wahrscheinlichkeiten für ein unscharfes Ereignis und für sein Komplement bezüglich jedes anderen unscharfen Ereignisses 1 ergeben muß.

Nimmt man die zu (5.54) passende Vereinigung (2.102)

$$D = A + B \quad \text{mit} \quad m_D(x) = m_A(x) + m_B(x) - m_A(x)m_B(x),$$

so gilt für die Wahrscheinlichkeiten wieder

$$\text{Prob}\,(A + B) = \text{Prob}\,(A) + \text{Prob}\,(B) - \text{Prob}\,(A \bullet B), \tag{5.58}$$

was von Interesse ist, wenn man aus objektiven Gründen die max-min-Verknüpfung sowieso verlassen muß.

Mit der Definition der Wahrscheinlichkeit läßt sich auch die Entropie eines unscharfen Ereignisses einführen, z. B. für endliche Grundbereiche als

$$H_P(A) = - \sum_{i=1}^{m} m_A(x_i) \text{Prob}(\{x_i\}) \ln \text{Prob}(\{x_i\}) \,.$$

Diese Entropie eines unscharfen Ereignisses ist nicht mit dem Entropiemaß im Sinne von DELUCA/TERMINI (1979) zu verwechseln.

Zur Veranschaulichung der Denkweise soll das folgende von KANDEL (1986) modellmäßig vereinfachte Anwendungsbeispiel dienen. Der individuelle *Alterungsprozeß* von Bauteilen (vom jeweiligen Einsatzzeitpunkt an gerechnet) unterliegt im wesentlichen stochastischen Einflüssen und kann z. B. durch die Einführung einer Alterungsgeschwindigkeit A mit Werten $a \in [0, \infty)$ erfaßt werden. Diese genügt dann einer Wahrscheinlichkeitsverteilung $\Gamma(b, p)$ mit den Parametern $b = a_0^{-1}$ und $p = 2$, also mit der Wahrscheinlichkeitsdichte f, so daß

$$dP(a) = f(a)da = a_0^{-2} a \exp\{-a/a_0\} da \,.$$

Zur jeweiligen individuellen „Lebenszeit" t werden alle diejenigen Bauteile als *verschlissen* angesehen, die zur unscharfen Menge $A(t)$ mit z. B.

$$m_{A(t)}(a) = 1 - \exp\{-at/a_m t_m\}$$

gehören, deren Verschleißgrad at also „ungefähr größer" ist als der Verschleißgrad $a_m t_m$ aus gegebenen Bewertungskonstanten a_m und t_m.

Die Wahrscheinlichkeit, daß ein Bauteil zur „Lebenszeit" t als verschlissen betrachtet wird, ist gemäß (5.51)

$$\begin{aligned} \text{Prob}(A(t)) &= a_0^{-2} \int_0^{\infty} (1 - \exp\{-at/a_m t_m\}) a \exp\{-a/a_0\} da \\ &= 1 - (1 + \lambda t)^{-2} \quad \text{mit } \lambda = a_0(a_m t_m)^{-1} \,. \end{aligned}$$

Analog kann man auch Possibilitätsmaße auf unscharfe Mengen erweitern. Ausgehend von der Möglichkeitsverteilung $\pi(x)$; $x \in \mathcal{X}$; und der Darstellung für scharfe Mengen $\mathcal{A}$

$$\text{Poss}(\mathcal{A}) = \sup_{x \in \mathcal{A}} \pi(x) \tag{5.59}$$

läßt sich der Möglichkeitsgrad für unscharfe Mengen A einführen:

$$\text{Poss}(A) = \sup_{x \in \mathcal{X}} \min\{\pi(x), m_A(x)\}. \tag{5.60}$$

Für scharfe Mengen geht (5.60) in (5.59) über. Der Möglichkeitsgrad für eine unscharfe Menge A läßt sich auch als der Grad der Konsistenz des unscharfen „Ereignisses" A mit der durch eine unscharfe Menge B mit $m_B = \pi$ induzierten Möglichkeitsverteilung deuten.

Offensichtlich gelten auch für unscharfe Mengen

$$\text{Poss}(A \cup B) = \max\{\text{Poss}(A), \text{Poss}(B)\}, \tag{5.61}$$

$$A \subseteq B \Rightarrow \text{Poss}(A) \leq \text{Poss}(B). \tag{5.62}$$

Man nennt zwei unscharfe Mengen A und B *nicht-interaktiv*, wenn

$$\text{Poss}(A \cap B) = \min\{\text{Poss}(A), \text{Poss}(B)\}. \tag{5.63}$$

Ist $\pi_{(u,v)} \in I\!\!F(\mathcal{X} \times \mathcal{Y})$ *separabel* (s. (5.15)), dann sind diese unscharfen Ereignisse $A \in I\!\!F(\mathcal{X})$, $B \in I\!\!F(\mathcal{Y})$ *nicht-interaktiv*. Schließlich erhält man eine Art Bayesscher Formel

$$\text{Poss}(A|B) = \min\{\text{Poss}(B|A), \text{Poss}(A)\}, \tag{5.64}$$

für die Poss$(B|A)$ aus (5.17) zu bestimmen wäre, z. B. durch

$$\text{Poss}(B|A) = \sup_{x \in \mathcal{X}, y \in \mathcal{Y}} \pi(x|y). \tag{5.65}$$

Die bei der Erweiterung der Wahrscheinlichkeitsmaße verwendete Integraldarstellung (5.50) und die bei der Erweiterung des Possibilitätsmaßes verwendete Formel (5.60) spiegeln Vereinigungsoperationen wider, wie sie beim Übergang von einer Maßtheorie zu einer Integrationstheorie üblich sind.

Daher ging SUGENO (1974) von unscharfen Maßen zu unscharfen Integralen über, mit denen nicht nur eine Erweiterung unscharfer Maße auf $I\!\!F(\mathcal{X})$ erreicht werden kann. Obwohl SUGENO (1974,

1977) wesentliche Aussagen seiner Theorie für den „unscharf meßbaren" Raum $[\mathcal{X}, I\!A]$ zeigen konnte, wobei $I\!A$ eine bezüglich monotoner Mengenfolgenbildung abgeschlossene Teilmenge von $I\!P(\mathcal{X})$ ist, soll im folgenden, zur mathematischen Bequemlichkeit, ein *unscharfer Maßraum* $[\mathcal{X}, I\!B, Q]$ mit einer passenden σ-Algebra $I\!B$ über $\mathcal{X}$ zugrunde gelegt werden.

Sei nun $h : \mathcal{X} \to [0,1]$ eine $I\!B$-meßbare Funktion und $\mathcal{A} \in I\!P(\mathcal{X})$; dann ist die Sugenosche Definition eines *unscharfen Integrals* äquivalent mit

$$\fint_{\mathcal{A}} h(x) \circ Q(.) = \sup_{a \in [0,1]} \min\{\alpha, Q(\mathcal{A} \cap h^{\geq \alpha})\} \tag{5.66}$$

mit $h^{\geq \alpha} = \{x \in \mathcal{X} \mid h(x) \geq \alpha\}$. Die Beschränkung auf den Bildbereich $[0,1]$ für h ist wesentlich und dem Zweck angepaßt, unscharfe Maße für unscharfe Mengen einzuführen. Ein Abgehen hiervon wirkt künstlich (vgl. dazu KANDEL (1979), RALESCU (1982)). Gelegentlich gelingt es, auch für andere Probleme bei der Aufgabenformulierung, die zur scharfen Integration führen wird, die Funktion h so zu definieren, daß $[0,1]$ der natürliche oder ein passender Wertebereich ist.

Von den bekannten Eigenschaften der Integrale gelten, wegen der fehlenden Additivität des Maßes, in der Regel nur noch Monotonieaussagen, z. B. für $\mathcal{A} \in I\!B$

$$\forall x \in \mathcal{A} : h(x) \leq h'(x) \Rightarrow \fint_{\mathcal{A}} h(x) \circ Q(.) \leq \fint_{\mathcal{A}} h'(x) \circ Q(.) \tag{5.67}$$

und

$$\fint_{\mathcal{A}} \max\{h_1(x), h_2(x)\} \circ Q(.)$$
$$\geq \max\left\{ \fint_{\mathcal{A}} h_1(x) \circ Q(.), \fint_{\mathcal{A}} h_2(x) \circ Q(.) \right\} \tag{5.68}$$

(für das Minimum entsprechend).

Sei nun $m_{\mathcal{A}}$ die charakteristische Funktion von $\mathcal{A} \in I\!P(\mathcal{X})$, dann ist, wegen $(\mathcal{A} \cap (m_{\mathcal{A}})^{\geq \alpha}) = \mathcal{A}$ für alle $\alpha \in (0,1]$,

$$\fint_{\mathcal{A}} 1 \circ Q(.) = \fint_{\mathcal{X}} m_{\mathcal{A}}(x) \circ Q(.) = Q(\mathcal{A}) \tag{5.69}$$

und analog

$$\fint_{\mathcal{A}} h(x) \circ Q(.) = \fint_{\mathcal{X}} \min\{m_{\mathcal{A}}(x), h(x)\} \circ Q(.).\tag{5.70}$$

Ersetzt man $m_{\mathcal{A}}(x)$ durch die Zugehörigkeitsfunktion m_A einer unscharfen Menge $A \in I\!\!F(\mathcal{X})$, dann kann man (5.69) benutzen, um $Q(A)$ einzuführen, und (5.70), um die Integration über *unscharfe* Bereiche zu definieren.

Eine zu (5.67) und (5.68) analoge Monotonie zeigt das unscharfe Sugeno-Integral (5.66) auch bezüglich des Integrationsbereiches

$$\mathcal{A} \subseteq \mathcal{B} \quad \Rightarrow \quad \fint_{\mathcal{A}} h(x) \circ Q(.) \le \fint_{\mathcal{B}} h(x) \circ Q(.),\tag{5.71}$$

$$\fint_{\mathcal{A}\cup\mathcal{B}} h(x) \circ Q(.) \ge \max\left\{\fint_{\mathcal{A}} h(x) \circ Q(.), \fint_{\mathcal{B}} h(x) \circ Q(.)\right\}\tag{5.72}$$

(für das Minimum entsprechend).

Weitere Ergebnisse über unscharfe Integrale und insbesondere über das mathematisch interessante Problem der Vertauschbarkeit der Reihenfolge von Integration und anderen Grenzwertbildungen finden sich in SUGENO (1974). Lediglich ein Resultat soll hier erwähnt werden. Sei speziell P ein Wahrscheinlichkeitsmaß, dann lassen sich das scharfe und das unscharfe Integral bezüglich diese Maßes bilden, und es gilt

$$\left| \int_{\mathcal{X}} h(x)\mathrm{d}P(x) - \fint_{\mathcal{X}} h(x) \circ P(.) \right| \le 1/4.\tag{5.73}$$

Wegen der Analogie nennt man das unscharfe Integral auch *unscharfen Erwartungswert* von h.

Die Integrationstheorie im Sinne von SUGENO läßt sich, analog zum Vorgehen in der Wahrscheinlichkeitstheorie, zur Konzipierung einer Theorie bedingter unscharfer Maße benutzen. Sei $\Phi : \mathcal{X} \to \mathcal{Y}$ eine Abbildung des Grundbereiches $\mathcal{X}$ in den Grundbereich $\mathcal{Y}$ des meßbaren Raumes

$[\mathcal{Y}, I\!B^{\Phi}]$, dann sei Q^{Φ} das überpflanzte Maß für die $(I\!B, I\!B^{\Phi})$-meßbare Abbildung Φ in der üblichen Weise

$$\forall \mathcal{A} \in I\!B^{\Phi} : Q^{\Phi}(\mathcal{A}) = Q\Big(\Phi^{-1}(\mathcal{A})\Big) .$$

Führt man nun eine *Äquivalenz* unter allen meßbaren Funktionen über $[\mathcal{X}, I\!B, Q]$ ein durch die Beziehung

$$\forall \mathcal{A} \in I\!B : \fint_{\mathcal{A}} h(x) \circ Q(.) = \fint_{\mathcal{A}} h'(x) \circ Q(.),$$

dann läßt sich über $I\!B$ ein *bedingtes unscharfes Maß* $Q(.|\Phi = y)$ dadurch definieren, daß man für $Q(\mathcal{E}|\Phi = y)$ einen Repräsentanten in der Funktionenklasse aller derjenigen meßbaren Funktionen h wählt, die bezüglich Q äquivalent sind und der Bedingung

$$Q(\mathcal{E} \cap \Phi^{-1}(\mathcal{F})) = \fint_{\mathcal{F}} h(y) \circ Q^{\Phi}(.)$$

genügen, wobei

$$\Phi^{-1}(\mathcal{F}) = \{x \in \mathcal{X} | \Phi(x) \in \mathcal{F}, \mathcal{F} \subseteq \mathcal{Y}\}$$

zu nehmen ist. Dann verbindet $Q(.|\Phi = y)$ den Maßraum $[\mathcal{Y}, I\!B^{\Phi}, Q^{\Phi}]$ mit $[\mathcal{X}, I\!B, Q]$ anstelle von Φ. Selbst wenn zwei Maßräume dergestalt miteinander verknüpft sind, wird sich Φ nicht immer explizit angeben lassen. Man schreibt dann $Q(.|\Phi = y)$ als $Q_{\mathcal{X}}(.|y)$ und nennt es *bedingtes unscharfes Maß* von $\mathcal{Y}$ nach $\mathcal{X}$.

Der Zugang von SUGENO ist nicht die einzige Möglichkeit, Integrale bzw. unscharfe Maße zu definieren und diese für unscharfe Mengen zu verallgemeinern. Ein Beispiel ist die auf ZADEH (1968) zurückgehende Definition (5.51) für die Wahrscheinlichkeit einer unscharfen Menge, die nach (5.73) bis zu 1/4 von der analog zu (5.69) eingeführten Wahrscheinlichkeit abweichen kann.

Von der Vielzahl anderer Zugänge, die etwa WEBER (1984) anführt, sei im folgenden ein Vorschlag von SMETS (1981) vorgestellt, um Glaubwürdigkeitsgrade und Plausibilitätsgrade auf unscharfe Mengen zu verallgemeinern.

SMETS betrachtet die Menge $\mathcal{C}$ aller Wahrscheinlichkeitsmaße P auf $[\mathcal{X}, I\!B]$, die für einen gegebenen Glaubwürdigkeitsgrad Cr

und den zugehörigen Plausibilitätsgrad Pl (s. (5.64) und (5.65)) die
Bedingung erfüllen:

$$\forall \mathcal{A} \in I\!\!B : \; \mathrm{Cr}\,(\mathcal{A}) \leq \mathrm{Prob}\,(\mathcal{A}) \leq \mathrm{Pl}\,(\mathcal{A}). \tag{5.74}$$

Man nennt $\mathcal{C}$ die Menge der mit Cr *kompatiblen Wahrscheinlichkeitsmaße.*

Sei nun $f : \mathcal{X} \rightarrow I\!\!R$ eine Funktion, für die

$$\mathsf{E}(f, P) = \int\limits_{\mathcal{X}} f(x)\mathrm{d}P(x) \tag{5.75}$$

für alle $P \in \mathcal{C}$ existiert. Dann wird der *untere Erwartungswert*
durch

$$\mathsf{E}_* f = \inf_{P \in \mathcal{C}} \mathsf{E}(f, P) \tag{5.76}$$

und der *obere Erwartungswert* durch

$$\mathsf{E}^* f = \sup_{P \in \mathcal{C}} \mathsf{E}(f, P) \tag{5.77}$$

eingeführt. Praktikabler ist die äquivalente Darstellung über die
abgeleiteten Maße

$$\begin{aligned}
F^*(v) &= \mathrm{Pl}\,(\{x \in \mathcal{X} \mid f(x) \leq v\}), \\
F_*(v) &= \mathrm{Cr}\,(\{x \in \mathcal{X} \mid f(x) \leq v\})
\end{aligned} \tag{5.78}$$

durch

$$\mathsf{E}^*(f) = \int\limits_{-\infty}^{\infty} v\,\mathrm{d}F_*(v), \qquad \mathsf{E}_*(f) = \int\limits_{-\infty}^{\infty} v\,\mathrm{d}F^*(v), \tag{5.79}$$

an denen der Erwartungswertcharakter deutlich sichtbar ist.

SMETS (1981) schlägt nun vor, über

$$\mathrm{Cr}\,(A) = \mathsf{E}_*(m_A), \qquad \mathrm{Pl}\,(A) = \mathsf{E}^*(m_A) \tag{5.80}$$

Glaubwürdigkeitsgrad und Plausibilitätsgrad für unscharfe Mengen
A einzuführen und weist nach, daß Cr und Pl den entsprechenden Definitionsbedingungen genügen. Leider liefern die verschiedenen Zugänge *verschiedene* Ergebnisse. So erhält man für $\lambda > 0$ mit der Erweiterung nach SUGENO einen Glaubwürdigkeitsgrad

$\mathrm{Cr}_{\mathrm{Sugeno}}(A) = Q_\lambda(A)$, der vom soeben nach SMETS konstruierten im allgemeinen verschieden sein wird.

Die Bedeutung dieses Zugangs liegt besonders bei Maßräumen mit *endlicher* σ-Algebra $I\!B$. Analog zu den bedingten Wahrscheinlichkeiten lassen sich dann bedingte Glaubwürdigkeits- und Plausibilitätsgrade einführen. So ist z. B. der Glaubwürdigkeitsgrad von $\mathcal{A} \in I\!B$ unter der Bedingung, daß $\mathcal{B} \in I\!B$ „wahr" ist, gegeben durch

$$\mathrm{Cr}\,(\mathcal{A}|\mathcal{B}) = \big(\mathrm{Cr}\,(\mathcal{A} \cup \mathcal{B}^c) - \mathrm{Cr}\,(\mathcal{B}^c)\big)\big/\big(1 - \mathrm{Cr}\,(\mathcal{B}^c)\big) \qquad (5.81)$$

(s. SHAFER (1976)).

Analog zu (5.74) kann man eine Menge $\mathcal{D}$ von Wahrscheinlichkeitsmaßen P auf $[\mathcal{X}, I\!B]$ betrachten, für die gilt

$$\forall A \in I\!B : \mathrm{Nec}\,(A) \le P(A) \le \mathrm{Poss}\,(A)\,. \qquad (5.82)$$

Damit erhält man, wie in (5.79), obere und untere Erwartungswerte für Möglichkeits- und Notwendigkeitsmaße mit

$$\mathsf{E}^*(f) = \int\limits_{-\infty}^{\infty} r\,\mathrm{d}\,\mathrm{Nec}\,\{x \in \mathcal{X} \mid f(x) \le r\} \qquad (5.83)$$

und

$$\mathsf{E}^*(f) = \int\limits_{-\infty}^{\infty} r\,\mathrm{d}\,\mathrm{Poss}\,\{x \in \mathcal{X} \mid f(x) \le r\}\,, \qquad (5.84)$$

wobei Supremum und Infimum in (5.76) und (5.77) nun über alle $P \in \mathcal{D}$ zu nehmen sind (s. DUBOIS/PRADE (1985)).

Das Sugeno-Integral (5.66) läßt sich auch für Möglichkeitsmaße formulieren. In einem integraltheoretischen Zugang, sogar allgemein für vollständige Verbände und andere t-Normen im Integral, wird in gleicher Weise wie beim Lebesgue-Integral eine Theorie für Produktmaße und bedingte Maße auch im Falle der Möglichkeitsmaße aufgebaut bei DECOOMAN/KERRE/VANMASSENHOVE (1992). Dies erlaubt u. a. eine vereinheitlichte Darstellung der Möglichkeitstheorie.

5.3   Unschärfe und Wahrscheinlichkeit

Wurde die Wahrscheinlichkeitstheorie im Abschnitt 5.1 zum Ausgangspunkt für die Einführung unscharfer Maße gewählt und die Wahrscheinlichkeit als ein spezielles unscharfes Maß erkannt, sowie im Abschnitt 5.2 auf unscharfe Mengen erweitert, so ist damit die Interdependenz von Wahrscheinlichkeit und unscharfen Mengen noch längst nicht erschöpft.

Bei der Festlegung der Zugehörigkeitsfunktion spielen subjektive Einflüsse gelegentlich eine wesentliche Rolle. So werden verschiedene Experten Zugehörigkeitsfunktionen, eventuell sogar nur mit gewissen Unsicherheitsbereichen, spezifizieren. Um diese Variabilität zu erfassen, schlägt HIROTA (1981) vor, für jedes $x \in \mathcal{X}$ die Zugehörigkeit zur Menge A als Zufallsgröße $m_A(x, .) : \Omega \to [0,1]$ zu betrachten, d. h. $m_A : \mathcal{X} \times \Omega \to [0,1]$ definiert dann eine Zufallsgröße $\mathbf{M}(x)$ bezüglich eines Wahrscheinlichkeitsraumes $[\Omega, I\!\!B, P]$. Die so randomisierte Zugehörigkeitsfunktion $m_A(x, \omega)$ definiert eine sogenannte *probabilistische Menge A*.

Durchschnitt, Vereinigung und Komplementbildung von Mengen werden durch die *punktweise* Verknüpfung der Zugehörigkeitsfunktion realisiert. Sind die Zufallsgrößen $\mathbf{M}_A(x), \mathbf{M}_B(x)$ für verschiedene probabilistische Mengen A und B *unabhängig*, dann kann man sie leicht verknüpfen (vgl. YAGER (1984a), CZOGALA/HIROTA (1986)). Seien $F_A(z; x)$ und $F_B(z; x)$ die entsprechenden Verteilungsfunktionen, dann folgen bekanntlich

$$C = A \cup B \quad \Leftrightarrow \quad \mathbf{M}_C(x) = \max\{\mathbf{M}_A(x), \mathbf{M}_B(x)\}$$
$$\Leftrightarrow \quad F_C(z; x) = F_A(z; x) F_B(z; x) \,,$$

$$D = A \cap B \quad \Leftrightarrow \quad \mathbf{M}_D(x) = \min\{\mathbf{M}_A(x), \mathbf{M}_B(x)\}$$
$$\Leftrightarrow F_D(z; x) = F_A(z; x) + F_B(z; x) - F_A(z; x) F_B(z; x) \,.$$

Damit ist auch für diesen Typ unscharfer Mengen die praktische Behandelbarkeit gesichert.

Bis jetzt wurde die Wahrscheinlichkeit für unscharfe Mengen betrachtet. Andererseits kann die Wahrscheinlichkeit selbst als unscharfe Menge auftreten, z. B. in der Formulierung „die Zuverlässigkeit ist hoch", was man äquivalent in der Form „die Ausfall*wahr-*

scheinlichkeit in einem Zeitintervall gegebener Länge ist *klein*" ausdrücken kann. Sei die Ergebnismenge des Zufallsversuches *endlich*, etwa $\Omega = \{\omega_1, \ldots, \omega_n\}$, so ist lediglich ein Vektor unscharfer Mengen $(A(\omega_1), \ldots, A(\omega_n))$ über $[0,1]^n$ zu spezifizieren. Auch wenn die Wahrscheinlichkeiten unscharf sind, müssen sie Wahrscheinlichkeiten bleiben, d. h. das Ereignis, daß von den einander ausschließenden Ereignissen ω_i *eins* auftritt, muß sicher sein. Dies bedeutet aber für den Variablenvektor $(p_1, \ldots, p_n)$, wobei p_i die zu $A(\omega_i)$ gehörige Variable ist, die Erfüllung der scharfen Bedingung $p_1 + \cdots + p_n = 1$. Sei $R(A(\omega_i))$ die $A(\omega_i)$ entsprechende Relation, so erhält man die dem Vektor $(A(\omega_1), \ldots, A(\omega_n))$ entsprechende Relation durch

$$R\big(A(\omega_1), \ldots, A(\omega_n)\big) = R\big(A(\omega_1)\big) \otimes \cdots \otimes R\big(A(\omega_n)\big) \cap Q \,,$$

wobei Q die scharfe Relation

$$Q(p_1, \ldots, p_n) = 1 \quad \Leftrightarrow \quad p_1 + \cdots + p_n = 1 \tag{5.85}$$

bedeutet. Die Variablen sind also *interaktiv*. Man nennt $A(\omega_i)$ auch linguistische Wahrscheinlichkeiten (vgl. Abschnitt 4.4).

Die unscharfen Wahrscheinlichkeiten für jedes $\mathcal{B} \in I\!\!B$ erhält man dann durch die *interaktive Summe* S, d. h. die Summe unter Beachtung der Interaktivitätsbedingung Q gemäß (5.85), über das Erweiterungsprinzip als:

$$m_S(p; \mathcal{B}) = \sup_{\substack{p = \sum\limits_{i \in \mathcal{I}(\mathcal{B})} p_i \leq 1}} \min_{i \in \mathcal{I}(\mathcal{B})} m_A(p_i, \omega_i) \tag{5.86}$$

mit $\mathcal{I}(\mathcal{B}) = \big\{ i \in \{1, \ldots, n\} \mid \omega_i \in \mathcal{B} \big\}$. Dies kann seinerseits der Ausgangspunkt für die Bildung unscharfer Erwartungswerte sein, wenn eine Zufallsgröße $Y \colon \Omega \to I\!\!R$ eingeführt wird (vgl. DUBOIS/ PRADE (1980)).

Das Problem gestaltet sich wesentlich schwieriger, wenn die Grundmenge des Wahrscheinlichkeitsraumes keine endliche Menge ist, sondern z. B. ein Intervall. Die Verallgemeinerung kann auf zwei im allgemeinen nicht äquivalente Weisen geschehen. Wie aus der Theorie stochastischer Prozesse bekannt, kann man einmal die Menge der *Trajektorien* betrachten, d. h. hier ein *unscharfes Bündel* von Wahrscheinlichkeitsverteilungen

$\{P_a\}$, $a \in \mathcal{J}$; mit einer passenden Indexmenge $\mathcal{J}$, so daß gilt

$$\int_\Omega dP_a(\omega) = 1 \quad \text{für alle} \quad a \in \mathcal{J},$$

wobei die unscharfe Menge über $\mathcal{J}$ spezifiziert ist. Dies ist *nicht* äquivalent dem Zugang, der in dem oben beschriebenen endlichen Fall gewählt wurde. Ein Nachteil dieser Betrachtungsweise liegt in der möglichen Mehrdeutigkeit bei den festgelegten Zugehörigkeitswerten für die unscharfe Wahrscheinlichkeit eines unscharfen Ereignisses. Die unscharfe Wahrscheinlichkeitsverteilung ist also eine unscharfe Funktionenschar im Sinne von Abschnitt 2.2.

Wie ebenfalls aus der Theorie stochastischer Prozesse bekannt, kann der stochastische Prozeß als Familie von Zufallsgrößen, d. h. *punktweise* betrachtet werden. Dies führt auf unscharfe Funktionen, falls die unscharfen Mengen für jeden Punkt normalisiert sind (vgl. Abschnitt 2.2), sonst auf eine entsprechende Verallgemeinerung, und entspricht dem Zugang über linguistische Wahrscheinlichkeiten. Um zu sichern, daß man unscharfe Wahrscheinlichkeiten erhält, kann man verlangen (vgl. DU-BOIS/PRADE (1980)), daß für die Kernkurve $m_A(p_1; \omega) = 1$ gilt

$$\int_\Omega p_1(\omega)d\omega = 1.$$

Bei den bisherigen Überlegungen zur unscharfen Wahrscheinlichkeit waren die zufälligen Ereignisse selbst als scharf angenommen worden. Andererseits wird es in einigen Fällen vermutlich als wenig einsehbar empfunden werden, daß unscharfen Ereignissen scharfe Wahrscheinlichkeiten zugeordnet werden. So könnte man im Fall des Beispiels zum Alterungsprozeß von Bauteilen z. B. die Aussage erhalten, daß die Wahrscheinlichkeit für das Ereignis „Bauteil verschlissen" gerade 0,84 beträgt. Diese genaue Aussage kann als artifiziell empfunden werden, während man die Aussage „diese Wahrscheinlichkeit ist hoch" als der Unschärfe der Ausgangsannahmen gemäß ansehen würde. Es gibt mehrere theoretische Vorschläge, wie man zu sinnvollen unscharfen Wahrscheinlichkeiten für unscharfe Ereignisse kommt. Alle setzen jedoch, aus Gründen der Behandelbarkeit, eine *endliche* Grundmenge für den Wahrscheinlichkeitsraum voraus.

Seien B eine unscharfe Menge auf Ω mit der Zugehörigkeitsfunktion $m_B(\omega_i), i = 1, \ldots, n$ und $m_A(p_i, \omega_i)$ die Zugehörigkeitsfunktionen für die Komponenten des Vektors der unscharfen Wahrscheinlichkeiten $(A(\omega_1), \ldots, A(\omega_n))$. Dann erhält man als Erweiterung des Erwartungswertes

$$\sum_{i=1}^{n} m_B(\omega_i)p_i$$

analog zu (5.85) die unscharfe Wahrscheinlichkeit Prob (B) mit der Zugehörigkeitsfunktion $m_{\text{Prob}(B)}(p)$ gemäß dem Erweiterungsprinzip in der Form

$$m_{\text{Prob}(B)}(p) = \sup_{\omega \in \mathcal{W}} \min_i m_A(p_i, \omega_i) \, , \tag{5.87}$$

dabei ist

$$\mathcal{W} = \left\{ \omega = (\omega_1, \ldots, \omega_n) \,\middle|\, \sum_{i=1}^{n} m_B(\omega_i)p_i = p; \ \sum_{i=1}^{n} p_i = 1 \right\} .$$

Die Berechnung von $m_{\text{Prob}(B)}$ kann für $n > 2$ recht kompliziert sein. Sie ist äquivalent zur Lösung des Optimierungsproblems:

Maximiere z unter den Nebenbedingungen

$$m_A(p_i; \omega_i) \geq z, \quad i = 1, \ldots, n; \ \omega \in \mathcal{W} .$$

Demgegenüber nähert sich YAGER (1984a) dem Problem über die Betrachtung der α-Schnitte $B^{\geq\alpha}$. Dann wird die unscharfe Wahrscheinlichkeit als unscharfe Menge über den Wahrscheinlichkeiten $P(B^{\geq\alpha})$ der α-Schnitte als

$$\text{Prob}(B) \quad \text{mit} \quad m_{\text{Prob}(B)}(P(B^{\geq\alpha})) = \alpha \tag{5.88}$$

eingeführt. YAGER bemerkt, daß dies als „Wahrscheinlichkeit einer mindestens zum Grade α vorhandenen Befriedigung der Bedingung B" gedeutet werden kann. Hiervon ausgehend schlug KLEMENT (1982) vor, die Wahrscheinlichkeit über alle Werte $[0, 1]$ zu definieren, indem die Zwischenwerte jeweils den konstanten α-Wert des linken Intervallendes erhalten; diese wird mit $\text{Prob}^*(B)$ bezeichnet. Mit $\text{Prob}_*(B) = (\text{Prob}^*(B^c))^c$ erhält YAGER (1984a) schließlich

$$\text{Prob}(B) = \text{Prob}^*(B) \cap \text{Prob}_*(B) \tag{5.89}$$

als die gewünschte unscharfe Wahrscheinlichkeit. Wegen der Eigenschaften dieser Wahrscheinlichkeit vgl. YAGER (1984a).

Schließlich kann man die Situation betrachten, daß die unscharfen Mengen selbst *zufällige Objekte* sind, d. h. Werte sogenannter *zufälliger unscharfer Mengen* .

Für die Einschätzung des zufallbeeinflußten Verschleißgrades Z von Bauteilen mögen, z. B. *mehrere* Werte einer linguistischen Variablen u über $[0,100]$ zur Verfügung stehen: $A_1 = $ **stark verschlissen**, $A_2 = $ **mässig verschlissen**, . . ., $A_m = $ **unverschlissen**. Es seien die Wahrscheinlichkeiten

$$\text{Prob}\,(u = A_i) = p_i, \quad i = 1, \ldots, m, \tag{5.90}$$

bekannt. Wegen der Anzahl der möglichen Werte für Z spricht man von *diskreten* zufälligen unscharfen Mengen, dieser Fall wird im wesentlichen von NAHMIAS (1979) behandelt. Es kann z. B. der mittlere Verschlissenheitsgrad interessieren, d. h. der Erwartungswert

$$\mathsf{E}\,\mathsf{Z} = p_1 A_1 \oplus \cdots \oplus p_m A_m , \tag{5.91}$$

der gemäß dem Erweiterungsprinzip (2.105) zu berechnen ist:

$$m_{\mathsf{E}\,\mathsf{Z}}(z) = \sup_{\mathcal{Z}} \min_i m_{A_i}(x_i)$$

$$\text{mit} \quad \mathcal{Z} = \Big\{ (x_1, \ldots, x_n) \in [0, 100]^n \mid z = \sum_{i=1}^{n} p_i x_i \Big\} .$$

Im allgemeinen Fall geht man von einem Wahrscheinlichkeitsraum $[\Omega, I\!B, P]$ aus und definiert eine zufällige unscharfe Menge Z als Abbildung von Ω in eine Teilmenge $I\!F^*(\mathcal{X})$ von $I\!F(\mathcal{X})$, da man die Meßbarkeit von Z bezüglich einer geeigneten σ-Algebra der Bildmenge fordern muß. Dabei werden im wesentlichen zwei Zugänge betrachtet.

Beim Zugang nach PURI/RALESCU (1986) wird das Konzept der zufälligen Mengen auf euklidischen Räumen fuzzifiziert. Die Meßbarkeit der Abbildung Z wird erreicht, indem man fordert, daß jeder α-Schnitt $Z^{\geq \alpha}$ von Z eine zufällige Menge im wohldefinierten Sinne ist (s. dazu MATHERON (1975), STOYAN/KENDALL/MECKE (1987)). Speziell ist dies erfüllt, wenn als Elemente der σ-Algebra normalisierte unscharfe Mengen B betrachtet werden, deren Träger

supp (B) kompakt sind und für die m_B von oben halbstetig ist, so
daß die α-Schnitte für $\alpha \in (0,1]$ als kompakte zufällige Mengen
gefordert werden können.

In den von PURI/RALESCU (1986) inspirierten Arbeiten stehen theoretische Fragestellungen, wie Überlegungen zu vollständigen metrischen Räumen von zufälligen unscharfen Mengen, Konvergenzbegriffe und deren Anwendung in Grenzwertsätzen im Vordergrund. Für die Anwendungen ist interessant, daß die Deutung unscharfer Mengen (unscharfer Daten im Sinne von Kapitel 6) als Realisierungen von zufälligen unscharfen Mengen im Sinne von PURI/RALESCU (1986) Möglichkeiten eröffnet, Methoden der mathematischen Morphologie (s. SERRA (1982)), wie sie für scharfe Mengen in der Bildverarbeitung benutzt werden, auf unscharfe Mengen, d. h. Grautonbilder, zu übertragen. Zur Erosion und Dilation von Grautonbildern mit unscharfen Strukturelementen vgl. man GOETCHERIAN (1980) und BANDEMER/KRAUT/NÄTHER (1989), zu einem unscharfen Analogon des sogenannten Booleschen Modells (zufällige Körner um poissonverteilte „Keime") ALBRECHT (1991).

Erwähnenswert in diesem Zusammenhang ist, daß die Zugehörigkeitsfunktion einer nicht zufälligen Menge als sogenannter *Projektionsschatten* von zufälligen scharfen Mengen aufgefaßt werden kann (s. z. B. WANG/SANCHEZ (1982)). Genauer formuliert bedeutet dies, daß der Zugehörigkeitsgrad $m_A(x)$ als Wahrscheinlichkeit betrachtet werden kann, daß eine entsprechende zufällige Menge **S** den Punkt x überdeckt (Einpunktüberdeckungswahrscheinlichkeit):

$$m_A(x) = P(x \in \mathbf{S}) = \mathsf{E}m_\mathbf{S}(x) . \tag{5.92}$$

Auf der anderen Seite ist jede zufällige Menge **S** mit einer gewissen unscharfen Menge A verbunden (s. z. B. GOODMAN/NGUYEN (1985)). Diese Verbindung zwischen unscharfen und zufälligen Mengen kann bei der abgestuften Modellierung der Unsicherheit, Ungenauigkeit und Vagheit in einem konkreten Sachverhalt benutzt werden.

Eine etwas detailliertere Untersuchung in BANDEMER/NÄTHER (1992) zeigt folgende Möglichkeiten:

a) Man lasse alle Unschärfe bei der vorgegebenen Information A (dem Datum im Sinne von Kapitel 6) und modelliere diese als nichtzufällige (global-) unscharfe Menge mit m_A.

b) Man spalte alle Unschärfe von A ab und modelliere es als (total) zufällige scharfe Menge $\mathbf{S}$, deren Projektionsschatten m_A aus a) ist.

c) Empfehlenswert wird ein Mittelweg sein, bei dem ein Teil der Unschärfe von A abgespalten wird und als Zufall modelliert wird, wodurch eine (partiell) zufällige und (partiell) unscharfe Menge im Sinne von PURI/RALESCU entsteht (s. dazu NÄTHER (1990), BANDEMER/NÄTHER (1992)).

Beim Zugang nach KWAKERNAAK (1978) werden die Meßbarkeitsvoraussetzungen an die Zugehörigkeitsfunktion des Bildes gerichtet. Für alle $\omega \in \Omega$ soll $m_{Z(\omega)}$ stückweise stetig sein und für alle $\alpha \in (0,1)$ sollen durch

$$\inf[Z(\omega)]_\alpha =_{\text{def}} \inf\{x \in \mathcal{X} \mid m_{Z(\omega)}(x) \geq \alpha\} \tag{5.93}$$

und

$$\sup[Z(\omega)]_\alpha =_{\text{def}} \sup\{x \in \mathcal{X} \mid m_{Z(\omega)}(x) \geq \alpha\} \tag{5.94}$$

endliche Zufallsgrößen auf $(\Omega, I\!B, P)$ definiert werden, so daß für jedes $\omega \in \Omega$ gilt

$$\inf[Z(\omega)]_\alpha \in [Z(\omega)]_\alpha, \quad \sup[Z(\omega)]_\alpha \in [Z(\omega)]_\alpha. \tag{5.95}$$

Dieser Zugang hat eine fruchtbare Anwendung für den Fall gefunden, daß die Realisierung einer scharfen Zufallsgröße nur unscharf beobachtet werden kann (s. KRUSE/MEYER (1987)). Statt einer Zufallsgröße, dem Original $\mathbf{Y}: \Omega \to I\!R$, ist nur eine unscharfe Zufallsgröße, eine *unscharfe Vergröberung*,

$$\mathbf{Z} : \Omega \to I\!\!F(I\!R) \tag{5.96}$$

zugänglich. Bezeichne

$$I\!V = \{\mathbf{Y} : \Omega \to I\!R \mid \mathbf{Y} \text{ ist } (I\!B, I\!B^1)\text{-meßbar}\} \tag{5.97}$$

die Menge der möglichen Originale $\mathbf{Y}$. Sei nun $\mathbf{Z}$ eine *gegebene* unscharfe Zufallsgröße, deren Original $\mathbf{Y}$ unbekannt ist. Die Menge aller möglichen Originale für dieses $\mathbf{Z}$ ist eine unscharfe Menge über $I\!V$. Für jedes $\omega \in \Omega$ und jedes zugehörige Original $\mathbf{Y}$ muß gelten

$$Y(\omega) \in Z(\omega). \tag{5.98}$$

Da $Z(\omega)$ eine unscharfe Menge über $I\!R$ mit der Zugehörigkeits-funktion $m_{Z(\omega)}$ ist, wird die Aussage (5.98) für jedes $\omega \in \Omega$ durch $m_{Z(\omega)}(Y(\omega))$ bewertet, und für alle $\omega \in \Omega$ ist

$$m_Z(\mathbf{Y}) = \inf_{\omega} m_{Z(\omega)}(Y(\omega)) \qquad (5.99)$$

der Zugehörigkeitswert von $\mathbf{Y}$ über $I\!\!V$ zum gegebenen $\mathbf{Z}$.

Läßt sich die Menge der in Frage kommenden Originale para-metrisieren, z. B. die Annahme eines bestimmten Verteilungstyps, so erhält man aus (5.99) eine unscharfe Menge über der Parame-termenge. Über das Erweiterungsprinzip lassen sich dann alle in der Wahrscheinlichkeitstheorie üblichen Ableitungen fuzzifizieren. Dies funktioniert, wie gewöhnlich vorausgesetzt, am besten, wenn die Realisierungen unscharfe Zahlen oder Intervalle sind. Für eine Statistik mit unscharfen Beobachtungen Z_i dieser Art, gegeben über ihre Zugehörigkeitsfunktionen m_i werden diese „in geeigneter Weise" zu einer unscharfen Stichprobe S mit Zugehörigkeitsfunktion m_S aggregiert. Empfohlen werden bei VIERTL (1990) Multiplikation oder Minimumbildung, wobei jede der beiden Möglichkeiten motivierbar ist. Mit dieser unscharfen Sichprobe S lassen sich die traditionellen Schätz- und Testprinzipien mit dem Erweiterungsprinzip auf den unscharfen Fall übertragen. Sei $I\!R^n$ der übliche scharfe Stichpro-benraum und $\hat{\Theta} : I\!R^n \to \Theta$ eine übliche Punktschätzung. Dann erhält man eine *unscharfe Punktschätzung* $D \in F(\Theta)$ nach dem Erweiterungsprinzip durch

$$m_D(\theta) = \sup_{\hat{\Theta}(x)=\theta} m_S(x)\,, \qquad (5.100)$$

die die Unschärfe der Beobachtungen erfaßt und in der Schätzung widerspiegelt. Dieser Zugang läßt sich sogar für Konfidenzbereiche praktizieren. Sei $K(x) \subseteq \Theta$ ein Konfidenzbereich zum Konfidenzni-veau $1 - \alpha$, dann liefert

$$m_{Kf}(\theta) = \sup_{\theta \in K(x)} m_S(x) \qquad (5.101)$$

einen *unscharfen Konfidenzbereich*.

Dieses Konzept läßt sich auf statistische Tests, die Korrelations-und Regressionsanalyse, sowie den Bayesschen Zugang ausdehnen, vgl. VIERTL (1990, 1992).

Voraussetzung bleibt dabei natürlich, daß die Unschärfe nur und allein bei der Beobachtung der Realisierung einer ansonsten scharfen Zufallsgröße entsteht. Die Theorie zu unscharfen Zufallsgrößen dieses Typs ist bereits bis zu Grenzwertsätzen gediehen (s. dazu MIYAKOSHI/SHIMBO (1984), MEYER (1987), KRUSE/MEYER (1987)).

5.4   Einige Anwendungen

Das Konzept der unscharfen Maße und der Verbindung von Unschärfe und Zufälligkeit hat auf verschiedenen Gebieten eine fruchtbare Anwendung gefunden. Dabei haben sich einige dieser Anwendungen ihrerseits bereits wieder zu Konzepten und Theorien entwickelt. Im folgenden sollen einige dieser Ansätze vorgestellt werden.

Bei der *Diagnose*, z. B. in der Medizin, jedoch nicht nur dort, hat man die verfügbare Information (die Symptome) $x \in \mathcal{X}$ gewissen Sachverhalten $d \in \mathcal{D}$ über eine Beschreibung (die Diagnose) zuzuordnen, die ihrerseits zur Grundlage von Entscheidungen (der Therapie) dienen soll. Die Zuordnung der Information zu den Sachverhalten ist jedoch nicht eindeutig möglich. In der Wahrscheinlichkeitstheorie behandelt man dieses Problem dadurch, daß man die Wahrscheinlichkeiten Prob $(x|d)$ dafür spezifiziert, daß ein Symptom x beim Sachverhalt d auftritt. Hat man dazu noch eine a-priori-Verteilung mit Prob (d), $d \in \mathcal{D}$, über die Sachverhalte, dann erhält man a-posteriori-Wahrscheinlichkeiten Prob $(d|x)$ dafür, daß der Sachverhalt d vorliegt, wenn Symptom x beobachtet wird, über die Bayessche Formel, z. B. im endlichen Fall

$$\text{Prob}\,(d|x) = \frac{\text{Prob}\,(x|d)\text{Prob}\,(d)}{\sum\limits_{d' \in \mathcal{D}} \text{Prob}\,(x|d')\text{Prob}\,(d')}\,. \tag{5.102}$$

Eine *Diagnose* ist eine (verbale) Beschreibung des Sachverhaltes und läßt sich daher als *unscharfe Menge B* über dem Grundbereich $\mathcal{D}$ der Sachverhalte beschreiben, d. h. durch eine Zugehörigkeitsfunktion m_B. Entsprechend der Definition der Wahrscheinlichkeit einer unscharfen Menge gemäß (5.52) ergibt sich die Wahrscheinlichkeit für die Diagnose B, falls x beobachtet wird, aus (5.102) zu

$$\text{Prob}\,(B|x) = \sum_{d \in \mathcal{D}} m_B(d)\text{Prob}\,(d|x)\,. \tag{5.103}$$

Bei der Spezifizierung der Wahrscheinlichkeiten stößt man gelegentlich auf Schwierigkeiten: Die Menge der Sachverhalte entspricht nicht dem sicheren Ereignis, wie für (5.52) notwendig, die Summe der Wahrscheinlichkeiten für gewisse komplementäre Ereignisse kann aus sachlichen Erwägungen gar nicht gleich 1 sein. Das liegt daran, daß die Wahrscheinlichkeiten hier eigentlich gar keinen Zufallsmechanismus beschreiben, sondern fachwissenschaftliche Einschätzungen aus einem Expertenwissen sind.

Daher schlug SMETS (1981a) vor, den Zusammenhang von Sachverhalt und Symptomen über die Spezifizierung von *Glaubwürdigkeitsgraden* zu modellieren. Dazu werden zuerst, in den als *endlich* angenommenen Grundbereichen, Herdmengen und grundlegende Wahrscheinlichkeitszuweisungen $p_\mathcal{X}(\cdot; d)$ und $p_\mathcal{D}(\cdot; x)$ im Sinne von (5.38) und (5.39) in Abhängigkeit von den Elementen des jeweils anderen Grundbereiches spezifiziert. So ist gemäß (5.43)

$$\text{Cr}_\mathcal{X}(\mathcal{A}; d) = \sum_{\mathcal{A}_h \subseteq \mathcal{A}} p_\mathcal{X}(\mathcal{A}_h; d) \tag{5.104}$$

der Glaubwürdigkeitsgrad für $\mathcal{A} \in \mathbb{P}(\mathcal{X})$, falls der Sachverhalt $d \in \mathcal{D}$ vorliegt. Die Summe braucht bekanntlich nur über alle Herdmengen $\mathcal{A}_h \in \text{supp}\,p_\mathcal{X}(\cdot; d)$ (d. h. mit $p_\mathcal{X}(\mathcal{A}_h; d) > 0$) erstreckt zu werden, für die $\mathcal{A}_h \subseteq \mathcal{A}$ gilt. Nimmt man der Einfachheit halber an, daß der a-priori-Glaubwürdigkeitsgrad über die Sachverhalte die totale Unkenntnis („Ahnungslosigkeit") ausdrückt, d. h. $p_\mathcal{D}(\mathcal{D}) = 1$ und $p_\mathcal{D}(\mathcal{B}) = 0$ für alle $\mathcal{B} \in \mathbb{P}(\mathcal{D})$ mit $\mathcal{B} \neq \mathcal{D}$, dann wird der a-posteriori-Glaubwürdigkeitsgrad für $\mathcal{B} \in \mathbb{P}(\mathcal{D})$, falls ein Element x aus $\mathcal{A} \in \mathbb{P}(\mathcal{X})$ beobachtet wurde (s. SMETS (1978, 1992)):

$$\text{Cr}_{\mathcal{D}|\mathcal{X}:0}(\mathcal{B}; \mathcal{A}) = \Big(\sum_{d \in \mathcal{B}^c} \text{Cr}_\mathcal{X}(\mathcal{A}^c; d) - a \Big)/(1 - a) \tag{5.105}$$

mit

$$a = \prod_{d \in \mathcal{D}} \text{Cr}_\mathcal{X}(\mathcal{A}^c; d)\,, \tag{5.106}$$

wobei $\mathcal{X}$:0 im Index von Cr andeuten soll, daß totale Unkenntnis über $\mathcal{D}$ vorausgesetzt wird. SMETS (1981a) empfiehlt im Falle eines *informativen*, d. h. von der Ahnungslosigkeit abweichenden, a-priori-Glaubwürdigkeitsgrades Cr $_{\mathcal{D}}$, diesen über die Regel von Dempster (5.109) (vgl. DEMPSTER (1967)) mit Cr $_{\mathcal{D}|\mathcal{X}:0}$ gemäß (5.105) zu verknüpfen.

Diese Verknüpfung, mit $p_1 \cap p_2$ abgekürzt, führt zwei grundlegende Wahrscheinlichkeitszuweisungen über der gleichen Potenzmenge zusammen, wobei unterschiedliche direkte oder indirekte Zuweisungen, sogenannte *Konflikte*, an gewisse Mengen zu einem gewissen Grade ausgeglichen werden. Die Anwendung der Dempster-Regel ist also problematisch, wenn diese Konflikte sehr stark sind. Zur Vorstellung der Regel ist ein Zwischenschritt nützlich. Wir betrachten für alle $\mathcal{A} \in I\!\!P(\mathcal{U})$

$$p_1 \cdot p_2(\mathcal{A}) = \sum_{\mathcal{B} \cap \mathcal{C} = \mathcal{A}} p_1(\mathcal{B}) \cdot p_2(\mathcal{C}) \,. \tag{5.107}$$

Dieses Produkt ist kommutativ und assoziativ, die Wahrscheinlichkeitszuweisungen des Produktes liegen wieder in [0,1], aber die Summe über alle $\mathcal{A} \in I\!\!P(\mathcal{U})$ kann kleiner als 1 ausfallen. Die Wahrscheinlichkeitszuweisung an die leere Menge $\emptyset$ kann positiv sein:

$$p_1 \cdot p_2(\emptyset) > 0 \,. \tag{5.108}$$

Dies widerspiegelt den Konflikt zwischen den beiden Zuweisungen p_1 und p_2. Wenn der Fall des totalen Konfliktes $p_1 \cdot p_2(\emptyset) = 1$ sinnvollerweise ausgeschlossen wird, dann läßt sich durch eine Renormierung von $p_1 \cdot p_2$ eine konfliktausgleichende grundlegende Wahrscheinlichkeitszuweisung für alle $\mathcal{A} \neq \emptyset$ erzeugen:

$$p_1 \cap p_2(\mathcal{A}) = \frac{p_1 \cdot p_2(\mathcal{A})}{1 - p_1 \cdot p_2(\emptyset)} \,. \tag{5.109}$$

Dies ist die Dempster-Regel (s. DEMPSTER (1967), DUBOIS/PRADE (1985)).

Sei $p_{\mathcal{D}}$ die grundlegende Wahrscheinlichkeitszuweisung für Cr $_{\mathcal{D}}$ und $p_{\mathcal{D}|\mathcal{X}:0}$ die zu Cr $_{\mathcal{D}|\mathcal{X}:0}$ gemäß (5.105), d. h. zum Fall der Ahnungslosigkeit gehörige a-posteriori-grundlegende Wahrscheinlichkeitszuweisung, dann ergibt sich mit dieser Regel die a-posteriori-grundlegende Wahrscheinlichkeitszuweisung für den informativen

Fall zu

$$p_{\mathcal{D}|\mathcal{X}}(\mathcal{B};\mathcal{A}) = \sum_{\substack{\mathcal{G}\in\text{supp }p_{\mathcal{D}|\mathcal{X}:0} \\ \mathcal{C}\in\text{supp }p_{\mathcal{D}} \\ \mathcal{C}\cap\mathcal{G}=\mathcal{B}}} p_{\mathcal{D}|\mathcal{X}:0}(\mathcal{G};\mathcal{A})p_{\mathcal{D}}(\mathcal{C})/k \qquad (5.110)$$

mit

$$k = 1 - \sum_{\mathcal{G}\cap\mathcal{C}=\emptyset} p_{\mathcal{D}|\mathcal{X}:0}(\mathcal{G};\mathcal{A})p_{\mathcal{D}}(\mathcal{C}) \qquad (5.111)$$

und mit $\mathcal{G}$ und $\mathcal{C}$ wie in (5.110). Man kann also $1 - k$ als den Widerspruch zwischen dem a-priori- und dem „ahnungslosen" a-posteriori-Glaubwürdigkeitsgrad deuten.

Für *unendliche* Grundbereiche wird von SMETS (1981a) empfohlen, eine Verknüpfungsregel von SHAFER (1976) für den Plausibilitätsgrad anzuwenden:

$$\text{Pl}_{\mathcal{D}}(\mathcal{B};\mathcal{A}) = \sup_{d\in\mathcal{B}} \text{Pl}_{\mathcal{X}}(\mathcal{A};d)/\sup_{d\in\mathcal{D}} \text{Pl}_{\mathcal{X}}(\mathcal{A};d), \qquad (5.112)$$

aus der man den Glaubwürdigkeitsgrad Cr gemäß (5.44) erhalten kann. Die (5.103) entsprechende Formel für die Glaubwürdigkeit einer *unscharfen* Diagnose B mit Zugehörigkeitsfunktion m_B über $\mathcal{D}$, falls $x \in \mathcal{A}$ beobachtet wurde, erhält man dann gemäß (5.76) und (5.77), also z. B.

$$\text{Cr}_{\mathcal{D}|\mathcal{X}}(B|\mathcal{A}) = \mathsf{E}_*(m_B|\mathcal{A}), \qquad (5.113)$$

wobei die Bedingung $|\mathcal{A}$ in die Formel (5.74) aufzunehmen ist, die den Ausgangspunkt für die Bildung von E_* darstellt.

Mit seiner Theorie der unscharfen Maße und Integrale gelingt es SUGENO (1974), ein unscharfes Analogon zur statistischen Entscheidungstheorie aufzubauen. Ausgangspunkt ist wie dort eine gegebene Menge von *Naturzuständen* $z \in \mathcal{Z}$ und eine Menge von *Entscheidungen* $a \in \mathcal{A}$. Jedoch wird, statt eine *Verlustfunktion* $L : \mathcal{Z} \times \mathcal{A} \to \mathbb{R}^+$ anzugeben, nun eine Zugehörigkeitsfunktion $l : \mathcal{Z} \times \mathcal{A} \to [0,1]$ spezifiziert, die den *Grad des Verlustes* bedeutet, wenn die Entscheidung a beim Naturzustand z getroffen wird. Die Stelle der Wahrscheinlichkeitsverteilung mit Prob$(x|z)$ der *Versuchsergebnisse* $x \in \mathcal{X}$, falls der Naturzustand z vorliegt, übernimmt nun ein bedingtes unscharfes Maß $S_{\mathcal{X}}(\cdot|z)$ und die Rolle der a-priori-Verteilung mit Prob (z) das unscharfe Maß $Q_Z(\cdot)$.

Für den Fall, daß eine Entscheidung ohne Beobachtung in $\mathcal{X}$ getroffen werden muß, betrachtet SUGENO den unscharfen Erwartungswert bezüglich a

$$\mathsf{E}_F l(a) = \fint_Z l(z,a) \circ Q_Z(\cdot)\,. \tag{5.114}$$

Da er den Verlust als unscharfe Menge eingeführt hat, hält es SUGENO für zweifelhaft, ob eine zum statistischen Vorgehen analoge Wahl einer scharfen Entscheidung mit

$$\mathsf{E}_F l(a^*) = \inf_{a \in \mathcal{A}} \mathsf{E}_F l(a) \tag{5.115}$$

sinnvoll ist und empfiehlt eine *unscharfe* Entscheidung B mit $m_B :$ $\mathcal{A} \to [0,1]$, ein gewisses Analogon zur randomisierten Entscheidung.

Dazu erweitert er die „Verlustfunktion" l zu einer *Mengenfunktion* über $I\!\!F(\mathcal{A})$, d. h. für alle $B \in I\!\!F(\mathcal{A})$ soll

$$1 - l(z, B) = \max_{a \in \mathcal{A}} \min\{m_B(a), 1 - l(z,a)\} \tag{5.116}$$

gelten, und empfiehlt als unscharfe Entscheidung A^* die zur Zugehörigkeitsfunktion

$$m_{A^*}(a) = \fint_Z (1 - l(z,a)) \circ Q_Z(\cdot) \tag{5.117}$$

gehörende unscharfe Menge. Betrachtet man $1 - l$ als „Gewinn", dann stellt $m_{A^*}(a)$ die Gewinnerwartung bei der Entscheidung a dar. Der Zugehörigkeitswert ist hoch, wenn diese Erwartung hoch ist, man nennt A^* daher *vermutlich-gut*. Mit der Definition (5.116) kann man zeigen, daß entsprechend SUGENO (1974) gilt

$$\fint_Z \Big(1 - l(z, A^*)\Big) \circ Q_Z = \max_{a \in \mathcal{A}} \fint_Z \Big(1 - l(z,a)\Big) \circ Q_Z\,, \tag{5.118}$$

ein Analogon zur Aussage über optimale randomisierte Entscheidungen.

Hat man die Möglichkeit, vor der Entscheidung zu beobachten, so gilt es eine Strategie $t : \mathcal{X} \to \mathcal{A}$ zu wählen. Analog zum Bayesschen Risiko hat man die unscharfe Erwartung

$$\mathsf{E}_F l(t) = \int\limits_{\mathcal{Z}} \left[\int\limits_{\mathcal{X}} l(z, t(x)) \circ S_{\mathcal{X}}(\cdot|z) \right] \circ Q_{\mathcal{Z}}(\cdot) . \qquad (5.119)$$

Eine *unscharfe Strategie* T ist nun entsprechend durch ihre Zugehörigkeitsfunktion $m_T(x, a)$ gegeben, aus der die unscharfe Entscheidung für gegebenes x durch den Schnitt

$$m_{T(x)}(a) = m_T(x, a) \qquad (5.120)$$

erhalten wird. Entsprechende Überlegungen wie bei dem Entscheidungsfall ohne Beobachtung führen zur *vermutlich-guten* Strategie T^* mit der Zugehörigkeitsfunktion

$$m_{T^*}(x, a) = \int\limits_{\mathcal{Z}} (1 - l(z, a)) \circ S_{\mathcal{Z}}(\cdot|x) , \qquad (5.121)$$

wobei $S_{\mathcal{Z}}(\cdot|x)$ nun das bedingte a-posteriori unscharfe Maß auf $\mathcal{Z}$ nach Beobachtung von x darstellt. Diese Maß wird aus den entsprechenden Analoga zur Bayesschen Formel

$$\int\limits_{\mathcal{F}} S_{\mathcal{X}}(\mathcal{E}|z) \circ Q_{\mathcal{Z}}(\cdot) = \int\limits_{\mathcal{E}} S_{\mathcal{Z}}(\mathcal{F}|x) \circ Q_{\mathcal{X}}(\cdot) \qquad (5.122)$$

(für alle $\mathcal{F}$ und $\mathcal{E}$ aus den entsprechenden σ-Algebren $I\!\!B_{\mathcal{Z}}$ und $I\!\!B_{\mathcal{X}}$) und zur Formel über die totale Wahrscheinlichkeit

$$Q_{\mathcal{X}}(\cdot) = \int\limits_{\mathcal{Z}} S_{\mathcal{X}}(\cdot|z) \circ Q_{\mathcal{Z}}(\cdot) \qquad (5.123)$$

gewonnen. (Zur Herleitung von (5.122) und (5.123) vgl. man Sugeno (1974).)

Es gilt dann eine (5.118) entsprechende Aussage

$$\int\limits_{\mathcal{X}} \left[\int\limits_{\mathcal{Z}} (1 - l(z, T^*(x)) \circ S_{\mathcal{Z}}(\cdot|x) \right] \circ Q_{\mathcal{X}}(\cdot)$$

$$= \int\limits_{\mathcal{X}} \left[\max_{a \in \mathcal{A}} \int\limits_{\mathcal{Z}} (1 - l(z, a)) \circ S_{\mathcal{Z}}(\cdot|x) \right] \circ Q_{\mathcal{X}}(\cdot) , \qquad (5.124)$$

die die Wahl von $T^*(x)$ als „optimale" Strategie begründet. Anwendung auf praktische Fälle, die einer statistischen Behandlung
nicht zugänglich sind, da sie von subjektiven Bewertungen ausgehen müssen, werden in SUGENO (1974) dargestellt.

Unabhängig von dem Entscheidungsmodell verwenden SUGENO/
TERANO (1977) das a-posteriori-Konzept der bedingten unscharfen
Maße für ein *Lernmodell.* Dazu wird $\mathcal{Z}$ als Menge von Ursachen
gedeutet, für die ein a-priori-Maß $Q_{\mathcal{Z}}$ gegeben ist, das unter der Be-
obachtung x mit dem gegebenen bedingten unscharfen Maß $S_{\mathcal{X}}(\cdot|z)$
zum *a-posteriori*-bedingten Maß $S_{\mathcal{Z}}(.|x)$ zu aktualisieren ist, das für
den nächsten Beobachtungsschritt wieder als a-priori-Maß verwen-
det wird. Bei unscharfen Beobachtungen A über $\mathcal{X}$ sind die Maße
ausgehend von (5.69) auf unscharfe Mengen zu erweitern.

Schließlich sei erwähnt, daß sich mit dem unscharfen Erwartungswert

$$E_F A = \oint_{\mathcal{X}} m_A(x) \circ Q(\cdot) \tag{5.125}$$

ein System von Kenngrößen für unscharfe Beobachtungen A bez.
eines vorgefaßten Maßes Q entwickeln läßt, das gewisse Analogien
zu Kenngrößen der beschreibenden Statistik (Mittelwert, Median)
aufweist und daher von KANDEL (1986) als „unscharfe Statistik"
bezeichnet wird.

Bei der Anwendung der Theorie der Differentialgleichungen auf praktische Probleme wird sehr häufig die Bedeutung der Ergebnisse dadurch
gemindert, daß man für die Bestimmung der Lösung annehmen muß, daß
z. B. die Koeffizienten und Randwerte *genau* bekannt sein müssen. Dies
hat zur Entwicklung einer Theorie geführt, in der angenommen wird, daß
diese Koeffizienten oder Randwerte gewissen Wahrscheinlichkeitsverteilungen genügen. Jedoch sind für den konkreten Anwendungsfall häufig
nur ungenaue „Beobachtungen" über die vorliegende Realisierungen der
entsprechenden Zufallsgrößen verfügbar, z. B. nur Expertenschätzungen
mit entsprechenden Ungenauigkeitseinschätzungen. Auch in diesem Fall
kann der Erwartungswert der Lösung *scharf geschätzt* werden, wie am
folgenden Beispiel deutlich werden soll.

Sei ein Parameter v, der einer Verteilung P auf $\mathcal{V}$ genügt, und eine
Differentialgleichung mit

$$dy/dx + q_1(v)y = q_2(v), \quad q_1(v) > 0 \text{ für alle } v \in \mathcal{V} \tag{5.126}$$

gegeben, deren Koeffizienten q_1, q_2 als Funktionen von v bekannt sind. Die allgemeine Lösung von (5.126) lautet

$$y(x, v) = c \, \exp\{-q_1(v)x\} + q_2(v)/q_1(v) \qquad (5.127)$$

und für den (scharfen) Anfangswert $y(0) = 0$ speziell

$$y(x, v) = \big(q_2(v)/q_1(v)\big)\big[1 - \exp\{-q_1(v)\}\big] . \qquad (5.128)$$

Sei nun für v als Beobachtung eine normierte unscharfe Menge V bekannt, dann läßt sich für die Lösung in diesem Fall die (5.52) entsprechende Lösung angeben:

$$\mathsf{E}_P y(x; V) = \int\limits_V \left(\frac{q_2(v)}{q_1(v)}\right)\big[1 - \exp\{-q_1(v)\}\big]m_V(v)\mathrm{d}P(v) . \qquad (5.129)$$

Weitere Beispiele finden sich bei KANDEL (1986). Dieser Zugang hat vor allem Bedeutung für Probleme der *unscharfen Steuerung* von Prozessen.

5.5 Unschärfemaße

Während nach der Spezifizierung einer unscharfen Menge A für jedes Element x des Grundbereiches $\mathcal{X}$ die *lokale* Unschärfe $m_A(x)$ gegeben ist, zur Menge A zu gehören, so ist damit noch nichts über die *globale* Unschärfe der Menge ausgesagt: die globale Einschätzung nämlich, wie unscharf die Menge als Ganzes festgelegt wurde. Für die Wahl von Mengenfunktionen zur Bewertung dieser globalen Unschärfe sind im wesentlichen *drei* Zugänge bekannt, die sich darin unterscheiden, (a) welches Mengensystem den *Bezugspunkt* der Bewertung abgeben soll; (b) welche Mengen als *unschärfste* angesehen werden sollen; (c) wie die Mengen bzw. ihre Unschärfe *vergleichbar* sein sollen. Außerdem muß bei der Konstruktion und den Eigenschaften der Mengenfunktionen wegen der einzusetzenden mathematischen Mittel und Methoden der Fall eines *endlichen* von dem eines *nichtendlichen* Grundbereiches unterschieden werden.

Als sogenanntes *Entropiemaß* (im Sinne von DELUCA/TERMINI (1979)) soll das Unschärfemaß F die *Abweichung vom Typ der scharfen Menge* angeben (a). Alle scharfen Mengen erhalten daher einen gemeinsamen festen Wert, o.B.d.A. den Wert Null:

$$m_A : \mathcal{X} \to \{0, 1\} \quad \Rightarrow \quad F(A) = 0 . \qquad (5.130)$$

Als *unschärfste Menge* (b) soll diejenige angesehen werden, bei der für *jedes* Element $x \in \mathcal{X}$ die Zugehörigkeit und die Nichtzugehörigkeit gleichgradig möglich ist:

$$U = X^{[1/2]} \quad \Rightarrow \quad F(U) = \max .$$ (5.131)

Schließlich soll eine unscharfe Menge A *von geringerer Unschärfe* als eine unscharfe Menge B sein (c), wenn A mit ihren Zugehörigkeitswerten *näher* an den Werten $\{0,1\}$ der vollen Zugehörigkeit bzw. Nichtzugehörigkeit liegt als B. Man nennt in diesem Falle A auch eine *Verschärfung* von B und schreibt $A \preceq B$ dafür, definiert also

$$A \preceq B =_{\text{def}} \begin{cases} m_A(x) \leq m_B(x) & \text{falls} \quad m_B(x) < 1/2 \\ m_A(x) \geq m_B(x) & \text{falls} \quad m_B(x) > 1/2 \end{cases}$$ (5.132)

und fordert damit dann

$$A \preceq B \quad \Rightarrow \quad F(A) \leq F(B) .$$ (5.133)

Bei seinen Überlegungen zur Konstruktion von Mengenfunktionen, die (5.130) bis (5.133) erfüllen, ging YAGER (1979/80) davon aus, daß für *echt unscharfe* Mengen der Durchschnitt $C = A \cap A^c$ von der leeren unscharfen Menge $\emptyset$ verschieden ist, während für scharfe Mengen bekanntlich $A \cap A^c = \emptyset$ gilt. Daher ist z. B. $\text{card}(C)$ als Unschärfemaß für A geeignet. Mit

$$\begin{aligned} m_C(x) &= \min\{m_A(x), 1 - m_A(x)\} \\ &= \frac{1}{2}\Big(m_A(x) + \big(1 - m_A(x)\big) - \big|m_A(x) - \big(1 - m_A(x)\big)\big|\Big) \\ &= \frac{1}{2}\Big(1 - \big|m_A(x) - \big(1 - m_A(x)\big)\big|\Big) \end{aligned}$$ (5.134)

erhält man für *endliches* $\mathcal{X}$

$$\text{card}(C) = \frac{1}{2} \sum_{x \in \mathcal{X}} \Big(1 - \big|m_A(x) - \big(1 - m_A(x)\big)\big|\Big) .$$ (5.135)

Nach Division durch die Konstante $(1/2)\text{card}\,\mathcal{X}$ erhält man das auf den Maximalwert 1 normierte Entropiemaß (auch *Unschärfeindex* genannt)

$$F_{11}(A) = 1 - \sum_{x \in \mathcal{X}} \big|m_A(x) - \big(1 - m_A(x)\big)\big| \Big/ \text{card}\,\mathcal{X} .$$ (5.136)

Die Summe in (5.136) läßt sich als *Abstand* der beiden Mengen A und A^c deuten, man nennt ihn den Hamming-Abstand $\varrho_1(A, A^c)$ und schreibt

$$F_{11} = 1 - \varrho_1(A, A^c)/\text{card}\,\mathcal{X} . \tag{5.137}$$

Man könnte z. B. auch den entsprechenden Euklid-Abstand

$$\varrho_2(A, A^c) = \Big(\sum_{x \in \mathcal{X}} \big(m_A(x) - (1 - m_A(x))\big)^2 \Big)^{1/2} \tag{5.138}$$

verwenden oder allgemeiner einen Abstand ϱ_p, der eine Potenz p an Stelle von 2 zur Abstandsmessung enthält.
Da andererseits für den $(1/2)$-Schnitt $A^{\geq 1/2}$

$$\min\{m_A(x), 1 - m_A(x)\} = |m_A(x) - m_{A^{\geq 1/2}}(x)| \tag{5.139}$$

gilt, erhält man mit

$$F_{11} = 2 \cdot \varrho_1(A, A^{\geq 1/2})/\text{card}\,\mathcal{X} \tag{5.140}$$

eine äquivalente Darstellung von (5.137).
Weiterhin könnte man als Unschärfemaß auch ein Analogon zur Shannonschen Entropie für unscharfe Mengen verwenden

$$F_{12} = -c \sum_{x \in \mathcal{X}} \Big(m_A(x) \ln m_A(x) - $$
$$(1 - m_A(x)) \ln (1 - m_A(x)) \Big), \tag{5.141}$$

was DELUCA/TERMINI (1979) zur Namensgebung veranlaßt hat.
Schließlich sei auf das sehr einfache Unschärfemaß

$$F_{13} = \max_{x \in \mathcal{X}} \min\{m_A(x), 1 - m_A(x)\} = \text{hgt}\,(A \cap A^c) \tag{5.142}$$

hingewiesen. Während jedoch die Entropiemaße F_{11} und F_{12} die punktweise Unschärfe von A an allen Punkten von $\mathcal{X}$ berücksichtigen, betrachtet man in F_{13} nur den *ungünstigsten* Punkt.
Offensichtlich gilt für Entropiemaße $F(A) = F(A^c)$.

Durch die Mengenbeziehung in (5.133) wird in der Menge der unscharfen Mengen über $\mathcal{X}$ eine Halbordnung eingeführt, deren minimale

Elemente die scharfen Mengen sind und deren maximales Element die Menge $U = X^{[1/2]}$ aus (5.131) ist. Gelegentlich ist es wünschenswert, in (5.130) schärfer $\Leftrightarrow$ statt $\Rightarrow$ zu fordern, aber dies ist nicht für alle Anwendungen sinnvoll (vgl. KNOPFMACHER (1975)).

Überlegungen von LOO (1977), DELUCA/TERMINI (1979) und GOTT-WALD (1979) zeigen, daß für *endliche* X der Ansatz

$$F(A) = g\Big(\sum_{x \in X} f(m_A(x)) \Big) \qquad (5.143)$$

zu einer umfangreicheren Klasse von interessanten Unschärfemaßen führt. Dabei soll $f : [0,1] \to I\!\!R^+$ auf dem Intervall $[0, 1/2]$ (streng) monoton wachsend und auf dem Intervall $[1/2, 1]$ (streng) monoton fallend sein und die Randwerte $f(0) = f(1) = 0$ haben; $g : I\!\!R^+ \to I\!\!R^+$ sei eine monoton wachsende Funktion mit $g(y) = 0 \Leftrightarrow y = 0$.

Man kann (5.143) nach den Funktionswerten von m_A ordnen und erhält mit

$$a_t = \operatorname{card} \{x \in X | m_A(x) = t\}, \quad t \in m_A(X), \qquad (5.144)$$

die Darstellung

$$F(A) = g\Big(\sum_{t \in m_A(X)} a_t f(t) \Big). \qquad (5.145)$$

Dies zeigt, daß $F(A)$, bis auf die Transformation g, eine gewichtete Summe über a_t, $t \in m_A(X)$, ist, bei der a_t für t in der Nähe von $1/2$ die höchsten Gewichte erhält.

Die Darstellung (5.145) gibt außerdem einen Hinweis, wie im Falle unendlicher Grundbereiche zu verfahren ist. Das Zählmaß in (5.144) ist durch ein geeignetes Maß P auf einem meßbaren Raum $[X, I\!\!B]$ zu ersetzen und für m_A und f sind die entsprechenden *Meßbarkeitsforderungen* zu stellen. Damit F endlich bleibt, wird $f(m_A(\cdot))$ auf X als P-integrierbar vorausgesetzt. Außerdem muß beachtet werden, daß unscharfe Mengen nicht unterschieden werden, die sich nur auf Nullmengen das Maßes P unterscheiden. Alle Aussagen beziehen sich also stets auf entsprechende *Äquivalenzklassen* von unscharfen Mengen bezüglich des Maßes P. Dies vorausgeschickt, erscheint für diesen Fall ein Ansatz der folgenden Form, analog zu (5.143), sinnvoll:

$$F(A) = g\Big(\int_X f(m_A(x)) \mathrm{d}P(x) \Big). \qquad (5.146)$$

Ist speziell g die Identität und $f_1(u) = \min\{u, 1 - u\}$, dann erhält man ein Analogon zu $F_{11}(A)$ gemäß (5.136), und mit einem entsprechenden f die Analogie zur Shannonschen Entropie (5.141).

Natürlich setzen die bisher genannten Unschärfemaße die Wahl der min-max-Verknüpfungen der Mengen voraus. Für andere Verknüpfungssysteme ist der Zugang entsprechend zu modifizieren (vgl. z. B. WEBER (1984)).

YAGER (1979/80) betrachtet auch Unschärfemaße F, deren Werte keine reellen Zahlen mehr sind, sondern unscharfe Teilmengen von [0,1], und dehnt die Betrachtungen sogar auf unscharfe Mengen mit verallgemeinerten Zugehörigkeitswerten in geeigneten Verbänden mit Negation aus.

Als sogenanntes *Energiemaß* im Sinne von DELUCA/TERMINI (1979) soll das Unschärfemaß F die *Abweichung von der leeren Menge* bewerten (a):

$$F(\emptyset) = 0 \, . \tag{5.147}$$

Als *unschärfste* Menge (b) ist hier der gesamte Grundbereich $\mathcal{X}$, genauer: die Universalmenge X über $\mathcal{X}$ anzusehen, die am stärksten von der leeren Menge abweicht:

$$F(X) = \max \, . \tag{5.148}$$

Schließlich sollen zwei unscharfe Mengen A und B hinsichtlich ihres Energiemaßes miteinander vergleichbar sein (c), wenn die eine in der anderen enthalten ist ($A \subseteqq B$):

$$\forall x \in \mathcal{X} : m_A(x) \leq m_B(x) \quad \Rightarrow \quad F(A) \leq F(B) \, . \tag{5.149}$$

Die Forderung, daß $F(A) = 0$ genau für $A = \emptyset$ gilt, wird gelegentlich gestellt, ist jedoch selten sinnvoll.

Als Energiemaße bieten sich an

$$F_{21}(A) = \mathrm{card}\,(A) \tag{5.150}$$

und

$$F_{22}(A) = \sup_{x \in \mathcal{X}} m_A(x) = \mathrm{hgt}\,(A) \tag{5.151}$$

sowie Summen (bzw. Integrale) über monoton wachsende Funktionen von m_A, z. B.

$$F_{23}(A) = \int_{\mathcal{X}} (m_A(x))^2 \mathrm{d}x ,\qquad(5.152)$$

falls dieses Integral existiert.

Durch die Beziehung (5.149) wird in der Gesamtheit der unscharfen Mengen über $\mathcal{X}$ eine Halbordnung eingeführt. Maximales Element ist der Grundbereich selbst. Bei unendlichen Grundbereichen gilt sinngemäß das beim Entropiemaß Gesagte; minimale Elemente der Halbordnung sind dann alle Mengen der Äquivalenzklasse, in der die leere Menge liegt, also z. B. alle Mengen mit einem Träger, dessen Maß P Null ist. Entsprechendes gilt für die Äquivalenzklasse der maximalen Elemente. Analoge Überlegungen wie beim Entropiemaß führten auf die Empfehlung, zur Konstruktion von Energiemaßen einen Ansatz der Form (5.146) zu verwenden, allerdings müssen die vorkommenden Funktionen nun anderen Bedingungen genügen.

Zwischen Entropie- und Energiemaßen gibt es einen nützlichen Zusammenhang: Wenn F_1 ein Entropiemaß ist, dann ist mit $U = X^{[1/2]}$ für alle $x \in \mathcal{X}$

$$F_2(A) = F_1(A \cap U)\qquad(5.153)$$

ein Energiemaß. Wenn F_2 ein Energiemaß ist, dann ist

$$F_1(A) = F_2(A \cap A^c)\qquad(5.154)$$

ein Entropiemaß, wobei die Indizierung hier nur zur Charakterisierung des Typs dient.

Schließlich haben HIGASHI/KLIR (1983) (s. auch KLIR (1987), DUBOIS/PRADE (1987)) sogenannte *Unsicherheitsmaße* vorgeschlagen, die die *Abweichung vom Typ des scharfen Punktes* angeben (a), d. h. von den scharfen Einermengen $\{x_0\}$, genauer: von den unscharfen 1-Einermengen $\langle\!\langle x_0 \rangle\!\rangle_1$ für $x_0 \in \mathcal{X}$:

$$A = \langle\!\langle x_0 \rangle\!\rangle_1 \quad \Rightarrow \quad F(A) = 0 .\qquad(5.155)$$

Als *unschärfste* Menge (b) ist hier wieder der gesamte Grundbereich
$\mathcal{X}$ anzusehen, da er am stärksten von einer Einermenge abweicht
(vgl. (5.148)). Die Vergleichbarkeit (c) sei wie beim Energiemaß
über die Enthaltenseinbeziehungen gegeben (vgl. (5.149)).

Für *normalisierte* Mengen A auf *endlichen* Grundbereichen
schlagen HIGASHI/KLIR (1987)

$$F_{31}(A) = \int\limits_0^1 \log_2(\operatorname{card} A^{\geq \alpha})\mathrm{d}\alpha \qquad (5.156)$$

als sogenanntes *U-Unsicherheitsmaß* vor. Das gleiche Anliegen hat
YAGER (1981, 1983) mit dem Vorschlag eines *Spezifiziertheitsmaßes*
F_4, das antiton zur Halbordnung $\subseteq$ definiert ist, womit die „scharfen" Einermengen nunmehr die *höchste* Bewertung erhalten. Als
Beispiel sei für *endliche* Grundbereiche

$$F_{41}(A) = \int\limits_0^h (\operatorname{card} A^{\geq \alpha})^{-1}\mathrm{d}\alpha \qquad (5.157)$$

mit $h = \operatorname{hgt}(A)$ angegeben.

Man benutzt F_{31} und F_{41} zur Bewertung von *scharfen* Entscheidungen, die aus unscharfen Vorgaben der Ergebnisse abgeleitet wurden, z. B. durch Wahl eines Kernelementes von A, oder zur Bewertung von unscharfen Zahlen.

CZOGALA/GOTTWALD/PEDRYCZ (1982) haben zur Einschätzung von unscharfen Entscheidungssituationen die beiden Energiemaße F_{21} und F_{22} gleichzeitig benutzt. Sie nennen eine unscharfe
Entscheidung D (α, β)-*akzeptabel*, wenn sie nicht zu vage, d. h.
$\operatorname{hgt}(D) \geq \alpha$, und nicht zu unscharf, d. h. $\operatorname{card}(D) \leq \beta$, ist. Die bisher genannten Unschärfemaße sind stetig in den Zugehörigkeitswerten von A. Gelegentlich ist es vernünftig, hierauf zu verzichten, z. B.
wenn man den Fall der Idealkonkurrenz („Totes Rennen", d. h. die
Zugehörigkeitsfunktion hat mindestens zwei gleichhohe Maxima),
besonders betonen will. Wenn man bedenkt, daß die Spezifizierung
der Zugehörigkeitsfunktion in der Regel nur von Monotonievorstellungen aus erfolgt, stellt dieser Fall bei seinem Auftreten etwas *qualitativ* von dem mit einem *einzigen* Maximum verschiedenes dar.

Im Fall eines endlichen Grundbereiches und hgt $(A) = 1$ schlägt
BANDEMER (1990) das Unsicherheitsmaß

$$F_{32}(A) = \begin{cases} \text{card}\,(A), & \text{falls} \quad \text{card}\,(A^{\geq 1}) \neq 1 \\ \text{card}\,(A) - 1, & \text{falls} \quad \text{card}\,(A^{\geq 1}) = 1, \end{cases} \quad (5.158)$$

vor. Dieses Unsicherheitsmaß signalisiert das Erreichen des Zugehörigkeitswertes 1 für ein zweites Element des Grundbereiches
durch einen Sprung der Höhe 1. Es läßt sich auf den Fall unscharfer Entscheidungen, wie sie z. B. bei der unscharfen Einstellung
von Steuergrößen auftreten, verallgemeinern. Sei $D(x_1)$, $x_1 \in \mathcal{X}$,
eine Klasse von normalisierten unscharfen Entscheidungen (d. h. mit
$m_D(x_1) = 1$), von denen eine auf der Grundlage einer gegebenen unscharfen normalisierten Menge A ausgewählt werden soll. Für alle
x_2 aus dem Kern $A^{\geq 1}$ wird nun die Differenz $\Delta(x_2) = A - D(x_2)$
mit

$$\begin{aligned} m_\Delta(x; x_2) &= \max\{m_A(x) - m_D(x; x_2), 0\} \\ &= [m_A(x) - m_D(x; x_2)]^+ \end{aligned} \quad (5.159)$$

gebildet. Dann ist

$$F_{33}(A) = \text{card} \bigcup_{x_2 \in A^{\geq 1}} \Delta(x_2) \quad (5.160)$$

ein Unschärfemaß (s. BANDEMER (1990)). Das Funktional (5.160)
wird kleine Werte zeigen, wenn der gesamte Kern von A für jedes
„wirksame" $D(x_2)$ (d. h. solche mit $x_2 \in A^{\geq 1}$) in dessen Gebiet
mit hoher Zugehörigkeit liegt; es wird große Werte zeigen, wenn
der Kern von A so in disjunkte Untermengen zerfällt, daß diese
nicht von allen wirksamen $D(x_2)$ gleichzeitig mit Gebieten hoher
Zugehörigkeit überdeckt werden können.

Kapitel 6

Unscharfe Datenanalyse

6.1 Daten und ihre Analyse

Wörtlich verstanden meint „Datum" etwas „aktuell Gegebenes". Es bekommt seinen Sinn nur in einem gewissen Kontext und drückt aus, daß ein gewisses „Etwas" in einem Zustand gefunden wurde, der durch eben dieses Datum charakterisiert wird. Solch ein *Datum* trägt nur dann Information, wenn es mindestens zwei verschiedene Möglichkeiten für den Zustand dieses fraglichen Etwas gibt. Daher können wir jedes Datum als *Realisierung* einer gewissen *Variablen* in einer geeigneten Menge, dem Universum, betrachten, das diese Möglichkeiten im gegebenen Kontext ausdrückt.

Das erste Problem der mathematischen Modellierung besteht in der *Darstellung der Daten* und der damit verbundenen Spezifizierung eines geeigneten Universums. Um den Umfang der mit dieser Auffassung erreichten konkreten Situationen anzudeuten, genügt es für die weitere Behandlung, einige Beispiele zu betrachten:

Im einfachsten Fall spiegelt das Datum nur wider, ob eine gewisse *Eigenschaft* oder ein gewisses Attribut an dem gegebenen Etwas *vorhanden* ist *oder nicht*, z. B. ob ein Industrieerzeugnis defekt ist oder nicht. Das passende Universum ist dann eine Zweipunktmenge, dabei ist gleichgültig, ob die Elemente mit +, - oder mit 0, 1 bezeichnet werden.

Wenn die Eigenschaft *Grade* oder Abstufungen haben kann, dann werden sie gewöhnlich mit Buchstaben oder natürlichen Zahlen bezeichnet. Das Universum wird eine endliche Menge sein.

Betrachtet man *Beobachtungen* oder Messungen, dann wird das Ergebnis in konkreten Situationen gewöhnlich durch reelle *Zahlen* oder Vektoren angegeben. Als Universen werden dann in der Regel euklidische Räume gewählt.

Findet die Beobachtung oder Messung *kontinuierlich* in Raum oder Zeit statt (wie etwa bei Temperaturaufzeichnungen, Spektrogrammen oder geologischen Profilen), dann wird jedes Ergebnis als Trajektorie oder (Hyper-) Fläche dargestellt. Dann kann das Universum z. B. als ein passender Hilbert-Raum oder eine endlichdimensionale Approximation davon gewählt werden.

Man kann auch *Grautonbilder* als Daten betrachten, z. B. wenn Röntgenbilder, Projektionen oder durchscheinende Schnitte von Zellgewebe, zweidimensionale Projektionen von dreidimensionalen Partikeln mit optischen Hilfsmitteln aufgenommen wurden, oder wenn Aufnahmen einer Fernsehkamera zu analysieren sind. Ob hier die Menge aller möglichen Grautonflächen oder nur die der Pixelfeldmatrizen der endlich vielen unterscheidbaren Grautöne das Universum bilden soll, hängt von der konkreten Problemstellung ab, die hinter der Modellierungsaufgabe steht.

Schließlich kann jede geäußerte *Meinung eines Experten* oder eines Expertengremiums als Datum interpretiert werden, wenn es sich auf den Zustand des vorgegebenen Etwas bezieht. Diese Meinungen werden gewöhnlich als *Aussagen, Regeln* oder *Schlußfolgerungen* geäußert. Die mathematische Formulierung wird dann aus der Logik genommen. Das passende Universum wird daher als eine passende Menge von Aussagen, Regeln und Schlußfolgerungen gewählt, die als mögliche Werte der Wahl für die Meinungen der Experten in Frage kommen.

Damit mag das Feld für die betrachtete Vielfalt der möglichen Daten erst einmal abgesteckt sein. Ein vorliegendes Datum unterscheidet sich von dem (potentiellen) Wert einer Variablen dadurch, daß es in einem konkreten Sachverhalt den Zustand eines Etwas beschreibt, also Information über diesen Sachverhalt enthält. Es wird daher häufig, in Anlehnung an den Gebrauch in der mathematischen Statistik, als Realisierung der Variablen bezeichnet.

Die *Analyse von Daten* besteht nun aus der Untersuchung und Bewertung der gegebenen Daten und aus dem Ziehen von Schlußfolgerungen aus den Daten sowie der Bewertung dieser Schlußfolgerungen. Datenanalyse wird in *mehreren Stufen* wachsender Komplexität ausgeführt.

Auf der *ersten* Stufe werden die Daten hinsichtlich einer einfachen, aber wesentlichen Eigenschaft untersucht und bewertet. Die allererste Anordnung der Daten geschieht bezüglich ihrer Häufigkeit. Häufigkeitsanalyse beschäftigt sich mit dem „gewöhnlichen" Zustand des Etwas, z. B. mit Hinblick auf die in der Zukunft zu erwartenden Zustände. Häufigkeitsanalyse ist gewöhnlich der Ausgangspunkt für die Einschätzung jedes einzelnen Datums bezüglich seiner *Zuverlässigkeit*. Solche Daten, bei denen der Verdacht besteht, daß sie unter nichtregulären Bedingungen aufgezeichnet (sogenannte *Ausreißer*) oder nach der Beobachtung manipuliert wurden, werden markiert oder gestrichen. Weiterhin können Daten bezüglich ihrer *Glaubwürdigkeit* bewertet werden, d. h. ob sie den Zustand richtig beschreiben, obwohl sie zuverlässig aufgezeichnet wurden. Dies ist ein interessanter Punkt im Hinblick auf Expertenmeinungen und führt zu Kompetenzgewichten und Wahrheitswerten für die Aussagen.

Die *zweite* Stufe der Datenanalyse besteht in der *Mustererkennung* (pattern cognition). Die erste Methode dafür ist *Gruppierung* nach einer Inaugenscheinnahme oder gemäß weiterer Eigenschaften oder gemäß zusätzlichem Hintergrundwissen. Dann werden die Daten evtl. in andere Strukturen transformiert und mit verschiedenen Techniken dargestellt. Das Ziel ist in jedem Fall, *Strukturen* innerhalb der Daten zu finden, um Vorstellungen hinsichtlich ihrer Anordnung oder ihrer Verknüpfungen zu finden, oder um mathematische Modelle zu finden, denen die Daten gehorchen könnten.

Diese beiden Stufen der Datenanalyse bilden den Gegenstand der *explorativen* Datenanalyse, bei der die Daten untersucht werden *ohne* ein vorgewähltes mathematisches Modell, das das Auftreten der Daten und deren Struktur zu erklären hätte.

Die *dritte* Stufe der Datenanalyse untersucht nun die Daten hinsichtlich eines gewählten mathematischen *Modells* oder bezüglich mehrerer konkurrierender Modelle. Die Modelle spiegeln Annahmen über die Struktur der Daten wider.

Die Analyse kann eine *qualitative* sein. Dann werden die Daten bezüglich qualitativ ausgedrückter zusätzlicher Eigenschaften gruppiert. Ein typisches Beispiel wird durch die Einführung des

Ähnlichkeitsbegriffes für Daten gegeben, eine typische Methode der Datenanalyse ist dann die Clusteranalyse, die gewöhnlich auf vektorwertige Daten angewandt wird. Wir werden uns im Abschnitt 6.2 damit beschäftigen.

Falls die Daten durch Größen gegeben sind, dann wird eine *quantitative* Datenanalyse möglich. Solche Art von Analyse hat das Erkennen und Spezifizieren von (funktionalen) Beziehungen zwischen den Daten oder den Komponenten jedes einzelnen Datums zum Ziel. Ein typisches Beispiel ist die Approximation vektorwertiger Daten durch funktionale Beziehungen, z. B. mit der Regressionsanalyse.

Die *letzte* und höchste Stufe der Datenanalyse beschäftigt sich mit den Schlußfolgerungen aus den gegebenen Daten und der Bewertung dieser Schlußfolgerungen.

Die am häufigsten verlangte Schlußfolgerung ist die *Vorhersage* von zukünftigen oder fehlenden Daten, falls einige Annahmen des mathematischen Modells festgehalten werden. Ein typischer Fall ist die Vorhersage von Zeitreihen.

Eine weitere Art von Schlußfolgerungen ist die *Zuordnung* aller oder einzelner Daten zu gewissen Standards. Die Situation tritt häufig bei Spektrogrammen und Bildern auf.

Weiterhin sind Daten in verschiedener Weise miteinander zu *kombinieren*, um Muster zu bilden oder Entscheidungen herbeizuführen, z. B. werden mehrere verrauschte Bilder übereinandergelegt, um ihren Inhalt zu erkennen, oder die Meinungen mehrerer Experten werden kombiniert, um eine objektivierte Meinung zu erhalten.

Schließlich können die aus den Daten gezogenen Schlußfolgerungen innerhalb einer mathematischen Theorie *bewertet* werden, z. B. bezüglich ihrer Optimalität in einem gewissen Sinne. Solche Bewertungsmethoden können die nötige Rückkoppelung zur dritten Stufe liefern, z. B. wenn das mathematische Modell geändert oder fortgeschrieben werden muß.

Wenn man die bisher genannten Daten intensiver betrachtet, so sind sie alle mit *Unsicherheiten* verschiedener Art behaftet. Daher wird sich diese Unsicherheit auch auf die Schlußfolgerungen fortpflanzen. Möglicherweise nimmt die Unsicherheit durch die Anwendung der Methoden der Datenanalyse objektiv sogar noch zu, obwohl sie scheinbar verschwindet. Daher kann das gewöhnliche

Ignorieren der Unsicherheiten dazu führen, daß die Schlußfolgerungen für die Anwendungen wertlos, ja sogar irreführend werden.

Natürlich hat man bisher bereits versucht, gewisse Aspekte der Unsicherheit bei der Datenanalyse zu berücksichtigen.

Eine erste Art der Unsicherheit kommt von der *Variabilität* der Daten: in gleichen oder ähnlichen Situationen zeigt das Etwas nicht identische Zustände. Dieser Art von Unsicherheit nimmt sich die *Stochastik* an und liefert in der mathematischen Statistik einen Verfahrenskatalog für die Schlußfolgerungen und deren Bewertung. Das Problem bei der Anwendung der Stochastik besteht jedoch darin, daß die Schlußfolgerungen nur bezüglich einer hypothetischen Grundgesamtheit gelten, von der die Daten als erzeugt angenommen werden.

Eine weitere Unsicherheit hängt mit der Unmöglichkeit zusammen, *beliebig genau* zu beobachten oder zu messen. In jedem Fall muß man mit einer vernünftigen Genauigkeit zufrieden sein. Diese Genauigkeit hängt nicht nur von der Empfindlichkeit der eingesetzten Sensoren ab, sondern auch von der Umgebung und vom Beobachter selbst, z. B. wenn Spektrogramme oder Grautonbilder zu analysieren sind. Für einfachste Fälle, für Zahlen und Vektoren als Daten, wurde die *Intervallmathematik* etabliert. Sie betrachtet eine bestimmte mögliche Umgebung um jedes Datum, deren Elemente mit dem gegebenen Datum als äquivalent angesehen werden. Das Problem bei der Intervallmathematik besteht in der nötigen Festlegung der scharfen Grenzen des Intervalls.

In den folgenden Abschnitten sollen nun die Daten als *unscharfe Mengen* aufgefaßt werden. Dabei kann auch der Fall berücksichtigt werden, daß die zur Verfügung stehenden Sensoren so unempfindlich sind, daß der Beobachter nur seine Meinung über den Zustand des Etwas ausdrücken kann. In diesem Falle werden *unscharfe Maße* herangezogen. Da die Wahrscheinlichkeit auch ein unscharfes Maß ist, können auch stochastische Aspekte bei der Beschreibung der Unsicherheit berücksichtigt werden.

Die im folgenden betrachteten Methoden der (scharfen) Datenanalyse sind in der Regel mathematisch sehr einfach, daher werden sie vor ihrer Verallgemeinerung auf unscharfe Daten nur jeweils kurz erläutert. Die Verallgemeinerung läßt sich dann recht einsichtig auch auf kompliziertere Methoden der scharfen Datenanalyse übertragen.

Im nächsten Abschnitt werden Probleme der qualitativen Datenanalyse betrachtet, die sich auf den Begriff der Ähnlichkeit gründen. Dem folgt, im Abschnitt 6.3, die Behandlung einiger Aufgaben der quantitativen Datenanalyse, während im letzten Abschnitt 6.4 einige Bemerkungen zur Bewertung der vorgestellten Methoden folgen. Wegen des hier zur Verfügung stehenden Umfangs sind alle Ausführungen recht kurz, wegen einer ausführlicheren Darstellung mit Beispielen verweisen wir auf BANDEMER/NÄTHER (1992).

6.2 Qualitative Datenanalyse

Bei der Verallgemeinerung der bekannten Verfahren der Datenanalyse zur Berücksichtigung der Unschärfe gibt es zwei Vorgehensweisen. Zum einen versucht man, die üblichen Verfahren auf die Berücksichtigung des Einflußes der Unschärfe zu verallgemeinern, zum anderen kann man die Daten und ihre Strukturen als unscharfe Mengen ansehen und sie nach den allgemeinen Regeln der Theorie unscharfer Mengen behandeln.

Dieser Abschnitt enthält daher zuerst eine Vorstellung von Verfahren der ersteren Art bei der Behandlung der Clusteranalyse und sodann die Behandlung einer ähnlichen Problemstellung der Untermengenbildung und Einordnung neuer Elemente mit den allgemeinen Methoden der Theorie.

Bei der Vorbereitung von Aufgaben der Diagnose und Therapie, der Entscheidungsfindung und Steuerung (z. B. STRAUBE (1983), SCHÜLER (1985)) trifft man häufig auf folgendes Problem: Eine gegebene Menge $\mathcal{O} = \{O_1, \ldots, O_N\}$ unterscheidbarer Objekte (oder Sachverhalte etc.) soll so in Teilmengen, sogenannte *Cluster* zerlegt werden, daß die Objekte innerhalb einer solchen einander *möglichst ähnlich* und die aus verschiedenen Teilmengen einander möglichst *wenig* ähnlich sind. Damit soll u. a. erreicht werden, daß die eingangs erwähnten Aufgaben für jede Teilmenge getrennt gelöst werden können.

Das Vorgehen bei der Zerlegung der Objektmenge in Cluster muß, in der Regel, sehr kontextabhängig und heuristisch sein. Es umfaßt gewöhnlich die folgenden drei Stufen (s. z. B. ANDERBERG (1973), HARTIGAN (1975), BEZDEK (1981)):

1. Die Festlegung derjenigen Objektmerkmale, die für die Zerlegung wesentlich sein sollen: die *Merkmalsauswahl.* Dafür gibt es zahlreiche Empfehlungen (s. die oben zitierte Literatur). Im weiteren wird angenommen, daß die angegebenen Merkmale $M_1, \ldots, M_t$ bereits diese wesentlichen Merkmale repräsentieren.

2. Die Wahl von Aggregierungs- und Umformungsrichtlinien für die Merkmalswerte der Objekte $x_{ij}, i = 1, \ldots, t; j = 1, \ldots, N$ und die Darstellung als überschaubare Menge (Punkte, Funktionen, Graphen, Standardformen, u. ä.), sowie die Richtlinie für die Entscheidungen: Objekt O_j wird dem Cluster C_k zugeordnet: die *Clusteranalyse.*

3. Schließlich sind, im allgemeinen, noch Festlegungen erforderlich, wie künftige Objekte $O_{N+1}, \ldots, O_{N+r}$ den erhaltenen Clustern zugeordnet werden sollen: die *Klassifizierung.*

Die Heuristik der Entscheidungsfindung ist häufig mit Modellvorstellungen (z. B. aus der mathematischen Statistik) gestützt oder verbrämt.

Die Formulierung der Aufgabe der Clusteranalyse weiter oben ist eine typisch *unscharfe* (möglichst ähnlich, möglichst wenig ähnlich). Sogar wenn die *Merkmalswerte* selbst als *scharf* angenommen werden, was vorläufig vorausgesetzt werden soll, bieten sich zwei Ansatzpunkte für die Theorie unscharfer Mengen an: die Spezifizierung der Ähnlichkeit der Objekte als unscharfe Äquivalenzrelation und die Betrachtung unscharfer Zerlegungen des Grundbereiches.

Häufig läßt sich die Ähnlichkeit jeweils zweier Objekte O_j, O_l durch eine Zahl $s_{jl} = s(O_j, O_l)$ ausdrücken vermittelt über eine Funktion $s : \mathcal{O} \times \mathcal{O} \rightarrow [0, 1]$, so daß höhere Werte von s höhere Ähnlichkeit bedeuten. Daher kann durch $m_{S_0}(O_j, O_l) = s(O_j, O_l)$, $j, l = 1, \ldots, N$, eine *unscharfe Relation* S_0 über $\mathcal{O} \times \mathcal{O}$ definiert werden, die die Ähnlichkeit der Objekte widerspiegelt. Während sich $s_{jj} = 1 \geq s_{jl}$ bei $j \neq l$, d. h. jedes Objekt ist sich selbst ganz und gar ähnlich, und damit die Reflexivität von S_0 von selbst versteht, muß die Symmetrie $s_{jl} = s_{lj}$ nicht in jedem denkbaren Fall trivialerweise erfüllt sein, wird aber üblicherweise als erfüllt angenommen. Daher ist jede so bestimmte unscharfe Relation S_0 eine unscharfe Nachbarschaftsbeziehung. Die gewöhnliche Transitivität ist in der Regel nicht gegeben, die Ähnlichkeit kann sich bekanntlich in einer Kette paarweise ähnlicher Objekte schnell verlieren. Die spezifizierte Re-

lation S_0 ist also im allgemeinen keine sup-min transitive Ähnlichkeitsrelation im Sinne von Abschnitt 3.2. Gelegentlich erfüllt die
Relation S_0 die Kriterien einer anderen Transitivität; beispielsweise
sichert die Bedingung $s_{jj} = 1 > s_{jl}$ für $j \neq l$, daß der Kern von
S_0 eine gewöhnliche Äquivalenzrelation ist und deswegen S_0 sup-t_3-
transitiv ist bezüglich der dem drastischen Produkt (2.101) entsprechenden t-Norm t_3 in $[0,1]$; vgl. S. 49.

Wünscht man Transitivität einer bestimmten Art, dann kann man
von S_0 zur entsprechenden transitiven Hülle übergehen, d. h. zur bezüglich Inklusion $\subseteq$ kleinsten S_0 umfassenden, in der entsprechenden Art
transitiven unscharfen Relation S. Allerdings muß diese Relation S nicht
mehr mit allen für S_0 konstitutiven Ähnlichkeitsvorstellungen harmonie-
ren. Ein anderer Weg ist die Betrachtung der Familie $(S_0^{\geq \alpha})_{\alpha \in [0,1]}$ darauf-
hin, ob sich für gewisse α brauchbare Äquivalenzklassen ergeben. Ein
weiterer Ausweg wäre die Darstellung von S_0 als Graph, dessen Knoten
die Objekte und dessen unscharfe Kanten durch die Ähnlichkeitswerte s_{jl}
gegeben sind. Dann ist die Clusterbildung äquivalent zur Konstruktion
von Teilgraphen, entweder, indem jeweils die Knoten mit den höchsten
s_{jl} verbunden werden, oder daß die Kanten mit den kleinsten s_{jl} aufge-
brochen werden, bis der Graph in Teilgraphen zerfällt. Wegen weiterer
Einzelheiten vgl. z. B. BALAS/PADBERG (1976); GOWER/ROSS (1969).

Falls S_0 durch eine monotone Transformation aus einer Metrik d analog zu (2.51) gewonnen wurde, dann ist es bereits eine Ähnlichkeitsrelation.

Für den Fall, daß sich die Objekte O_j durch ihre Merkmalsvektoren
$x_j = (x_{1j}, \ldots, x_{tj})^T \in \mathbb{R}^t$ darstellen lassen, bieten sich für m_{S_0} die
bekannten $\mathbf{L}_p$-Normen an

$$m_{S_0}(x_j, x_l; p) = (\sum_{i=1}^{t} |x_{ij} - x_{il}|^p)^{1/p}, \quad p \geq 0. \tag{6.1}$$

Wenn eine Metrik gegeben ist, dann liegt es nahe, die Ähnlichkeit
als *Nähe* zu deuten, und eine explizite Spezifizierung von S_0 wird im
allgemeinen überflüssig. Einen originellen Vorschlag in dieser Richtung
machen GITMAN/LEVINE (1970) durch die Deutung der relativen Anzahl
von Punkten in einer ϑ-Umgebung eines Objekts O_j :

$$m_A(x_j) = (1/N)\text{card}\{O_l \in \mathcal{O} \mid d(x_j, x_l) \leq \vartheta\} \tag{6.2}$$

als Zugehörigkeitsfunktion einer unscharfen Menge A auf $\mathcal{O}$. Die Maxima von m_A werden als Zentren der gesuchten Cluster gewählt, denen

die Objekte zugeordnet werden.

Alle bisher genannten Verfahren liefern *scharfe* Cluster, d. h.
für jedes Objekt ist die Zugehörigkeit zu genau einer Teilmenge
festgelegt.
Läßt man eine *unscharfe Zerlegung* von $\mathcal{O}$ zu, d. h. eine Zerlegung in unscharfe Teilmengen $Q_1, \ldots, Q_n$ mit der Bedingung

$$\forall O_j \in \mathcal{O} : \sum_{k=1}^{n} m_{Q_k}(O_j) = 1, \tag{6.3}$$

so lassen sich die Mengen Q_k als unscharfe Cluster betrachten, die
zu bestimmen sind. Die Normierung (6.3) dient dazu, die Cluster
bezüglich ihrer relativen Mächtigkeit einzuschätzen und den Fall
scharfer Cluster mit zu erfassen. Sie wird in der nachfolgend zitier-
ten Literatur stets gefordert, es scheint jedoch auch eine Clusteranalyse ohne diese Normierung sinnvoll. Die Aufgabe der Bestimmung
der Cluster unter der Bedingung (6.3) ist äquivalent zur Festlegung
einer Matrix $U = ((u_{jk}))$ mit $u_{jk} = m_{Q_k}(O_j)$, für die entsprechend
(6.3)

$$\sum_{k=1}^{n} u_{jk} = 1; \qquad 0 < \sum_{j=1}^{N} u_{jk} < N \tag{6.4}$$

jeweils für alle j, beziehungsweise k, gelten muß.

Für den Fall, daß S_0 symmetrisch ist, schlug RUSPINI (1970,
1973) vor, die u_{jk} durch die Minimierung eines geeigneten Funktionals zu bestimmen, z. B. des Funktionals

$$G_1(U) = \sum_{j=1}^{N} \sum_{l=1}^{N} [w(u_{j1}, \ldots, u_{jn}; u_{l1}, \ldots, u_{ln}) - f(s_{jl})]^2, \tag{6.5}$$

wobei $w(.;.)$ eine bezüglich j und l symmetrische nichtnegative Funktion ist, die für $j = l$ verschwindet, und f eine nichtnegative, nicht
wachsende, nicht identisch verschwindende Funktion mit $f(1) = 0$
ist. Sind diese Funktionen durch entsprechende Normen im $I\!\!R^n$ beziehungsweise im $I\!\!R^t$ gegeben, dann ist

$$G_{10}(U) = \sum_{j=1}^{N} \sum_{l=1}^{N} \left[c_0 \| u^{(j)} - u^{(l)} \|^2 - \| x_j - x_l \|^2 \right]^2 \tag{6.6}$$

mit der Abkürzung $\boldsymbol{u}^{(j)} = (u_{j1}, \ldots, u_{jn})^T$ und der positiven Konstanten c_0 ein spezielles Beispiel für $G_1(U)$.

Hat man aber im Raum $\mathbb{R}^t$ als Metrik speziell eine von einem inneren Produkt induzierte Norm $d^2(\boldsymbol{x}, \boldsymbol{y}) = \|\boldsymbol{x} - \boldsymbol{y}\|^2$, dann lohnt es sich sogar, hypothetische Objekte $\boldsymbol{v}_1, \ldots, \boldsymbol{v}_n \in \mathbb{R}^t$ einzuführen, sogenannte *Prototypen* oder Clusterzentren, und den Abstand von diesen als Maß der Unähnlichkeit zum Ausgangspunkt für die Konstruktion unscharfer Cluster zu wählen. Von DUNN (1975) und BEZDEK (1974, 1981) wird vorgeschlagen, das Funktional

$$G_2(U, V) = \sum_{j=1}^{N} \sum_{k=1}^{n} (u_{jk})^p \|\boldsymbol{x}_j - \boldsymbol{v}_k\|^2 \qquad (6.7)$$

bezüglich $U = ((u_{jk}))$ mit den Nebenbedingungen (6.4) und $V = (\boldsymbol{v}_1, \ldots, \boldsymbol{v}_n)$, $p \in [1, \infty)$ zu minimieren. Dabei ist p ein wählbarer Wichtungsexponent, mit dem man, theoretisch motiviert oder experimentell, die Clusterbildung an fachspezifische Vorstellungen im praktischen Problem anpassen kann. Je größer p gewählt wird, um so *unschärfer* werden die Zuweisungen der Zugehörigkeit für die Cluster; je kleiner p ist, umso schärfer wird die Clusterung (daher: Kontrastparameter p). Hierzu, sowie wegen der Existenz eines (globalen) Minimums von G_2 vgl. man BEZDEK (1981).

Zur Lösung des entstehenden Optimierungsverfahrens wird ein *Iterationsverfahren* (ISODATA-FCM) vorgeschlagen:

Schritt 1: Wähle die gewünschte Clusteranzahl n ($2 \leq n < N$), eine von einem inneren Produkt induzierte Norm $\|.\|$ in $\mathbb{R}^t$, sowie einen Exponenten $p \in [1, \infty)$. Wähle eine Ausgangsmatrix $U^{(0)}$ mit den Nebenbedingungen (6.4). Setze $r = 0$.

Schritt 2: Berechne die n Clusterzentren $\boldsymbol{v}_k^{(r)}$ gemäß

$$\boldsymbol{v}_k^{(r)} = \sum_{j=1}^{N} (u_{jk}^{(r)})^p \boldsymbol{x}_j \Big/ \sum_{j=1}^{N} (u_{jk}^{(r)})^p. \qquad (6.8)$$

Schritt 3: Berechne $U^{(r+1)}$ gemäß der folgenden Vorschrift: Seien

$$I_l = \{k \in \{1, \ldots, n\} \mid \|\boldsymbol{x}_l - \boldsymbol{v}_k^{(r)}\| = 0\}, \qquad (6.9)$$
$$I_l^c = \{1, \ldots, n\} \setminus I_l. \qquad (6.10)$$

Falls $I_l = \emptyset$, dann wähle

$$u_{jk}^{(r+1)} = \Big[\sum_{m=1}^{n} \big(\frac{\|\boldsymbol{x}_j - \boldsymbol{v}_k^{(r)}\|}{\|\boldsymbol{x}_j - \boldsymbol{v}_m^{(r)}\|} \big)^{2/(n-1)} \Big]^{-1}, \tag{6.11}$$

und falls $I_l \neq \emptyset$, dann wähle

$$u_{jk}^{(r+1)} = 0 \text{ für jedes } k \in I_l^c \quad \text{und} \quad \sum_{k \in I_l} u_{jk}^{(r+1)} = 1. \tag{6.12}$$

Schritt 4: Wähle eine zu $\|.\|$ passende Matrixnorm und ein $\epsilon > 0$. Falls

$$\|U^{(r+1)} - U^{(r)}\| \leq \epsilon, \tag{6.13}$$

dann beende das Verfahren mit $U^{(r+1)}, V^{(r)}$, andernfalls setze bei Schritt 2 fort.

Wegen der Konvergenz des Verfahrens gegen ein (lokales) Minimum von G_2 s. BEZDEK (1981).

Es muß nachdrücklich darauf hingewiesen werden, daß es sich bei *allen* Verfahren zur Clusterbestimmung um *Vorschläge* handelt, deren Brauchbarkeit vom gegebenen Kontext abhängt. Ein Verfahren, das in jeder Situation die fachwissenschaftlich sinnvolle und beste Zerlegung findet, gibt es nicht. In der Regel, vor allem, wenn das Verfahren noch freie Parameter enthält, z. B. die Anzahl n der Cluster oder den Exponenten p, werden mehrere Zerlegungen geliefert. Die Auswahl daraus kann im Idealfall dem Fachwissenschaftler der Anwendungsdisziplin überlassen bleiben. Es gibt jedoch zahlreiche Vorschläge zur Entscheidungshilfe, bei denen die erhaltenen Zerlegungen, z. B. über Funktionale bewertet werden. Zwei davon seien erwähnt (zu weiteren s. BEZDEK (1981)):

Der *Zerlegungskoeffizient* (BEZDEK (1974))

$$F(U; n) = \sum_{j=1}^{N} \sum_{k=1}^{n} (u_{jk})^2 / N \tag{6.14}$$

mit $(1/n) \leq F(U; n) \leq 1$. Dabei wird der Wert 1 für eine scharfe Zerlegung angenommen und $(1/n)$ für die unschärfste: $u_{jk} = (1/n)$.

Die *Zerlegungsentropie*

$$H(U; n) = -\sum_{j=1}^{N} \sum_{k=1}^{n} u_{jk} \log u_{jk} / N \tag{6.15}$$

mit $0 \leq H(U;n) \leq \log n$ Dabei wird der Wert 0 für eine scharfe Zerlegung angenommen und $\log n$ für die unschärfste. Es gilt

$$1 - F(U;n) \leq H(U;n)/\log e \qquad (6.16)$$

wobei genau im scharfen Fall das Gleichheitszeichen gilt. Man wird also Zerlegungen bevorzugen, die einen größeren Zerlegungskoeffizienten oder eine kleinere Zerlegungsentropie haben. Eine strenge Optimierung über die freien Parameter kann allerdings fachwissenschaftlich unsinnige Ergebnisse liefern (BEZDEK (1981)).

Bei der Klassifizierung, d. h. der Einordnung weiterer Objekte in die Cluster, wird eine Zerlegung der Menge der potentiellen Objekte verlangt. Diese erfolgt entweder explizit durch die Angabe von Diskriminanzfunktionen (sog. *Klassifikatoren*), die auf entscheidungstheoretischen Prinzipien oder Modellvorstellungen über die zu klassifizierende Objektgesamtheit basieren, oder implizit durch sog. *Nachbarschaftsregeln*, bei denen jeweils die nächsten Nachbarn oder die nächsten Zentren die Clusterzugehörigkeit der neuen Objekte bestimmen. Dies setzt das Vorhandensein einer Distanzfunktion voraus.

Diese Vorstellungen können auf den Fall unscharfer Cluster übertragen werden: So wäre z. B. eine *scharfe* Einordnung eines neuen Objekts möglich, bei der dasjenige Cluster gewählt wird, zu dem der nächste Nachbar die größte Zugehörigkeit zeigt.

Eine *unscharfe* Einordnung neuer Objekte in eine unscharfe Zerlegung der Ausgangsmenge $\mathcal{O} = \{O_1, \ldots, O_N\}$ dagegen ist ein völlig neues Problem. Ein Vorschlag zu dessen Lösung stammt von RUSPINI (1970):

Sei $\mathcal{O}^q = \{O_{N+1}, \ldots, O_{N+q}\}$ die neu in die Clusterzerlegung U einzupassende Menge von Objekten. In $\mathbb{R}^n$ und $\mathbb{R}^t$ seien entsprechende Normen gegeben. Dann scheint es vernünftig, daß sich der Zugehörigkeitsvektor $u^{(N+p)}$ des Objektes O_{N+p} nur wenig von $u^{(j)}$ für O_j unterscheidet, wenn der entsprechende Merkmalsvektor $x_{(N+p)}$ in der Nähe von x_j liegt. Diese Vorstellung wird von RUSPINI in einer Adaption seines Funktionals $G_{10}(U)$ aus (6.6) verwirklicht mittels des Funktionals:

$$G_{11}(U, U^q) = \sum_{p=1}^{q} \sum_{j=1}^{N} \left[c_0 \| u^{(N+p)} - u^{(j)} \|^2 - \| x_{N+p} - x_j \|^2 \right]^2 .$$

Dabei ist die Matrix $U = ((u_{jk}))$ fest und die Minimierung erfolgt allein über die Matrix $U^q = ((u_{(N+p)k}))$. Zur Lösung des Optimierungsproblems verwendet man Iterationsverfahren. Offensichtlich ist $G_{11}(U, U^q)$ ebenso ein Spezialfall allgemeinerer Möglichkeiten wie $G_{10}(U)$ zu $G_1(U)$ gemäß (6.6)(s. dazu RUSPINI (1970)).

Verfahren der unscharfen Clusteranalyse und der auf solch einer Analyse gegründeten unscharfen Klassifizierung haben Anwendungen in verschiedenen Bereichen gefunden. Ein für viele Anwendungsfälle genutzter Zugang ist bei BOCKLISCH (1987) ausführlich beschrieben und durch Anwendungsbeispiele aus Technik und medizinischer Diagnostik illustriert worden; neuere Anwendungsfälle beschreiben z. B. REICHELT (1986) bei technologischen Problemen und BOCKLISCH/ BURMEISTER/ PAULINUS (1987/88) bei Fragen des automatischen Schweißens.

Obwohl also die soeben vorgestellten Methoden in vielen praktischen Sachverhalten vernünftige Ergebnisse liefern, vor allem, wenn sie vom Hintergrundwissen des anwendenden Wissenschaftlers gesteuert wurden, gibt es eine ganze Reihe von Einwänden gegen eine solche Clusteranalyse, besonders wenn sie einem Optimalitätskriterium folgen soll. Es ist nicht nur die Willkür bei der Wahl eines solchen Kriteriums und seiner Parameter, sowie die Schwierigkeit, passende Anfangswerte festzulegen, sondern auch die Problematik der Optimalitätsforderung überhaupt: Stationäre Punkte einer Zielfunktion sind bekanntlich nicht notwendigerweise lokale Minima. Es gibt ferner keine Sicherheit, daß ein Optimum irgendeiner Zielfunktion überhaupt eine sachlich gute Clusterzerlegung liefert. Unterschiedliche Wahl der Parameter des Verfahrens kann durchaus eine ganz andere optimale Zerlegung liefern. Es kann auch eine andere Anzahl n der Cluster geben, für die eine sachlich befriedigendere Zerlegung erreicht wird. Diese Einwände kommen hinzu zu der gewöhnlichen Kritik an der Notwendigkeit, für alle Merkmale, die in der Regel recht unterschiedliche Charaktere aufweisen, *einen gemeinsamen* Abstand festzulegen. Schließlich muß noch einmal darauf hingewiesen werden, daß die Methoden der Clusteranalyse nur für *scharfe* Merkmalswerte anwendbar sind.

Daher erscheint es wichtig, sich einmal den gewöhnlichen Endzweck einer Clusteranalyse vor Augen zu führen. Häufig ist die Suche nach einer Struktur, hier nach Untermengen von sich gegen-

seitig sehr ähnlichen Objekten, nur ein Zwischenproblem dafür, neue
Objekte in Klassen einzuordnen (z. B. typische Situationen bei der
Steuerung oder Diagnosen in der Medizin), oder Abhängigkeiten
zwischen den Merkmalen zu finden. Weiterhin, wenn die Anzahl der
Merkmale wächst, dann werden die Probleme bei der Durchführung
der Clusteranalyse immer ernster. Daher werden in solchen Fällen
Methoden des lokalen Schließens immer interessanter, mit denen
die Probleme der Klassifikation und der Erfassung der Merkmal-
sabhängigkeit ohne eine Zerlegung der gesamten Objektmenge durch
einen Clusteranalysealgorithmus gelöst werden können. Gleichzeitig
wollen wir zulassen, daß die erfaßten Merkmalswerte *unscharfe Daten* sein dürfen. Damit wird, unter anderem, auch der Fall der Zusammenfassung von unscharfen Situationsbeschreibungen und der
Bestimmung von näherungsweisen Steueranweisungen (s. hierzu Abschnitt 4.2) aus einer anderen Sicht beleuchtet und gelöst.

   Im folgenden wollen wir davon ausgehen, daß die Ausprägung des
i-ten Merkmals beim j-ten Objekt als eine möglicherweise *unscharfe*
Menge über einem Universum $\mathcal{X}_i$ für das i-te Merkmal gegeben ist.
Die Gesamtheit dieser Mengen für alle Merkmale und alle Objekte
bildet dann die *Daten- oder Wissensbank*

$$X = ((X_{ij})), \tag{6.17}$$

wobei auf die unterschiedlichen Auffassungen bei der Namensgebung
hier nicht eingegangen werden soll.

   Solange wie möglich werden wir jedes Merkmal für sich betrachten. Dies geschieht nicht nur wegen der zu erwartenden Probleme
bei der Zusammenfassung, sondern auch, um möglichst lange vom
Hintergrundwissen über den semantischen Inhalt des Merkmals zu
profitieren. Es bezeichne also X_j den unscharfen Merkmalswert des
j-ten Objektes (für das i-te Merkmal) und $\mathcal{X}$ das zugehörige Universum. Das Problem besteht für uns nun darin, über der Menge
$\mathbb{F}(\mathcal{X})$ eine Ähnlichkeitrelation zu spezifizieren.

   Das Problem stellt sich unterschiedlich, ob über dem Universum $\mathcal{X}$ bereits eine Ähnlichkeitsrelation R für die scharfen Merkmalswerte eingeführt ist, oder ob die Ähnlichkeitsrelation ad hoc
eingeführt werden soll oder muß. Wir betrachten zunächst den ersteren Fall.

   Zur Bezeichnungsvereinfachung sei vorübergehend $X_j = A; X_l =
B$ gesetzt. Sei über $\mathcal{X}$ eine unscharfe Ähnlichkeitsrelation $R \in$

$I\!F(\mathcal{X} \times \mathcal{X})$ gegeben. Dann ist es möglich, und manchmal passender, die Ähnlichkeit zweier unscharfer Mengen, A und B, im Sinne von R durch eine unscharfe Menge S auszudrücken, die als Wert einer linguistischen Variablen ÄHNLICHKEIT auf der Ähnlichkeitsskala $[0, 1]$ als Universum gedeutet werden kann. Für die Berechnung von S, bei gegebenen A, B und R, kann man das Erweiterungsprinzip, mit einer entsprechenden t-Norm, wählen, z. B. für alle $A, B \in I\!F(\mathcal{X})$ erklären

$$S := S(A, B; R) : \tag{6.18}$$
$$m_S(z; A, B, R) = \sup_{(u,v):m_R(u,v)=z} \min\{m_A(u), m_B(v)\}.$$

Dies ist eine unscharfe Menge vom Typ 2 im Sinne von Abschnitt 2.1. Wir wollen $S(A, B; R)$ *unscharf ausgedrückte unscharfe Ähnlichkeit* von A und B im Sinne von R nennen. Hier bezieht sich also *unscharfe Ähnlichkeit* auf die Tatsache, daß $I\!F(\mathcal{X})$ der Grundraum ist, und *unscharf ausgedrückt* darauf, daß die unscharfe Ähnlichkeit als unscharfe Menge ausgedrückt ist, d. h. z. B. als Wert einer linguistischen Variablen. Obwohl das Verfahren zur Bestimmung von m_S ziemlich kompliziert aussieht, könnte man mit dieser Begriffsbildung Klassifikationsprobleme durchaus lösen. Man könnte sich dazu des klassischen Umgebungsbegriffs bedienen:

Definition. *Eine scharfe Untermenge* $J(A; c_0, m_0)$ *von* $I\!F(\mathcal{X})$ *heißt* (c_0, m_0)-*Umgebung von* $A \in I\!F(\mathcal{X})$ *bezüglich* R, *genau wenn*

$$J(A; c_0, m_0) = \{B \in I\!F(\mathcal{X}) \mid \sup_{z \geq c_0} m_S(z; A, B, R) \geq m_0\} \tag{6.19}$$

wobei $c_0, m_0 \in (0, 1]$ *die Parameter der Umgebung sind.*

Die (c_0, m_0)-Umgebung von A enthält also alle unscharfen Mengen $B \in I\!F(\mathcal{X})$, die im Sinne von R ähnlich zu A mindestens zu einem Grad c_0 mit einem Zugehörigkeitswert von m_0 sind. Weiterhin ist es sogar möglich, eine *unscharfe Umgebung* J^f von A in $I\!F(\mathcal{X})$ einzuführen. Dazu hat man für jedes $B \in I\!F(\mathcal{X})$ einen Zugehörigkeitswert $m_J(B; A)$ festzulegen, der den Grad angibt, zu dem B zur Umgebung $J^f(A; R)$ von A im Sinne von R gehört. Eine mögliche

Festlegung wäre für jedes $B \in \mathbb{F}(\mathcal{X})$

$$m_J(B; A) = \sup_{z \in [0,1]} m_S(z; A, B, R).\qquad(6.20)$$

Da R und daher $S(A, B; R)$ symmetrisch sind, ist die Nachbarschaftsrelation gemäß (6.20) ebenfalls symmetrisch. Basiert die Relation R auf einem Abstand d in $\mathcal{X} \times \mathcal{X}$, erklärt über eine monoton nichtwachsende Funktion $h : \mathbb{R}^+ \cup \{0\} \to [0,1]$ (s. Abschnitt 3.2):

$$\forall u, v \in \mathcal{X} : \quad m_R(u, v) = h(d(u, v)),\qquad(6.21)$$

dann hängt die sich ergebende unscharf ausgedrückte unscharfe Ähnlichkeit nicht von der Reihenfolge ab, in der das Erweiterungsprinzip angewandt wird, und diese kann daher der mathematischen Bequemlichkeit überlassen bleiben.

Trotz dieser prinzipiellen Möglichkeit wird man es im allgemeinen vorziehen, für die unscharfe Ähnlichkeit unscharfer Mengen mit *Skalaren* zu hantieren. Dabei soll jedoch die Forderung erhalten bleiben, daß die Ähnlichkeit *im Sinne der gegebenen Ähnlichkeitsrelation R* betrachtet wird.

Dieses Problem ist ein Spezialfall der allgemeineren Frage nach dem Grad, zu dem eine gegebene Relation R *durch zwei Mengen* erfüllt wird. Es gibt verschiedene Zugänge zur Beantwortung dieser Frage.

Einer der Zugänge geht davon aus, der Aussage „A und B stehen in der Relation R" (kurz: ARB), *Wahrheitsgrade* zuzuordnen. KLAUA (1966, 1996a) betrachtet drei Varianten – die optimistische:

$$ARB_{(opt)} \quad =_{\text{def}} \quad \exists u \exists v (u \,\varepsilon\, A \land v \,\varepsilon\, B \land (u, v)\,\varepsilon\, R)\qquad(6.22)$$

die pessimistische:

$$ARB_{(pess)} \quad =_{\text{def}} \quad \forall u, \forall v (u \,\varepsilon\, A \land v \,\varepsilon\, B \to (u, v)\,\varepsilon\, R)\qquad(6.23)$$

und die moderate Variante:

$$ARB_{(mod)} \quad =_{\text{def}} \quad \forall u \exists v (u \,\varepsilon\, A \to v \,\varepsilon\, B \land (u, v)\,\varepsilon\, R)$$
$$\land \forall v \exists u (v \,\varepsilon\, B \to u \,\varepsilon\, A \land (u, v)\,\varepsilon\, R).\qquad(6.24)$$

Hier sind die logischen Symbole $\exists, \forall$ und $\to$ im Sinne geeigneter Quantoren und Junktoren der mehrwertigen Logik zu verstehen, die für die

grundlegenden Operationen der Theorie unscharfer Mengen konstitutiv
sind (vgl. Abschnitt 2.1). Gewöhnlich wird $\exists$ als sup und $\forall$ als inf gedeutet. Andere Interpretationen sind prinzipiell möglich, werden aber fast
nie benutzt. Als Beispiel für die Wahl für $\wedge$ und $\rightarrow$ erwähnen wir hier nur

$$u \wedge v \,\hat{=}\, \min\{u,v\}; \qquad u \rightarrow v \,\hat{=}\, \max\{1-u,v\}, \tag{6.25}$$

woraus als spezieller *Ähnlichkeitsgrad* entstehen würde:

$$r_{(optmin)}(A,B,R) = \sup_{u,v} \min\{m_A(u), m_B(v), m_R(u,v)\}. \tag{6.26}$$

Weitere Möglichkeiten sind in BANDEMER/NÄTHER (1992) aufgeli-
stet oder lassen sich durch Einsetzen anderer Varianten für $\wedge$ und $\rightarrow$,
als t-Norm und zugehöriger φ-Operator (s. GOTTWALD (1986, 1989))
erzeugen.

Die so gebildeten Ähnlichkeitsgrade benutzen die Zugehörigkeitsfunktionen der beteiligten unscharfen Mengen offensichtlich nur an ausgewähl-
ten Punkten. Dies kann als eine positive als auch als eine negative Eigenschaft gedeutet werden. Einerseits stellt sie eine gewisse Robustheit
gegenüber der Spezifikation der Zugehörigkeitsfunktionen insgesamt dar,
andererseits kann die Abhängigkeit von dieser Spezifikation an den den
Ähnlichkeitsgrad bestimmenden Stellen als möglicherweise zu stark empfunden werden. Daher scheint es vernünftig, auch nach Ähnlichkeitsgraden zu suchen, die die gesamte Funktion oder einen wesentlichen Teil davon zur Bestimmung des Ähnlichkeitsgrades benutzen. Eine Möglichkeit
dazu ist die Verwendung der Kardinalität card (s. Abschnitt 2.1) anstelle
der sich in (6.26) in sup ausdrückenden Höhe hgt. Sei $C = (A \otimes B) \cap R$,
dann wäre

$$r_{\text{card}}(A,B,R) = \text{card}\,(C)/\text{card}\,(A \otimes B) \tag{6.27}$$

solch eine Möglichkeit, wobei $\cap$ noch als auf einer passenden t-Norm
basierende Durchschnittsbildung $\cap_t$ gedeutet werden könnte. Da mit
hgt und card Unschärfemaße definiert sind, bietet sich hier eine weitere
Möglichkeit an, über noch andere Unschärfemaße Ähnlichkeitsgrade einzuführen.

In Analogie mit dem Vorgehen bei S gemäß (6.19) lassen sich
auch Ähnlichkeitsgrade r zur Bildung von Umgebungen einer unscharfen Menge $A \in \mathbb{F}(\mathcal{X})$ heranziehen: Für jeden scharfen Ähnlichkeitsgrad r_0 kann eine scharfe Untermenge $J_r(A; r_0)$ von $\mathbb{F}(\mathcal{X})$

bestimmt werden, die alle diejenigen unscharfen Mengen enthält, die mindestens mit dem Grade r_0 ähnlich zu A sind:

$$J_r(A; r_0) = \{B \in I\!\!F(\mathcal{X}) \mid r(A, B) \geq r_0\}, \qquad (6.28)$$

wobei r der gewählte Ähnlichkeitsgrad nach irgendeinem der angegebenen Prinzipien und $r_0 \in (0, 1]$ der Parameter der speziellen Umgebung ist.

Natürlich kann man auch hier eine *unscharfe* Umgebung J_r^f von A einführen. Hierzu braucht man nur den Wert von $r(A, B)$ als Zugehörigkeitswert für B zur unscharfen Umgebung von A (und umgekehrt) zu deuten:

$$m_{J_r^f}(B; A) = r(A, B). \qquad (6.29)$$

Weitere Ähnlichkeitsgrade für unscharfe Mengen spezieller Struktur werden am Schluß dieses Abschnitts im Rahmen von Beispielen vorgestellt.

Kehren wir nun zur unscharfen Wissensbank (6.17) zurück. Hat man für alle Paare O_j und O_l und alle Merkmale M_i entsprechende unscharf ausgedrückte unscharfe Ähnlichkeiten spezifiziert, dann stellt die Hypermatrix

$$S = ((S_{ijl})) \qquad (6.30)$$

die Ähnlichkeitsstruktur des Merkmalssystems der Wissensbank für alle Objekte dar. Diese Hypermatrix S kann nun zur Behandlung unterschiedlicher Probleme genutzt werden.

Für festes $i = i_0$ spiegelt die Matrix unscharfer Mengen

$$S_{i_0} = ((S_{i_0 jl})) \qquad (6.31)$$

die *unscharf ausgedrückte unscharfe Ähnlichkeit aller Objekte* bez. des i_0-ten Merkmals wider. Damit lassen sich Umgebungen von Merkmalen einführen (s. BANDMEMER/NÄTHER (1992)).

Für feste Werte $j = j_0$ und $l = l_0$ stellt der Vektor unscharfer Mengen

$$S(j_0, l_0) = (S_{1j_0 l_0}, \ldots, S_{tj_0 l_0}) \qquad (6.32)$$

die *unscharf ausgedrückte unscharfe Ähnlichkeit der beiden Objekte* O_{j_0} und O_{l_0} hinsichtlich aller Merkmale dar. Auch hier lassen sich Umgebungen von Objekten einführen.

Selbstverständlich ergeben sich die gleichen Überlegungen auch für die Ähnlichkeitsgrade r. Da diese eine Relation S_i^f über $\mathbb{F}(\mathcal{X}_i \times \mathcal{X}_i)$ definieren, betrachten wir sie als deren Zugehörigkeitswerte und setzen

$$m_i(j,l) = m_{S_i^f}(j,l) = r(X_{ij}, X_{il}). \tag{6.33}$$

Dabei kann als Argument von r noch die Ähnlichkeitsrelation R_i des entsprechenden Universums auftauchen. Damit ergibt sich die Hypermatrix

$$\boldsymbol{M} = ((m_i(j,l))) \tag{6.34}$$

als eine Darstellung der Ähnlichkeitsstruktur der Wissensbank bez. aller Objekte und aller Merkmale.

Für festes $i = i_0$ stellt die Matrix

$$\boldsymbol{M}(i_0) = ((m_{i_0}(j,l))) \tag{6.35}$$

die unscharfe Ähnlichkeit aller Objekte bezüglich des i_0-ten Merkmals dar. Eine *Umgebung* des i_0-ten Merkmals kann nun z. B. durch

$$V_{r_0}(i_0, \epsilon) = \{i \in \{1, \ldots, t\} \mid \forall j, l \in \{1, \ldots, N\} :$$
$$|m_{i_0}(j,l) - m_i(j,l)| \le \epsilon\}, \tag{6.36}$$

spezifiziert werden, wobei $\epsilon > 0$ der die Umgebung charakterisierende Parameter ist. In (6.36) wurde implizit das Abstandsmaß für Matrizen

$$d(\boldsymbol{E}, \boldsymbol{F}) = \max_{i,j} |e_{ij} - f_{ij}|$$

benutzt. Natürlich sind auch andere solche Abstände möglich, wenn sie die Ansicht des Anwenders über die Verschiedenheit der Merkmale im Kontext der Wissensbank widerspiegeln. Ein geringer Abstand bedeutet dann, daß die beiden betrachteten Merkmale sich ziemlich ähnlich für die vorgegebene Objektmenge verhalten, und daher ähnliche Information bezüglich der Unterschiedlichkeit der Objekte liefern. Dies kann einerseits zur Entscheidung benutzt werden, ob und welche Merkmale in Zukunft als redundant weggelassen werden sollen, und andererseits kann es den Ausgangspunkt bilden, um fehlende Merkmalswerte erforderlichenfalls zu interpolieren.

Darüber hinaus kann die Matrix M benutzt werden, um die Unterscheidungsfähigkeit des i_0-ten Merkmals hinsichtlich der gegebenen Objekte zu bewerten. Sind die Elemente $m_{i_0}(j, l)$ alle ungefähr gleich, so besteht wenig Aussicht, mit dem i_0-ten Merkmal irgendwelche Substrukturen zu finden. Falls aber $M(i_0)$ die Einheitsmatrix ist, dann unterscheidet das Merkmal im höchst-möglichen Grad, liefert aber gleichermaßen keine nichttriviale Substruktur.

Für feste $j = j_0$ und $l = l_0$ stellt der Vektor

$$M(j_0, l_0) = (m_1(j_0, l_0), \ldots, m_t(j_0, l_0)) \qquad (6.37)$$

die *unscharfe Ähnlichkeit* der beiden Objekte O_{j_0} und O_{l_0} bez. *aller* Merkmale dar. Eine Umgebung eines Objekts O_{j_0} wäre dann

$$V_{r_{oo}}(j_0; r_0) = \{l \in \{1, \ldots, N\} \mid \min_{1 \le i \le t} m_i(j_0, l) \ge r_0\}, \qquad (6.38)$$

wobei r_0 der die Umgebung charakterisierende Parameter ist. Die so spezifizierte Nachbarschaft enthält alle Objekte der Wissensbank, die zu O_{j_0} mindestens zum Grade r_0 in *allen* Merkmalen ähnlich sind. Natürlich können Umgebungen auch für Teile der Wissensbank und mit unterschiedlichen Schranken für verschiedene Merkmale definiert werden.

Schließlich lassen sich die Ähnlichkeitswerte $m_i(j, l)$ hinsichtlich der Merkmale aggregieren, z. B. mit einem Funktional V_{agg}^f als

$$m_{jl} = V_{agg}^f(m_i(j, l)) \qquad (6.39)$$

zu einem globalen Ähnlichkeitsgrad für die Objekte O_j, O_l hinsichtlich aller Merkmale. Genausogut könnte man mit einem Funktional V_{agg}^O bezüglich der Objekte aggregieren in der Form

$$m_{ih} = V_{agg}^O(m_i(j, l), m_h(j, l)) \qquad (6.40)$$

und zu einem globalen Ähnlichkeitsgrad der zwei Merkmale M_i, M_h hinsichtlich aller Objekte der Wissensbank gelangen. Jedoch ist die Wahl und Deutung dieser Bildungen wohl ähnlich umstritten wie die Festlegung eines für alle Merkmale gemeinsamen Abstandes in der gewöhnlichen Clusteranalyse.

Die Umgebungen können nun zur Lösung von Problemen benutzt werden, die, für scharfe Merkmalswerte, üblicherweise mit der Clusteranalyse angegangen werden:

Umgebungen von Merkmalen können, wie schon erwähnt, zur Merkmalsreduktion benutzt werden.

Eine Zerlegung der Objektmenge in Untermengen von untereinander möglichst ähnlichen Objekten ist mit den Ähnlichkeitsgraden z. B. mit den die Graphendarstellung nutzenden Clustermethoden möglich. Darüberhinaus, wenn typische Objekte vorgegeben werden, wie in der Diagnostik üblich, stellen entsprechende Umgebungen dieser Objekte bereits die gesuchten Cluster dar.

Der Zugang zur Inferenz über Umgebungen ist eng verwandt mit den bei der unscharfen Steuerung von TURKSEN/ZHONG (1990) eingeführten *Übereinstimmungsgraden* (matching degrees). Durch Berechnung dieser Übereinstimmungsgrade, die Ähnlichkeitsgrade im obigen Sinne darstellen, zwischen den Merkmalswerten der Bedingungen und den Merkmalswerten der neuen Situation bestimmen sie die entsprechende Umgebung, in der sie dann die Steuerregeln aktivieren, die gewöhnlich mit den Übereinstimmungsgraden modifiziert werden.

Betrachten wir nun einige Beispiele für die Bestimmung von Ähnlichkeitsgraden in konkreten Situationen.

Im folgenden wird ein Problem aus der Chemie behandelt, bei dem ein Massenspektrogramm mit einem Referenzspektrogrammm verglichen werden muß. Die Einflüsse auf die Beobachtung und Aufzeichnung sind vielfältig und nur zum geringen Teil als stochastisch anzusehen. Es gibt zum Beispiel nicht die Möglichkeit der Wiederholung der Beobachtung unter festgelegten Bedingungen. Daher sind sowohl das Probespektrogramm wie auch das Referenzspektrogramm als unscharfe Menge anzusehen. Da die Piks das für Chemiker interessante am Spektrogramm sind, schlug BLAFFERT (1984) vor, allein diese als unscharf zu betrachten. Für die einbettende unscharfe Menge für jedes Pik des Referenzspektrogramms wurden (s. NAGEL/FEILER/BANDEMER (1985)) zweidimensionale Mengen B_j vom „Bohnentyp" (s. 2.53) gewählt, also für jedes $j = 1, \ldots, k$ gesetzt:

$$B_j: \quad m_j(x, y; x_j, y_j) \quad = \quad \tag{6.41}$$
$$[1 - c_1(x - x_j)^2 - c_2(y - y_j)^2 - c_{12}(x - x_j)(y - y_j)]^+,$$

wobei (x_j, y_j) die Koordinaten des Pikspitzenpunktes im Referenzspektrogramm und die Koeffizienten c_1, c_2, c_{12} nach umfangreichen

Voruntersuchungen an einer vorhandenen Datenbank und nach Konsultation mit Experten festgelegt wurden. Das Referenzspektrogramm wurde als Vereinigung aller „Bohnen" dargestellt:

$$B = \bigcup_{j=1}^{k} B_j \qquad (6.42)$$

und das *scharfe* Probespektrogramm, gewissermaßen pseudo-exakt, gewonnen als:

$$\mathcal{A} = \{(x_{A_1}, y_{A_1}), \ldots, (x_{A_n}, y_{A_n})\}. \qquad (6.43)$$

Um systematische Abweichungen bezüglich *aller* Piks in der Retentionszeit (x-Achse) und in der Intensität (y-Achse) des Probespektrogramms zu eliminieren, wurde das Spektrogramm um festgelegte kleine Intervalle $\triangle x$ und $\triangle y$ in beiden Richtungen „kontinuierlich" verschoben. Sodann wurde der Ähnlichkeitswert bestimmt als

$$m_S(\mathcal{A}, B) = \sup_{\triangle x, \triangle y} \operatorname{card}(\mathcal{A} \cap B)/\operatorname{card}\mathcal{A}, \qquad (6.44)$$

was ausgeschrieben bedeutet

$$m_S = \sup_{\substack{|\epsilon_x| \leq \triangle x; \\ |\epsilon_y| \leq \triangle y}} \sum_{i=1}^{n} \max_j m_j(x_{A_i} + \epsilon_x, y_{A_i} + \epsilon_y; x_j, y_j)/n. \qquad (6.45)$$

Damit hat man sogar ein Beispiel für die Ähnlichkeit einer unscharfen Menge B und einer scharfen Menge $\mathcal{A}$. In der Anwendung wird man eine Schranke m_0 vorgeben, unterhalb derer die Probespektrogramme als „weit vom Referenzspektrogramm" eingestuft werden. Eine automatische Anlage zur ökologischen Überwachung wird erst Alarm geben, wenn die kritische Schwelle m_0 überschritten wurde, und damit genauere Untersuchungen einleiten lassen. Die Schwelle m_0 wird nach einigen Trainingsläufen gewählt, um zu viele falsche Alarme wie auch das Übersehen von Gefahrensituationen auszuschließen.

Diese Methode läßt sich auch auf den Fall übertragen, daß das Standardspektrogramm eine unscharfe Funktion F mit Zugehörigkeitsfunktion $m_F(y; x)$ und das Probespektrogramm eine (pseudo-exakte) scharfe Funktion $f(x)$ ist. Sei $\mathcal{X}$ der Bereich für das Argument x und $\mathcal{Y}$ das Universum für die Ordinatenwerte. Dann wird

$$m_C(x) = m_F(f(x); x) \qquad (6.46)$$

eine unscharfe Menge über $\mathcal{X}$ und die Übereinstimmung von F und f über $\mathcal{X}$ kann ausgedrückt werden durch den Ähnlichkeitswert

$$m_S(F, f; \mathcal{X}) = \operatorname{card}(C)/\operatorname{card}\mathcal{X}. \qquad (6.47)$$

Eine Anwendung dieses Vorgehens findet sich in OTTO/BANDEMER (1986a) und BANDEMER/OTTO (1988), über das auch in BANDEMER/NÄTHER (1992) berichtet wurde. Es ging dabei um die Qualitätskontrolle von schmerzstillenden Tabletten mit Hilfe der Ultraviolettspektroskopie.

Bei dem vorstehenden Beispiel wurde die Abweichung der beiden betrachteten Funktion an jedem Punkt nur über den Zugehörigkeitswert, d. h. also nur indirekt, bewertet. Spielt auch der Wert der Abweichung auf der Ordinatenskala selbst eine Rolle, dann wird man von der Differenz scharfer Funktionen ausgehen und diese über das Erweiterungsprinzip auf die gegebenen unscharfen Funktionen übertragen. Sei also $d(x) = f_1(x) - f_2(x)$ die Differenz der beiden scharfen Funktionen und $m_1(y; x)$ und $m_2(y; x)$ die Zugehörigkeitsfunktionen der unscharfen Funktionen $F_1(x)$ und $F_2(x)$. Das Erweiterungsprinzip liefert für die unscharfe Differenz $D(x)$:

$$m_{D(x)}(y; F_1, F_2) = \sup_{(u,v):y=u-v} \min\{m_1(u; x), m_2(v; x)\}. \qquad (6.48)$$

Als Ähnlichkeitswert kann nun z. B. der mittlere Betrag der Differenz über dem Bereich $\mathcal{X}$ gewählt werden:

$$d(F_1, F_2) = \int\limits_{-\infty}^{\infty} |y| \int\limits_{\mathcal{X}} m_{D(x)}(y; F_1, F_2)\mathrm{d}x\,\mathrm{d}y \Big/ \int\limits_{\mathcal{X}} \mathrm{d}x. \qquad (6.49)$$

Die Normierung kann die praktische Interpretation erleichtern, z. B. indem zuerst durch den entsprechenden mittleren Betrag gemäß (6.49) dividiert wird, d. h. durch $d(F_1, 0)$, wenn eine der Funktionen die identisch verschwindende ist, und sodann auf den Bereich $[0, 1]$ normiert wird vermöge

$$m_S(F_1, F_2) = \left[1 - d(F_1, F_2)/d(F_1, 0)\right]^+. \qquad (6.50)$$

Obwohl diese Relation nur schwach reflexiv ist, erfüllte sie in der Anwendung alle Anforderungen des betrachteten Problems aus der

Chemometrie; s. OTTO/BANDEMER (1986c), BANDEMER/ OTTO (1988) und auch BANDEMER/NÄTHER (1992).

Ein weiteres Anwendungsgebiet für die Spezifizierung von Ähnlichkeiten ist die Gestaltsanalyse der Verfahrenstechnik. Hier kommt es darauf an, natürliche oder produzierte Partikel bezüglich ihrer ungefähren Form zu bewerten. Diese hat in der Regel einen hohen Einfluß auf die weitere Verarbeitung (so z. B. bei Zement und Kohlemahlgut) oder auf die Reaktionsgeschwindigkeit in chemischen Reaktoren oder als in der Landwirtschaft eingesetztes Granulat. Beim technischen Einsatz sind die Eigenschaften in der Regel nur für Standardformen, meist als Kugeln angenommen, berechenbar, die „Abweichungen" von der Standardform werden dann durch *Formfaktoren* in den Berechnungsformeln berücksichtigt. Die Formbeschreibung kann und braucht stets nur unscharf erfolgen, in der Regel erfolgt sie, aus Gründen der technischen Machbarkeit, an zweidimensionalen Repräsentationen (Schnitt oder Projektion) der einzelnen dreidimensionalen Partikel. Für eine subjektive Einschätzung natürlicher zweidimensionaler Partikelformen wurde von Verfahrenstechnikern (s. BEDDOW/VETTER/SISSON (1976)) ein unscharfer Komparator vorgeschlagen:

1. Die Grundlinie des Komparators bildet eine Menge gleichgroßer regulärer Formen mit 3, 4, 5, 6, 7, 8 Seiten und (als unendlichseitige reguläre Form) ein Kreis.

2. Diese Basisformen werden dann modifiziert in einer der folgenden Arten, oder in der Kombination von je zweien von ihnen: a) Dehnung des Verhältnisses Höhe zu Grundlinie wie 2 zu 1, 4 zu 1, 8 zu 1 und 10 zu 1; b) Komprimierung dieses Verhältnisses auf 1/2, 1/4, 1/8 und 1/10. c) Verschiefung um einen Winkel von 30° und um 60°.

3. Alle Formen werden auf den gleichen Umfang normiert.

Für ein gegebenes Partikel wird dann die charakterisierende zweidimensionale Menge mit jeder der gegebenen Formen verglichen und für jede Form ein Ähnlichkeitswert zwischen 0 und 1 festgelegt. Dieses Vorgehen ist sicher nur im Labormaßstab zu Forschungszwecken praktizierbar. Zur Vorbereitung einer *automatischen „objektivierten"* Methode unter Benutzung eines Bildverarbeitungssystems wurden von KRAUT (s. BANDEMER/KRAUT (1988)) Untersuchungen durchgeführt, über die im folgenden kurz berichtet werden soll.

Wieder ist der Ausgangspunkt ein zweidimensionales Bild des Partikels, wie es sich auf dem Bildschirm eines Bildverarbeitungssystems darbietet. Dieses Bild ist in der Regel ein Grautonbild, das die Dreidimensionalität in gewisser Weise widerspiegelt, und entspricht einem unscharfen Gebiet. Gewöhnlich wird nun dieses Bild durch eine Schärfungstransformation (meist durch Wahl eines Grautonniveaus als Schwelle) in ein Schwarzweißbild überführt, dessen Kontur über Fourieranalyse oder mit einem anderen Verfahren zur Konturklassifikation untersucht wird, was in der Regel einen scharfen Formfaktor liefert. Da die Grautönung gewisse Information über die Dreidimensionalität liefert, scheint das Schärfen des Bildes, bei der Szenenerkennung ein probates Mittel, im vorliegenden Problem nicht sinnvoll. Das Schärfen der *räumlichen* Kontur, wenn es denn mit einfachen Mittel bewerkstelligt werden könnte, würde Information über die möglicherweise recht irreguläre Oberfläche ergeben, die im vorliegenden Fall recht uninteressant wäre. Das Grautonbild liefert, in all seiner Unbestimmtheit und Unschärfe, Information über dessen dritte Dimension, die möglicherweise ausreicht, um die dreidimensionale Gestalt, wie verlangt, im groben, zu beschreiben. Eine systematische Variante, um die Dreidimensionalität des Partikels durch Bildunschärfe zu erfassen, wäre das folgende Vorgehen: Das Partikel wird mehrfach, bei ortsfestem Schwerpunkt, der Kamera präsentiert. Die Grautonbilder werden gemittelt und ergeben ein Grautonbild mit der Intensitätsfunktion

$$g(x,y) = \sum_{i=1}^{n} g(x,y;z_i)/n,$$

wobei die z_i die Positionen beschreiben. Allerdings muß n hier klein sein, da sonst Kugelungseffekte eintreten, d. h. das Bild wird für großes n einer Schießscheibe ähnlich und liefert kaum noch Information. Im folgenden soll die Intensitätsfunktion g als gegeben angenommen sein, auf die Entstehung wird nicht weiter zurückgegriffen. Zur mathematischen Bequemlichkeit wird g nun in $[0,1]$ normalisiert und dann mit m_G bezeichnet. Dann wird m_G als Zugehörigkeitsfunktion einer unscharfen Menge G interpretiert, wobei $m_G(x,y) = 1$ bedeuten soll, daß (x,y) im Kern des Partikels liegt und $m_G(x,y) = 0$, daß (x,y) außerhalb des Partikels ist. Die dazwischen liegenden Werte betreffen also Punkte, die in der räumlichen Konturzone des Partikels liegen, sie charakterisieren also dessen räumliche Gestalt.

Obgleich $m_G(x,y) \in (0,1)$ bedeutet, daß (x,y) in der *unscharfen* Kontur ∂G von G liegt, ist damit die Zugehörigkeit von (x,y) zu ∂G noch nicht festgelegt. Eine genaue Entscheidung läßt sich hierbei umgehen, wenn man eine *unscharfe Begrenzung zweiter Art* einführt, indem man für jeden Zugehörigkeitswert $\gamma \in [0,1]$ eine unscharfe Menge $B_G(\gamma)$, die *unscharfe γ-Kontur von* G, definiert:

$$m_{B_G(\gamma)}(x,y) = \min\{m_G(x,y)/\gamma, (1 - m_G(x,y)/(1 - \gamma)\} \quad (6.51)$$

Um zu einer gewöhnlichen unscharfen Menge zurückzukommen, kann γ, scharf oder unscharf, festgelegt werden, um Vorkenntnisse oder das Gefühl auszudrücken, für welche γ der Rand des Gebietes beim gegebenen Problem sinnvoll sein wird. Im Zusammenhang mit der Gestaltsbeschreibung eines Partikels (s. BANDEMER/KRAUT (1988)) wurde $\gamma = 0,5$ gewählt, um die *unscharfe Kontur C* der unscharfen Menge G zu definieren, womit aus (6.51) der Spezialfall wird

$$m_C(x,y) = 2\min\{m_G(x,y), 1 - m_G(x,y)\}, \quad (6.52)$$

wobei die Vorstellung bemüht wird, daß die Übergangslinie (oder die -region) $m_C(x,y) = 0,5$ das Gebiet „ noch Bild" von dem mit „bereits Umgebung" im unscharfen Sinne trennt. Da keine ebene Kontur des Partikels festgelegt ist, genügte diese Wahl im gegebenen Zusammenhang. Für technische Anwendungen ist es empfehlenswert, das Bild vor der Bearbeitung von Artefakten und Grundrauschen in der gewöhnlichen Weise zu säubern, z. B. durch

$$m_G^*(x,y) = \begin{cases} m_G(x,y), & \text{falls } m_G \in (\epsilon_1, 1 - \epsilon_2) \\ 0 & \text{sonst,} \end{cases}$$

mit passend gewählten (kleinen) $\epsilon_1, \epsilon_2 > 0$. Diese ad hoc Wahl genügt bereits, um einen möglicherweise schattierten Hintergrund und Reflexionen an kleinen Oberflächenlöchern loszuwerden. Ein angemesseneres und durchdachteres, wenn auch aufwendigeres Vorgehen wäre die Anwendung der unscharfen mathematischen Morphologie (s. NÄTHER/ KRAUT (1992)).

Nun kann man sich wieder dem Beddowschen unscharfen Komparator zuwenden (s. oben und BEDDOW/VETTER/SISSON (1976)).

Um zu einer kleinen Anzahl von Parametern zu kommen, wie es im Anwendungsinteresse wünschenswert ist, wird eine Familie ebener Standardformen gewählt, die trotz der geringen Parameteranzahl eine hohe Anpassungsflexibilität zeigt.

Diese Familie kann festgelegt werden, indem man z. B. typische Formen in einer Voruntersuchung betrachtet. Die unscharfen Konturen davon werden dann in eine Funktionsfamilie hinreichender Reichhaltigkeit eingebettet. Hiermit können auch typische Asymmetrien berücksichtigt werden. In dem von uns betrachteten Beispiel eines Quarzpartikels (s. BANDEMER/KRAUT (1988)) wurde die wohlbekannte Familie der p-Ellipsen

$$| x/c |^p + | y/d |^p = 1$$

betrachtet, in der die Parameter c, d, p offensichtliche Bedeutungen haben. Diese Wahl impliziert allerdings eine Verständigung über die Lage des Partikels im Koordinatensystem, im konkreten Fall wurde der Schwerpunkt des Bildes supp (G) als Ursprung und der längste Durchmesser als x-Achse gewählt. Jedes Tripel (c, d, p) gehört zu einer scharfen Gestalt $\mathcal{B}(c, d, p)$ in der Ebene. Als *Ähnlichkeitsgrad* („Sympathiewert") der gegebenen unscharfen Kontur, dem Datum C, und der Gestalt $\mathcal{B}(c, d, p)$ kann die relative Kardinalität von C längs des Graphen von $\mathcal{B}$ gewählt werden

$$r(C, \mathcal{B}) = \int\limits_{\mathcal{B}} m_C(x, y)\mathrm{d}s / \int\limits_{\mathcal{B}} \mathrm{d}s. \qquad (6.53)$$

Wegen der Definition und der Eigenschaften s. den folgenden Abschnitt 6.3. Wegen eines Bildes und der numerischen Beispielergebnisse s. BANDEMER/KRAUT (1988).

Für die praktische Anwendung ist die Bewertung der scharfen Kontur nach einem unscharfen Komparator häufig immer noch zu aufwendig. Man will sich mit einem Gestaltparameter begnügen, der z. B. die Abweichung vom Kreis numerisch ausdrückt. Solch ein Parameter ist die *Rundheit* s, die den Umfang P der zur scharfen Gestalt $\mathcal{G}$ gehörenden Kontur C mit dem Umfang eines Kreises vergleicht, der die gleiche Fläche F wie die Kontur einschließt:

$$s(\mathcal{G}) = P/[2(\pi F)^{1/2}], \qquad (6.54)$$

wobei

$$F = \int\limits_{\mathcal{G}} \mathrm{d}x \, \mathrm{d}y; \quad P = \int\limits_{\mathcal{C}} \mathrm{d}s. \qquad (6.55)$$

Der Gestaltsfaktor ist gleich Eins, wenn $\mathcal{G}$ selbst eine Kreis-scheibe ist, und er ist in jedem anderen Falle größer. Offensicht-lich ist s invariant bezüglich Bewegungen und Skala. Der Kehrwert der Funktion $s^{-1}(\mathcal{G})$, der Werte in $[0,1]$ annimmt, kann als *Ähn-lichkeitsgrad* mit der Kreisscheibe gedeutet werden, eine spezielle Bedeutung von *Rundheit*. Zur Illustration wurden einige Werte für scharfe Konturen berechnet:

$s^{-1}(\text{Quadrat}) = 0,886;$

$s^{-1}(\text{Rechteck mit Seitenverhältnis 1 zu 2}) = 0,835;$

$s^{-1}(\text{Rechteck mit Seitenverhältnis 1 zu 4}) = 0,709;$

$s^{-1}(\text{gleichseitiges Dreieck}) = 0,777.$

Wären nun die unscharfe Fläche F und der unscharfe Umfang P des unscharfen Bildes G durch ihre entsprechenden Zugehörigkeits-funktionen m_F und m_P gegeben, dann könnte man die *unscharfe Rundheit* S^{-1} mit dem Erweiterungsprinzip ausrechnen

$$m_{S^{-1}}(s) = \sup_{(f,p):s=2(\pi f)^{1/2}/p} \min\{m_F(f), m_P(p)\}. \qquad (6.56)$$

Allerdings macht die Bestimmung von m_F und m_P einige Pro-bleme. Der gewöhnliche Weg geht über die α-Schnitte $G^{\geq \alpha}$ von G. Die Annahme, daß für jeden solchen Schnitt der Umfang $P(\alpha)$ und die Fläche $F(\alpha)$ definiert sind, ist für die Anwendungen wenig ein-schränkend. Wenn man die Flächen $F(\alpha)$; $\alpha \in (0,1]$ berechnet, kann es passieren, daß man nur wenige verschiedene Werte erhält, z. B. wenn m_G einer Treppenpyramide ähnlich sieht. In diesen Fällen wird m_F mehrwertig, d. h. ein Flächenwert kann mehrere α's ha-ben, die zu ihm gehören. Daher ist m_F selbst unscharf und F ist ein spezielle Menge vom Typ 2 (s. Abschnitt 2.1). Dies ist für die Anwendungen verwirrend und unannehmbar, wir müssen also Ab-hilfe schaffen. Wegen der Monotonie von $G^{\geq \alpha}$ bezüglich der Menge-ninklusion kann man zwei einschließende unscharfe Mengen F_{unten}

und F_{oben} betrachten, mit den Zugehörigkeitsfunktionen

$$m_{F_{unten}} = \sup\{\alpha : F(\alpha) \geq f\}, \tag{6.57}$$

erklärt als Grad, zu dem „die Fläche von G mindestens f ist", und

$$m_{F_{oben}} = \sup\{\alpha : F(\alpha) \leq f\}, \tag{6.58}$$

erklärt als der Grad, daß „die Fläche von G höchstens f ist". Der Durchschnitt

$$F_* = F_{unten} \cap F_{oben} \tag{6.59}$$

ist wieder eine gewöhnliche unscharfe Menge, und kann als unscharfer Flächenwert von G verwendet werden. Der Umfang $P(\alpha)$ zeigt im allgemeinen keine Monotonie bezüglich der Mengeninklusion. Man muß schon *Konvexität* von G voraussetzen, um das obige Vorgehen für F auch für P zu begründen.

Ein anderer Zugang, um einen unscharfen Wert für den Umfang festzulegen, führt über den unscharfen γ-Rand $B_G(\gamma)$ gemäß (6.51). Sei Γ mit $m_\Gamma(\gamma)$ die unscharfe Menge, die das Gefühl ausdrückt, für welche γ der Rand sinnvoll ist, im gegebenen Kontext, dann ist

$$m_C(x,y) = \sup_{\gamma \in (0,1]} \min\{m_{B_G(\gamma)}(x,y), m_\Gamma(\gamma)\} \tag{6.60}$$

der unscharfe Rand, der eine gewöhnliche unscharfe Menge ist. Falls jeder α-Schnitt $C^{\geq \alpha}$ für $\alpha \in (0,1]$ der unscharfen Kontur C aus einer einfach zusammenhängenden Menge mit rektifizierbaren (inneren und äußeren) Rändern besteht, dann können die entsprechenden Umfangswerte $P_{innen}(\alpha)$ und $P_{aussen}(\alpha)$ dazu dienen, einen *unteren unscharfen Umfang* mit

$$m_{P_{unten}}(p) = \sup\{\alpha : \max\{P_{innen}(\alpha), P_{aussen}(\alpha)\} \geq p\}, \tag{6.61}$$

und einen *oberen unscharfen Umfang* mit

$$m_{P_{oben}}(p) = \sup\{\alpha : \min\{P_{innen}(\alpha), P_{aussen}(\alpha)\} \leq p\} \tag{6.62}$$

zu spezifizieren. Der Durchschnitt

$$P_* = P_{unten} \cap P_{oben} \tag{6.63}$$

kann nun als unscharfer Umfangswert in (6.56) eingesetzt werden.

Es gibt hier einen Zusammenhang mit dem Begriff der *zweifälti-gen unscharfen Menge* S (s. DUBOIS/PRADE (1983)), die als geord-netes Paar (I, C) zweier unscharfer Mengen I, C mit der zusätzli-chen Eigenschaft supp $(I) \subseteq C^{\geq 1}$ definiert ist, wobei I das *Innere* von S und C die *Abschließung* von S genannt wird. Der Rand B von S ist dann als $B = C \cap I^c$ definiert. Dieser Zugang kann auf γ-Ränder verallgemeinert werden, wenn man γ nun als Grad des Meinens deutet, daß G eine *abgeschlossene unscharfe* Menge ist. Wegen der Einzelheiten vgl. man BANDEMER/KRAUT (1990b).

6.3   Quantitative Datenanalyse

Während im vorangehenden Abschnitt die unscharfen Daten nur gemäß ihrer Ähnlichkeit verglichen und behandelt wurden, sollen die Daten nun in quantitativen Ausdrücken, d. h. mit parametrischen Modellen untersucht werden. Dabei werden Probleme betrachtet, die bei scharfen Daten gewöhnlich mit Methoden der mathemati-schen Statistik angegangen werden, wobei für die Entstehung der Daten wahrscheinlichkeitstheoretische Annahmen gemacht werden.

Bei der *quantitativen Analyse unscharfer Daten* gibt es zwei verschiedene Vorgehensweisen. Zum einen kann man versuchen, Methoden der mathematischen Statistik für scharfe Daten, etwa über das Erweiterungsprinzip, auf den Fall unscharfer Daten zu übertragen, wie es zum Beispiel von VIERTL (1990) (vgl. auch Ab-schnitt 5.3) praktiziert wird. Zum anderen kann man die entspre-chende Problemstellung der mathematischen Statistik auf den un-scharfen Fall übertragen und das Problem mit den allgemeinen Me-thoden der Theorie unscharfer Mengen zu lösen suchen (s. BANDE-MER/NÄTHER (1992)).

Gewöhnlich sind *scharfe* Daten als Punkte in einem t-dimen-sionalen Raum gegeben. Die *scharfe* Analyse beginnt dann mit deren Anordnung gemäß weiterer Eigenschaften, meist bezüglich der Häufigkeit in festgelegten Klassen. Damit wird eine Untersu-chung auf „untypische" Daten verbunden, die z. B. sehr weit von der „Hauptmasse" entfernt liegen (sogenannte *Ausreißer*), deren Zu-verlässigkeit und Repräsentanzvermögen dann erst einmal bezwei-felt wird.

Wenn die Daten Punkte in einem Euklidischen Raum sind, was

in der Regel angestrebt wird, dann wird als nächste Maßnahme
der Analyse versucht, durch geeignete, meist lineare Transformation Strukturen in der „Punktwolke" zu erkennen. Wenn der Da-
tenraum eine höhere Dimension als zwei oder drei hat, was in interessanten Fällen stets so ist, dann müssen die Transformatio-
nen *Projektionen* sein, um eine visuelle Inspektion am Bildschirm
zu ermöglichen. Mit Folgen solcher Projektionen, die einem vor-
bestimmten Bildungsgesetz folgen, sogenannten *Projektionsjagden*,
wird dann am Bildschirm versucht, solche Projektionen zu finden,
bei denen eine spezielle Struktur der Daten sichtbar wird. Solche
Strukturen können z. B. durch Zerfall der Gesamtpunktwolke in
Teilwolken entstehen oder in der Gruppierung der Masse der Punkte
längs Kurven oder Flächen bestehen. Diese Technik wurde zuerst von FRIEDMAN/TUKEY (1974) angewandt, einen einprägsamen
und vereinheitlichenden Überblick darüber findet man bei HUBER
(1985). Will man die Suche automatisiert ablaufen lassen, dann muß
man dem Programm ein *Maß der Interessantheit* für die aufgefundenen Konstellationen vorgeben, aus dem der Rechner erkennt, auf
welche „Struktur" er besonders achten soll. Diese Technik wurde
in BANDEMER/NÄTHER (1988a) auf unscharfe Daten von einem
verallgemeinerten „Bohnentyp" ausgedehnt, s. dazu auch BANDE-
MER/NÄTHER (1992). Die meisten Methoden der klassischen multivariaten statistischen Analyse, wie Hauptkomponentenanalyse, Dis-
kriminanzanalyse und einige Verfahren der Faktoranalyse stellen
sich als Spezialfälle der Projektionsjagdtechnik (mit Interessant-
heitsmaß) heraus. Ein in den Anwendungen weit verbreiteter Spezialfall ist die sogenannte Partial-Least-Squares-Technik, kurz PLS.
Sie geht auf WOLD (1985) zurück und bildet das wesentliche Element seiner „sanften Modellierung". Mit ihr wird versucht, (lineare) Beziehungen zwischen unbeobachtbaren (latenten) Variablen
aus den beobachteten Variablen, von denen diese als abhängig angenommen werden, zu bestimmen. Auch diese PLS-Technik wurde
auf unscharfe Daten übertragen (s. BANDEMER/NÄTHER (1988b)).

Von besonderer Bedeutung für die Datenanalyse ist die Suche
nach funktionalen Abhängigkeiten zwischen den Komponenten der
Einzeldaten, ermöglicht doch die Kenntnis solcher Abhängigkeiten
substantielle Aussagen über den durch die Daten beschriebenen
Sachverhalt, z. B. die Vorhersage von unbekannten Datenkompo-

nenten.

Eine *funktionale Beziehung* ist eine (parametrische) Familie von Abbildungen eines Grundraumes $\mathcal{X}$ von Einflußgrößen oder Faktoren in einen Raum $\mathcal{Y}$ von Ziel- oder Wirkungsgrößen:

$$\{(f(.,c)\}_{c \in \mathcal{C}} \quad \text{mit } f(.,c) : \mathcal{X} \to \mathcal{Y} \text{ für alle } c \in \mathcal{C}. \quad (6.64)$$

Gewöhnlich wird angenommen, daß $\mathcal{X} \subseteq I\!R^k; \mathcal{Y} \subseteq I\!R^1; \mathcal{C} \subseteq I\!R^r$. Natürlich ist auch $\mathcal{Y} \subseteq I\!R^l$ möglich, worauf wir im folgenden aber aus Gründen der einfachen Darstellung verzichten wollen. Eine funktionale Beziehung hat viel Ähnlichkeit mit einem Regressionsansatz der mathematischen Statistik, jedoch können hier sowohl Einfluß- als auch Wirkungsgrößen den gleichen (unscharfen) Charakter haben.

Im folgenden gehen wir davon aus, daß die Beobachtungsdaten *unscharfe Mengen* A_i über $\mathcal{X} \times \mathcal{Y}$ mit Zugehörigkeitsfunktionen $m_i(x,y); i = 1, \ldots, N$ sind.

Eine übliche Methode der Analyse gewöhnlicher punktförmiger Daten ist deren Approximation durch einen Funktionalausdruck. Wenn es jedoch keine Vorstellung über den Typ der Funktion für solche Anpassung gibt, was in Voruntersuchungen häufig der Fall ist, dann werden die Punkte in einfacher Weise genau oder näherungsweise miteinander verbunden, wobei nur *die unmittelbare Umgebung jedes Punktes* betrachtet wird. Das Ergebnis dieses Vorgehens kann dann benutzt werden, um eine funktionale Beziehung zu finden, die die Punkte *im ganzen interessierenden Bereich* $\mathcal{X}$ approximativ verbindet. Das erstere Problem wird der *lokale* Ansatz, das letztere der *globale* Ansatz genannt.

Betrachten wir zuerst den lokalen Ansatz. Um eine Auswucherung der Bezeichnungen für dieses einfache Problem zu vermeiden, behandeln wir nur den zweidimensionalen Fall $(x,y) \in I\!R^2$.

Da die Träger der Einzeldaten supp (A_i) sich überlappen können, muß für den lokalen Ansatz zuerst ein Aggregationsprinzip gewählt werden, um ein eindeutiges Gesamtdatum A zu erhalten. Gewöhnlich wird als Aggregation die Vereinigung, meist sogar über das Maximum, gewählt.

Dann ist eine erste und naheliegende Empfehlung, als Näherung für die funktionale Abhängigkeit von y von x die *Modalspur*

$$F_{MOD}(x) = \{y \mid y = \arg\sup_y m_A(x, y)\}; \qquad (6.65)$$

$$x \in \{x \mid \sup_y m_A(x, y) > 0\}$$

zu wählen, d. h. für jedes x die Menge aller y zu betrachten, die eine maximale Zugehörigkeit zu A bei x haben, natürlich nur innerhalb der Menge, in der überhaupt Information durch A gegeben ist. Dieses Kriterium kann im Sinne der Possibilitätstheorie (s. Abschnitt 5.1) gedeutet werden: Man sucht nach der maximalen Possibilität der angepaßten Funktionswerte. Im allgemeinen wird die Modalspur für manche x mehrere Werte y enthalten. Die Spur wird weder eindeutig noch stetig sein, sie wird das Bild der Kammlage eines natürlichen Gebirges zeigen. Aber diese Unzulänglichkeiten sind kein Nachteil, für einen ersten Eindruck genügt es, auftretende Trends festzustellen. Weiterhin wäre eine Glättung und Eindeutigmachung auf dieser frühen Stufe informationsverfälschend und damit für das folgende irreführend. Falls die Spur in mehrere klar getrennte Zweige in der y-Richtung aufgespalten wird, dann sollte man die Orginaldaten nach Ausreißern durchsehen, die Spezifizierung der unscharfen Mengen nochmals überdenken oder an eine *implizite* Form der funktionalen Beziehung denken.

Im Fall der impliziten funktionalen Beziehung kann man das Prinzip der Modalspur modifizieren. Deutet man auch hier die Zugehörigkeitsfunktion m_A im Sinne einer topographischen Höhenkarte, dann kann man das Prinzip der *Wasserscheiden* heranziehen, bei dem nur solche Bergrücken zum Träger der Approximation gemacht werden, die zu Wasserscheiden des unscharfen „Gebirges" gehören. Methoden hierfür findet man z. B. in BANDEMER/HULSCH/LEHMANN (1986).

Wegen weiterer Prinzipien zur Festlegung von lokalen Näherungen wird auf BANDEMER/NÄTHER (1992) verwiesen, wo auch weitere Literatur angegeben ist.

Für die Behandlung des *globalen* Ansatzes unterscheidet man zwei Betrachtungsweisen. Bei der *explorativen*, der wir uns zuerst zuwenden, werden die Daten genommen, wie sie gegeben sind. Aussagen über die funktionale Beziehung nutzen nur diese und beziehen sich nur auf die Teile von $\mathcal{X} \times \mathcal{Y}$ die vom Träger supp (A) des Gesamtdatums A überdeckt werden. Bei der Betrachtung des Problems als *Approximation* der funktionalen Beziehung, der wir uns weiter unten zuwenden werden, macht man Annahmen, die die Einbeziehung auch der Gebiete außerhalb jenes Trägers erlauben.

Im explorativen Fall gehen wir von der funktionalen Beziehung (6.64) aus und versuchen, die in den unscharfen Daten $A_1, \ldots, A_N$ enthaltene (unscharfe) Information in die Parametermenge $\mathcal{C}$ der funktionalen Beziehung zu übertragen. Die entsprechende Abbildung

$$V : I\!\!F((\mathcal{X} \times \mathcal{Y})^N) \to I\!\!F(\mathcal{C}) \qquad (6.66)$$

wird *Übertragungsprinzip* (Transfer principle) genannt. Die Bewertung jeder Funktion $f(.,c)$ der funktionalen Beziehung (6.64) ist eine unscharfe Bewertung von c, d. h. durch die Zugehörigkeitsfunktion $m_C(c)$ einer Abbildung $C(A_1, \ldots, A_N)$.

Die Abbildung V besteht aus zwei Operationen: einer *aggregierenden* V_{AGG}, die die Abhängigkeit von der Individualität der Daten (dem Index i) beseitigt, und einer *integrierenden* V_{INT}, die die Abhängigkeit von der Verschiedenheit der x-Punkte im Bereich unterdrückt.

Die mathematische Bequemlichkeit, theoretisch wie numerisch, legt es nahe, die beiden Operationen getrennt festzulegen und nacheinander anzuwenden. Die verschiedenen vorgeschlagenen Übertragungsprinzipien unterscheiden sich voneinander durch die Festlegung und Reihenfolge der speziellen Abbildungen.

Beginnen wir mit der Aggregation der Daten, d. h.

$$A = V_{AGG}(A_1, \ldots, A_N). \qquad (6.67)$$

Wenn wir Punkte betrachten wollen, die zu mindestens einem der Daten A_i gehören, und damit als Punkte der funktionalen Beziehung in Frage kommen sollen, dann haben wir die A_i's zu *vereinigen*, z. B. über das Maximum

$$A = \bigcup_{i=1}^{N} A_i \; : \quad m_A(x,y) = \max_i m_i(x,y). \qquad (6.68)$$

Falls man jedes Datum an jedem Punkt gleichberechtigt betrachten will, möglicherweise mit einem je unterschiedlichen Grad der Glaubwürdigkeit $\beta_i \in [0,1]$, dann liegt das gewogene Mittel nahe, also ein Datum A mit der Zugehörigkeitsfunktion

$$m_A(x,y) = \sum_{i=1}^{N} \beta_i m_i(x,y), \qquad (6.69)$$

wobei die β_i so gewählt sein müssen, daß m_A in $[0,1]$ bleibt.

Wenn wir es für nützlich halten, nur solche Information zu verwenden, die in jedem der gegebenen Daten enthalten ist, dann ist sogar der Durchschnitt sinnvoll

$$A = \bigcap_{i=1}^{N} A_i \;:\; m_A(x,y) = \min_i m_i(x,y). \qquad (6.70)$$

Schließlich kann man die Übertragungsprinzipien robuster gegen „Ausreißer" machen, wenn man die Aggregation nur bezüglich einer Untermenge fordert. Sei also $\mathcal{N}(n)$ die Menge alle Untermengen vom vorgegebenen Umfang $n \leq N$, dann wäre

$$A : m_A(x,y) = \max_{H \in \mathcal{N}(n)} \min_{i \in H} m_i(x,y) \qquad (6.71)$$

eine Verallgemeinerung von (6.70).

Nun können wir auf das so *vereinigte Datum* A eine integrierende Operation V_{INT} anwenden. Im allgemeinen stellt

$$m_{A(f(.,c))}(x) = m_A(x,f(x,c)); \quad x \in \mathcal{X} \qquad (6.72)$$

den Grad dar, zu dem der Graph $\{(x,f(x,c))\}_{x \in \mathcal{X}}$ das vereinigte Datum A in x für einen gegebenen Parameterwert c trifft. Über $\mathcal{X}$ betrachtet ist $A(f(.,c))$ eine unscharfe Menge, d. h.

$$A(f(.,c)) \in \mathbb{F}(\mathcal{X}). \qquad (6.73)$$

Damit ist jede integrierende Operation V_{INT} ein Bewertungskriterium für $A(f(.,c))$ und damit für c.

Um eine ganz einfache solche Operation anzugeben, wählen wir eine Gewichtsfunktion $w : \mathcal{X} \to \mathbb{R}^+ \cup \{0\}$ mit $\int_{\mathcal{X}} w(x)dx = 1$, die eine zusätzliche Kenntnis oder eine erwünschte Eigenschaft ausdrückt. So wichtet z. B.

$$w(x) = w_0 \cdot \sup_y m_A(x,y) \qquad (6.74)$$

jedes x mit dem Modalspurwert (6.65) und blendet Bereiche ohne Information durch unscharfe Daten aus.
Dann ist

$$C_1^* : m_{C_1^*}(c) = \int\limits_{X} m_A(x, f(x,c))w(x)\,\mathrm{d}x \qquad (6.75)$$

eine (quantitative) Bewertung und zusammen mit dem gewählten V_{AGG} ein brauchbares Übertragungsprinzip. Falls man $w(x)$ als Wahrscheinlichkeitsdichte deutet, erhielte (6.75) den Charakter eines Erwartungswertes. Dies verführte bei der ersten Publikation dieses Prinzips (s. BANDEMER (1985)) zu der Bezeichnung „Prinzip der erwarteten Kardinalität". Natürlich ist eine probabilistische Deutung möglich, aber nicht notwendig (s. dazu BANDEMER/NÄTHER (1992)). Natürlich kann auch, wenn es sinnvoll und einfach zu berechnen ist, statt des gewöhnlichen Integrals in (6.75) ein Sugeno-Integral treten (s. Abschnitt 5.2). Schließlich kann die Zugehörigkeitsfunktion von $A(f(.,c))$ auch als Possibilitätsverteilung gedeutet werden, was

$$C_2^* : \quad m_{C_2^*}(c) = \sup_x m_A(x, f(x,c)) \qquad (6.76)$$

liefert. Die gegebenen Beispiele mögen genügen. Selbstverständlich kann jede aggregierende Operation $A = V_{AGG}(A_1, \ldots, A_N)$ mit jeder integrierenden Operation $C^* = V_{INT}(A)$ kombiniert werden, wenn das im gegebenen Problem sinnvoll ist.

Wenden wir uns nun der umgekehrten Ordnung für die Anwendung der Operationen zu, d. h. $C_i = V_{INT}(A_i)$ und $C^* = V_{AGG}(C_1, \ldots, C_N)$.

Ein erster Vorschlag für V_{INT} ist vom Erweiterungsprinzip her motiviert und führt auf die Zugehörigkeitsfunktion

$$m_{C_{i,1}}(c) = \sup_{(x,y):y=f(x,c)} m_i(x,y) = \sup_x m_i(x, f(x,c)). \qquad (6.77)$$

Die Zugehörigkeitsfunktion für C_i kann als Unsicherheit gedeutet werden, die vom unscharfen Datum A_i auf die Parametermenge C induziert wird, möglicherweise als eine Art Possibilitätsverteilung. Man kommt zur gleichen Operation, wenn man die übliche Aussage über die Gültigkeit einer unscharfen Relation in einer gegebenen Menge fuzzifiziert (s. dazu BANDEMER/SCHMERLING (1985) und BANDEMER/NÄTHER (1992)). Offensichtlich kann das Integral (6.75) auch für jedes i einzeln berechnet werden und führt dann zu

$$m_{C_{i,2}}(c) = \int\limits_{\mathcal{X}} m_i(x, f(x,c)) w_i(x) \, dx, \qquad (6.78)$$

wobei für jedes i eine andere Gewichtsfunktion gewählt werden darf, entsprechend dem praktischen Kontext.

Nachdem jedes Datum in $\mathbb{F}(\mathcal{C})$ abgebildet worden ist, kann man die Bilder gemäß einem gewählten V_{AGG} zusammenfassen. Wir geben einige Beispielvorschläge dafür.

Der *Durchschnitt*, z. B. über das Minimum

$$m_{C_3^*}(c) = \min_i m_{C_i}(c), \qquad (6.79)$$

könnte als der Grad gedeutet werden, daß jedes der unscharfen Daten A_i einen Punkt der funktionalen Beziehung $f(.,c)$ enthält. Daher ist C_3^* anfänglich, z. B. BANDEMER/SCHMERLING (1985) auch „gemeinsamer Gültigkeitsgrad der funktionalen Beziehung" bezüglich der gegebenen Daten genannt worden. Natürlich kann man, analog zu (6.71) nur die „beste" Auswahl von n Daten bei der Zusammenfassung berücksichtigen. Eine andere Möglichkeit ist wieder die Aggregation über das gewogene Mittel. Sie wird bevorzugt, wenn die Daten aus Häufigkeitsergebnissen stammen.

Wegen weiterer Prinzipien und, allgemein, wegen der speziellen Eigenschaften und Unterschiede der Prinzipien sei auf BANDEMER/NÄTHER (1992) verwiesen.

Wegen eines praktischen Beispiels, der Untersuchung des Zusammenhangs von Vickershärte und Abstand von der gehärteten Oberfläche eines sehr kleinen Probestücks, vgl. man BANDEMER/ KRAUT (1990a) und BANDEMER/NÄTHER (1992).

Bis hierher wurden die unscharfen Daten nur im explorativen Sinne behandelt, außerhalb der Träger der Daten wurde keine Information vermutet oder benutzt. Dies führte zur Empfehlung, nur den Teil von $\mathcal{X}$ zu betrachten, auf den das vereinigte Datum projiziert ist, und zu dem befremdlichen Ergebnis, daß C_1^* gelegentlich die leere Menge sein kann, wenn es nämlich kein $f(.,c)$ gibt, dessen Graph alle gegebenen Daten gleichzeitig berührt, obwohl eine ganze Reihe solcher Graphen *durch* die „Datenwolke" verlaufen.

Daher gibt es einige Vorschläge, solche unerwünschten Eigenschaften zu umgehen, indem man *Umgebungen* der Funktionen oder der Daten in Betracht zieht. Der unscharfe oder scharfe approximierende Parameter wird dann über ein Optimierungsverfahren bestimmt. Einige Vorschläge in dieser Richtung bilden eine Brücke für Annahmen über den Mechanismus der Herkunft der Daten, z. B. daß sie Realisierungen von unscharfe Zufallsvariablen sind. Im folgenden sollen drei solcher *Approximationsprinzipien* kurz vorgestellt werden.

Bei dem sogenannten *Übertragungsprinzip für Schläuche* wird statt des Graphen von $f(., c)$ der funktionalen Beziehung ein ganzer Funktionsschlauch

$$\{f(., c) + \Delta\}_{\Delta \in \mathbb{R}^1} \tag{6.80}$$

betrachtet. Für festes $\Delta_0 > 0$ legt dies eine Umgebung für $f(., c)$ fest. Führt man (6.80) in ein Übertragungsprinzip ein, dann ergibt sich eine unscharfe Menge über $\mathcal{C} \times \mathbb{R}^1$. Deren Zugehörigkeitsfunktion oder eine davon weiter abgeleitete kann nun innerhalb $|\Delta| \leq \Delta_0$ maximiert werden. Weiteres dazu s. BANDEMER/NÄTHER 1992.

Ein anderer Zugang zur „Verbreiterung" der Funktion $f(., c)$ wäre deren Ersatz durch eine unscharfe Funktion $F(., c)$, für die jene die „Kernfunktion" darstellt (s. Abschnitt 2.2). Dann wird der *individuelle* Abstand jedes Datums von dieser *unscharfen* funktionalen Beziehung betrachtet, d. h.

$$d(A_i, F(., c)), \tag{6.81}$$

wobei d ein Abstand für unscharfe Mengen auf $\mathcal{X} \times \mathcal{Y}$ bedeutet.

Das allgemeine Prinzip besteht nun darin, die Abstände bez. i zu aggregieren und Parameterwerte $c^* \in \mathcal{C}$ zu finden, für die der aggregierte Abstand minimal ist. Beispiele für solches Vorgehen findet man in DIAMOND (1988), ALBRECHT (1991), CELMINS (1987); in BANDEMER/NÄTHER (1992) wird darüber ausführlich berichtet.

Schließlich sei ein Zugang von TANAKA erwähnt (s. TANAKA/UEJIMA/ASAI (1982), TANAKA/WATADA (1988)), der Unschärfe nur in y-Richtung als unscharfe Zahlen zuläßt und nur spezielle (lineare) Beziehungen betrachtet (s. auch dazu BANDEMER/NÄTHER (1992)).

Gelegentlich ist man mit der nur lokalen Betrachtung des vereinigten Datums A, etwa durch die Modalspur, nicht zufrieden, kann sich aber andererseits nicht zur Annahme einer globalen funktionalen Beziehung entschließen. Dies passiert z. B. wenn die Modalspur recht breit und unruhig verläuft und kleine Lücken zeigt, in die der Träger des Datums nicht hineinreicht, die aber trotzdem von Interesse sind. Für scharfe Daten hat man für solche Fälle die Methode der empirischen Regression zur Hand. Das Anliegen dieser Methode ist es, eine lokal glatte Näherung der funktionalen Beziehung zu erzeugen, zu der die Daten gehören könnten, bis auf einen zufälligen Fehler. Die Idee der Methode ist recht einfach. Innerhalb eines sogenannten Fensters, d. h. in einem kleinen Intervall oder Abschnitt des Raumes der unabhängigen Variablen, gewöhnlich versehen mit einer *internen relativen Gewichtsfunktion*, wird die funktionale Beziehung durch einen sehr einfachen Funktionentyp approximiert, z. B. durch eine Konstante oder einen linearen, höchstens quadratischen Ausdruck. Diese Approximation wird dann nur für das Zentrum des Fensters, praktisch für einen kleinen Bereich um das Zentrum, benutzt. Dann wird das Fenster um ein kleines Linien- oder Vektorelement verschoben und das Verfahren wiederholt, bis der gesamte interessierende Bereich mit kleinen Approximationspartikeln überdeckt wurde. Diese Partikel werden dann zu einer glatten Gesamtapproximation verbunden. Diese Zusammenführung ist praktisch kein Problem, da sie gewöhnlich am Computer erfolgt, dem ein „vernünftiges" Prinzip dafür vorgegeben wird.

Dieses Vorgehen kann natürlich sehr einfach für den unscharfen Fall adaptiert werden. Sei $w(x; x_0)$ die interne Gewichtsfunktion, die außerhalb des Fensters verschwindet, und x_0 der Mittelpunkt des Fensters. Für die Approximation der funktionalen Beziehung wählt man – im Fall $\mathcal{Y} \subseteq I\!\!R^1$ – entweder $f_0(x,c) = c_0$, $f_1(x,c) = c_0 + c_1 x$, oder $f_2(x,c) = c_0 + c_1 x + c_2 x^2$. Zur Bewertung von c innerhalb des jeweiligen Fensters nehmen wir ein geeignetes Übertragungsprinzip (s. (6.66)). Als Beispiel betrachten wir das Prinzip

$$m_{\tilde{C}^*}(c; x_0) = \int_{\mathcal{X}} m(x, f(x,c)) w(x, x_0) \, dx. \tag{6.82}$$

Diese Schätzung kann benutzt werden, um einen unscharfen geschätzten Funktionswert der gewählten einfachen Beziehung f bei x_0 über das

Erweiterungsprinzip zu berechnen

$$m_f(y; x_0) = \sup_{c:y=f(x_0,c)} m_{C^*}(c; x_0). \qquad (6.83)$$

In Analogie zur gewöhnlichen empirischen Regression kann man auch Werte in der Umgebung von x_0 erhalten:

$$m_f(y; x) = \sup_{c:y=f(x,c)} m_{C^*}(c; x_0). \qquad (6.84)$$

Das weitere Verfahren ist dann völlig analog zu dem für scharfe Werte mit Verschiebung des Fensters und anschließender glättender Verbindung der erhaltenen Schätzungen.

Weitere Verallgemeinerungen in diesem Sinne wären eine *unscharfe Splineapproximation* und eine teilweise unscharfe Adaption der *Mehrphasenregression*. (Zur letzteren vgl. man BANDEMER/BELLMANN (1991) und BANDEMER/NÄTHER (1992)).

In der mathematischen Statistik werden die berechneten Parameterschätzungen für einen Regressionsansatz für verschiedene Inferenzprobleme benutzt, z. B. für die Vorhersage der Wirkungsgröße an weiteren Beobachtungspunkten oder zur Entscheidung über die Wahl eines Ansatzes aus mehreren vorgegebenen.

In der unscharfen Datenanalyse für die Bestimmung von funktionalen Beziehungen, ob als Schätzung oder Approximation gedeutet, erhält man eine unscharfe Parametermenge C^*, z. B. über ein Übertragungsprinzip. Damit läßt sich in $\mathcal{X}$ eine parameterunscharfe funktionale Beziehung

$$y = f(x, C), \qquad C \in \mathbb{F}(\mathcal{C}) \qquad (6.85)$$

spezifizieren, die die Basis der entsprechenden Inferenz bilden wird. Dabei wird der Stern bei C im folgenden weggelassen, da die Herkunft der unscharfen Parametermenge für die Inferenz nicht wesentlich ist. Man könnte auch unscharfe Expertenschätzungen benutzen.

Für die Inferenz wird gewöhnlich das Erweiterungsprinzip benutzt. An der scharfen Stelle x_0 erhält man als *Interpolation* den unscharfen Funktionswert Y mit

$$m_Y(y; x_0) = \sup_{c:y=f(x_0,c)} m_C(c) \qquad (6.86)$$

und an der unscharfen Stelle $X_0 \in I\!\!F(\mathcal{X})$

$$m_Y(y; X_0) = \sup_{(c,x):y=f(x,c)} \min\{m_C(c), m_{X_0}(x)\}. \qquad (6.87)$$

Natürlich kann man mit diesen Formeln auch *extrapolieren*, aber dabei ist wie immer Vorsicht geboten, denn es wird stillschweigend angenommen, daß am Extrapolationspunkt die gewählte funktionale Beziehung noch gilt, was nicht stimmen muß.

Im Gegensatz zu den damit in der statistischen Inferenz auftauchenden Schwierigkeiten ist die unscharfe *Kalibrierung* symmetrisch zur unscharfen Interpolation. Für den gegebenen scharfen Wert y_0 wird das unscharfe Argument X kalibriert mit

$$m_X(x; y_0) = \sup_{c:y_0=f(x,c)} m_C(c) \qquad (6.88)$$

und für den unscharfen Wert $Y_0 \in I\!\!F(I\!\!R^1)$ berechnet man den kalibrierten Argumentwert X mit

$$m_X(x; Y_0) = \sup_{(c,x):y=f(x,c)} \min\{m_C(c), m_{Y_0}(y)\}. \qquad (6.89)$$

Anwendungen dieser Formeln im praktischen Kontext der Chemometrie findet man in OTTO/BANDEMER (1986b, 1988a, 1988b).

Ein weiteres interessantes Inferenzproblem besteht in der Kombination von unscharf ausgedrückter Information über den Parameter c aus verschiedenen Quellen. Sei zum Beispiel $C_P \in I\!\!F(\mathcal{C})$ eine unscharfe Menge, die a-priori-Wissen über c spezifiziert und $C_E \in I\!\!F(\mathcal{C})$ das Ergebnis der Schätzung von c nach einem Übertragungsprinzip.

In einem ersten Schritt könnte man die beiden Zugehörigkeitsfunktionen mit Faktoren multiplizieren, die die Glaubwürdigkeit der Informationen (objektiv oder subjektiv) bewerten. In einem zweiten Schritt würde man eine Verknüpfung, gewöhnlich eine t-Norm, wählen, um die beiden Mengen zusammenzuführen. Schließlich würde man, in einem dritten Schritt, das erhaltene Ergebnis in einem gewissen Sinne wieder normalisieren. Sollen z. B. beide Mengen *gleichberechtigt* behandelt werden, die Verknüpfung der *durch das Minimum ausgedrückte Durchschnitt* sein, und die Normierung über das *Supremum* erfolgen, dann erhält man

$$m_C(c \mid A) = \frac{\min\{m_P(c), m_E(c)\}}{\sup_{b \in \mathcal{C}} \min\{m_P(b), m_E(b)\}}, \qquad (6.90)$$

dabei bedeutet $|$ A, daß die Daten $A_1, \ldots, A_N$ über C_E berück-
sichtigt wurden. Dies ist eine unscharfes Analogon der bekannten
Bayesschen Formel: Deuten wir die Zugehörigkeitsfunktionen als
Möglichkeitsverteilungsfunktionen (s. Abschnitt 5.1), dann wird in
(6.90) eine a-priori-Verteilung mit einer aktuellen Verteilung gekop-
pelt, was eine a-posteriori-Verteilung liefert.

Wenden wir uns nun der *Modelldiskrimination* zu. Das Problem
tritt auf, wenn mehrere funktionale Beziehungen

$$f_1(.,c^{(1)}), \ldots, f_r(.,c^{(r)})); \quad c^{(j)} \in C_j; \; j = 1, \ldots, r \qquad (6.91)$$

zur Verwendung konkurrieren, jede motiviert durch verschiedene
sachlich begründete Vorstellungen, oder einfach durch die Forderung nach guter Approximation mit möglichst wenigen Parametern.
Die Wahl soll an Hand der gegebenen unscharfen Daten $A_1, \ldots, A_N$
getroffen werden. Ein naheliegendes Vorgehen wird darin bestehen,
die Parameter in jeder einzelnen Beziehung aus den gegebenen Daten zu schätzen, natürlich nach dem gleichen Prinzip, und die erhaltenen Schätzungen bezüglich der Güte der Anpassung zu bewerten.
Als Maß dieser Güte wäre ein Unschärfemaß brauchbar, das die Vorstellungen des Anwenders von der wünschenswerten Art dieser Güte
widerspiegelt. Als Beispiel betrachten wir das Übertragungsprinzip
mit $V_{INT} = \sup_x$, $V_{AGG} = \min_i$, dann wäre

$$\text{hgt} \, (C_j) = \sup_{c \in C_|} \min_i \sup_x m_i(x, f_j(x, c)) \qquad (6.92)$$

ein brauchbares Kriterium für die Auswahl eines f_j. Der Wert
drückt nämlich für jedes j aus, welchen Wert die Zugehörigkeitsfunktion des Graphen der entsprechenden funktionalen Beziehung
bei allen unscharfen Daten *gleichzeitig* erreichen kann. Gibt es also
auch nur ein Datum, das dieser Graph *nicht* erreicht, dann verschwindet diese Zugehörigkeitsfunktion. Daher ist das Prinzip zur
Modelldiskrimination gut geeignet. Allerdings beruht die Entscheidung bei der Benutzung der Höhe jeweils nur auf einem Punkt,
daher empfiehlt sich als Basis der Entscheidung für die Anwendung
auch der bereits in Abschnitt 5.5 vorgestellte Zugang von CZO-
GALA/GOTTWALD/PEDRYCZ (1982), eine Kombination von Höhe
und Kardinalität (s. dazu auch BANDEMER/NÄTHER (1992)).

Ein anderes Anwendungsgebiet der mathematischen Statistik ist die *sequentielle Optimierung* von nur empirisch gegebenen Funktionen. Diese Aufgabe tritt vor allem bei Steuerproblemen auf, wo eine Wirkungsgröße in Abhängigkeit von einem Vektor von einstellbaren Steuergrößen optimiert werden soll. In tatsächlich praktischen Situationen kann die Beziehung zwischen der Wirkungsgröße und den Steuergrößen nicht genau und durch mathematische Formeln angegeben werden, und die Beziehung wird durch zusätzliche Faktoren beeinflußt, für die gewöhnlich ein stochastischer Charakter angenommen wird. Weiterhin lassen sich die Steuergrößen nur näherungsweise einstellen und der beobachtete Wirkungsgrößenwert erlaubt für diese nur eine grobe Beschreibung, z. B. wegen der Grobheit des benutzten Sensors. Gewöhnlich wird diese Vagheit und Ungenauigkeit vernachlässigt und nur zufällige Fehler werden berücksichtigt, die dem scharfen Wert der funktionalen Beziehung als überlagert angenommen werden. Für diesen Modellfall gibt es sequentielle Verfahren in großer Vielfalt (s. z. B. BOX/WILSON (1951), KIEFER/WOLFOWITZ (1952), BANDEMER/REIMANN (1988)).

Man kann sich nun auf den entgegengesetzten Standpunkt stellen und die Zufallsfehler zugunsten der Unschärfe vernachlässigen. Dieser Standpunkt scheint gerechtfertigt, wenn der Einfluß der zufälligen Abweichungen wesentlich kleiner ist als der der Ungenauigkeit und Vagheit, z. B. wenn die zu optimierende Größe nur verbal gefaßt werden kann, wie bei der Bedienbarkeit einer Maschine oder bei der Waschbarkeit eines Kleidungsstückes, wofür man gewöhnlich lange, aber fragwürdige Checklisten benutzt. In solchen Fällen scheint es angemessener zu sein, eine entsprechende linguistische Variable zu definieren, die entweder die betrachtete Eigenschaft selbst oder einen (unscharfen) Befriedigungsgrad bez. dieser Eigenschaft ausdrückt. Darüber hinaus sind einige Steuergrößen, z. B. gewisse Produktionsbedingungen wie etwa Materialeigenschaften, nur verbal beschreibbar. Sogar wenn die Steuergrößen durch Steuereinheiten angepaßt werden, wie z. B. die Temperatur mit einem Thermostaten, sind die aktuellen Werte ungenau und nicht genau bekannt. Hier ist die Optimierung der Wirkungsgröße häufig von Interesse für die Verbesserung der Eigenschaft eines Produktes durch Maßnahmen der Forschung, Entwicklung oder im Produktionsprozeß selbst.

Ein Zugang zu Lösung solcher Probleme wird in BANDEMER

(1991) gegeben. Die Wirkungsgröße wird dabei als unscharfe Funktion F mit der Zugehörigkeitsfunktion $m_F(x,.)$ aufgefaßt, die über einem (kompakten) Teilgebiet des $I\!R^k$ definiert ist. Ohne Beschränkung der Allgemeinheit wird angenommen, daß sie zu minimieren ist.

Über die Einführung des α-Minimums von F durch

$$y_{min}(\alpha; F) = \inf\{y \in \mathcal{Y} \mid m_F(x,y) \geq \alpha\} \tag{6.93}$$

wird das *unscharfe Minimum* von F (s. DUBOIS/PRADE (1980)) definiert

$$F_{min} : \quad m_{F_{min}}(y) = \sup\{\alpha \mid y = y_{min}(\alpha; F)\}. \tag{6.94}$$

Spezielle Voraussetzungen über F sind hier weggelassen (s. BANDEMER (1991) oder BANDEMER/NÄTHER (1992)).

Es scheint wenig sinnvoll, unter den eingangs geschilderten Bedingungen der Ungenauigkeit und Vagheit nach einem scharfen Wert von $x \in \mathcal{X}$ zu suchen, an dem die Funktion F ein Minimum annimmt. Unter den Vorgaben und für den genannten Zweck genügt es vollauf, ein Gebiet zu finden, in dem die Wirkungsgröße *annähernd minimal* ist. Nehmen wir an, daß wir eine Abweichung vom Minimum von $\Delta > 0$ tolerieren können, wobei Δ als „klein" im gegebenen Kontext gewählt wurde. Dann definieren wir ein *Zielgebiet* $Z(\Delta, \alpha; F)$ für die Minimierung als

$$Z(\Delta, \alpha; F) = \{x \in \mathcal{X} \mid \exists y \in I\!R^1 \big(y \leq y_{min}(\alpha; F) + \Delta$$
$$\wedge (x,y) \in \mathrm{supp}(F)\big)\} \tag{6.95}$$

Dieses Zielgebiet soll nun durch unscharfe Beobachtungen $A_i \in I\!F(\mathcal{X} \times \mathcal{Y})$ geschätzt werden.

Für die Schätzung des Minimums werden gewöhnlich vornehmlich solche Beobachtungen verwendet, die besonders kleine Werte der Wirkungsgröße ergeben haben. Daher ist es nötig, eine Größerbeziehung für die unscharfen Beobachtungen einzuführen. Für unscharfe Zahlen gibt es viele Vorschläge (s. z. B. ZADEH (1978), DUBOIS/PRADE (1983b), ROMMELFANGER (1988)). In BANDEMER (1991) – s. auch BANDEMER/NÄTHER (1992) – wurden wie für die Ähnlichkeitsrelation zwischen unscharfen Mengen (dort ausgehend von der scharfen Gleichheit) die Vorschläge von KLAUA (1966a,

1966b), nun unter Verwendung der scharfen Größergleichbeziehung, benutzt. Ein Beispiel für die erhaltene Bewertung ist

$$r_{(optmin)}(A, B, \leq) = \sup_{u \leq v} \min\{m_A(u), m_B(v)\}, \qquad (6.96)$$

die mit entsprechenden Dominanzgraden in der oben genannten Literatur übereinstimmt (s. dazu BANDEMER/NÄTHER (1992)).

Mit einem Vektor von *Vergessensgraden* kann man „kleinere" Beobachtungen gegenüber „größeren" bevorzugen, um Schätzungen für das Zielgebiet zu konstruieren. Es läßt sich sogar ein Konzept für eine *unscharfe Versuchsplanung*, d. h. für die Festlegung des nächste, unscharfen Versuchspunktes, und für die Einbeziehung von Vorkenntnissen über die ungefähre erwartete Lage des Zielgebietes über ein pseudo-Bayessches Vorgehen finden. Nähere Einzelheiten finden sich in der angegebenen Literatur.

Mit den vorgestellten Analogien zu und Adaptionen von Methoden der statistischen Datenanalyse und Inferenz sind die Möglichkeiten der unscharfen Datenanalyse bei weitem noch nicht erschöpft. Der Leser wird unschwer weitere Probleme finden, in denen er in ähnlicher Weise vorgehen kann.

6.4 Bewertung von Methoden der unscharfen Datenanalyse

In den vorangehenden Abschnitten dieses Kapitels wurden die vorgestellten Methoden vom Standpunkt der beschreibenden Datenanalyse betrachtet. Die Methoden wurden erläutert und gelegentlich auch einige Eigenschaften erwähnt. Für eine weitergehende mathematische Behandlung der Probleme müssen diese Methoden *geordnet* werden, d. h. man muß sie unter spezifischen Annahmen *bewerten*. Wir sehen uns also die Methoden *von außen* an und vergleichen sie miteinander. Eine *normative* Theorie, wie sie z. B. für die mathematische Statistik existiert, gibt es für die unscharfe Datenanalyse noch nicht. Interessante und erfolgversprechende Ansätze stammen von W. NÄTHER (s. BANDEMER/NÄTHER (1992), Kapitel 7).

Wir benutzen zu ihrer Darstellung die Sprechweise eines Experimentators. Die erste Frage nach einem Experiment lautet bekanntlich: Was ist passiert? Die Aufmerksamkeit ist auf das eine, möglicherweise aggregierte, *realisierte Ergebnis* konzentriert. Alle früheren oder späteren Ergebnisse bleiben außer Betracht. Zur Beantwortung der Frage brauchen wir nur die beschreibende Analyse. Eine andere Version der Frage ist: Was ist mit dem möglicherweise verbal beschriebenen Versuchsergebnis eigentlich gemeint? Wenn das Ergebnis unsicher, ungenau oder vage ist, dann wird man es als unscharfes Datum formulieren und es mit einer der vorgeschlagenen Methoden der unscharfen Datenanalyse untersuchen. In jedem Fall handelt es sich um eine beschreibende Analyse, die das *realisierte* Versuchsergebnis analysiert. Eine Übertragung, z. B. zur Vorhersage künftiger Versuchsergebnisse stützt sich allein auf die allgemeine wissenschaftliche These: In ähnlichen Fällen ist Ähnliches zu erwarten.

Will man nun die Frage: Was *wird* in Zukunft als Versuchsergebnis *passieren?* mathematisch eingehender behandeln, dann muß man *alle möglichen Ergebnisse* des Versuches in Betracht ziehen. Eine Bewertung aller möglichen Ergebnisse bedarf eines *Modells* über die Ungewißheit dieser Ergebnisse und einer *Theorie* innerhalb dieses Modells, die eine Rechtfertigung von entsprechenden Inferenzregeln und eine Bewertung der Vorhersagen liefert. Solch eine Theorie würde man *normative Analyse* nennen. In gewissem Sinne verliert das eine realisierte Ergebnis seine Individualität und wird in die Menge aller möglichen Ergebnisse eingebettet. In diesem Sinne wird von einer *Modellierung der Umgebung* gesprochen, die als die Ungewißheit der Daten erzeugend angenommen wird. Oft wird ein wahrscheinlichkeitstheoretisches Modell für die Daten gewählt, doch sind auch andere Zugänge (z. B. ein possibilistisches Modell oder ein Modell, das andere spezielle unscharfe Maße benutzt) denkbar und vernünftig. Bezogen auf den hier ausgebreiteten Zusammenhang gehört also die Unschärfe hauptsächlich zur beschreibenden Datenanalyse, während die Wahrscheinlichkeit (zu einer möglichen Art) von normativer Theorie für die Datenanalyse führt. Natürlich erfordert die Anwendung in konkreten Situationen streng genommen beides. Die Ergebnisse werden als unscharfe Daten beschrieben, aber wir sind nicht nur an der beschreibenden Analyse der gegebenen „Stichprobe" interessiert, sondern auch an theoretisch gestützten Vorhersagen. Dies erfordert eine *normative Analyse unscharfer Daten*, für die es erst Anfänge gibt. Die vorliegenden Vorschläge benutzen meist eine wahrscheinlichkeitsmodellierte Umgebung, die auf eine *statistische Analyse unscharfer Daten* führt. Als allgemeines Ziel einer normativen Theorie für unscharfe Daten könnte man eine *Entscheidungstheorie* für unscharfe Daten ansehen.

Zur Vorbereitung der Darstellung einiger Ideen der normativen Datenanalyse betrachten wir *bewertete unscharfe Daten*. Eine *Bewertung* ist eine Funktion

$$g : \mathbb{F}(\mathcal{X}) \to [0,1]. \tag{6.97}$$

Beispiele sind

a) die Bewertung durch ein unscharfes Maß Q

$$g(A) = Q(A); \tag{6.98}$$

b) speziell durch ein Wahrscheinlichkeitsmaß P

$$g(A) = \mathrm{Prob}_P(A) = \int_{\mathcal{X}} m_A(x)\mathrm{d}P(x); \tag{6.99}$$

c) speziell durch ein Möglichkeitsmaß mit Verteilung π

$$g(A) = \mathrm{Poss}_{\pi}(A) = \sup_{x \in \mathcal{X}} \min\{m_A(x), \pi(x)\}; \tag{6.100}$$

d) speziell durch die Wahrheit von A bezüglich eines x, was einfach eine andere Deutung der Zugehörigkeit von A bei x ist

$$g(A) = \mathrm{Truth}_x(A) = m_A(x); \tag{6.101}$$

e) schließlich durch die relative Kardinalität bezüglich einer durch eine Dichte $p(.)$ gegebenen normierten Maßes auf $\mathcal{X}$, s. (2.22), als

$$q(A) = \mathrm{card}_{rel(p)}(A) = \int_{\mathcal{X}} m_A(x)p(x)\,\mathrm{d}x. \tag{6.102}$$

Die Bewertungsfunktion g kann nun als Zugehörigkeitsfunktion für die unscharfen Mengen A zu einer unscharfen Menge auf $\mathbb{F}(\mathcal{X})$ betrachtet werden, z. B. $q(A) = \mathrm{Prob}_P(A)$ als die Zugehörigkeit aller gemäß P wahrscheinlichen Daten aus $\mathbb{F}(\mathcal{X})$.

Ein unscharfes Datum A heißt nun *g-bewertet* zum Grade $t \in [0,1]$, wenn

$$g(A) = t. \tag{6.103}$$

Dies läßt sich verallgemeinern auf *unscharf g-bewertete* Daten, indem man linguistische Grade $T \in \mathbb{F}([0,1])$ festlegt und

$$g(A) = T \tag{6.104}$$

einführt. Beispiele hierfür sind dann

> „Die Wahrscheinlichkeit, daß das betrachtete Gerät eine hohe Lebensdauer hat, ist recht mäßig",

was in der Formulierung von Kapitel 4 lautet

> Prob (hohe_lebensdauer) ist recht_mäßig,

und

> „Die meisten Geräte haben eine hohe Lebensdauer",

was entsprechend zu formulieren ist als

> card $_{rel}$(hohe_lebensdauer) ist recht_hoch.

Für die Verwendung eines scharf oder unscharf bewerteten unscharfen Datums A im Rahmen der Datenanalyse besteht das Problem, es wieder zu einem einfachen unscharfen Datum C über einem geeigneten Universum zu machen. Nun ist mit $u = g$ das Datum (6.104) eine linguistische Aussage (ein linguistisches Datum) im Sinne von Kapitel 4. Die unscharfe Bewertung T ist eine unscharfe Menge aus $\mathbb{F}([0,1]$, aber die „Elemente" t von T sind die möglichen Bewertungsgrade des unscharfen Datums A, d. h. $t = g(A)$, (s. (6.103)). Damit haben wir eine Art Kettenregel und definieren

$$m_C(g) := m_T(g(A)), \tag{6.105}$$

was, bei gegebenen A und T, als Zugehörigkeitsfunktion auf dem Universum $[0,1]^{\mathbf{F}(\mathcal{X})}$ aller Bewertungsfunktionen aufgefaßt werden kann und daher dort eine unscharfe Menge C definiert. So kann man die Überführungsregel des unscharf bewerteten Datums „$g(A)$ ist T" in ein gewöhnliches unscharfes Datum C als

$$g(A) \text{ ist } T \Rightarrow C \qquad \text{mit} \qquad m_C(g) = m_T(g(A)) \tag{6.106}$$

formulieren. Diese recht kompliziert aussehende Wertzuweisung wird anwendungsfreundlicher, wenn man das Universum $[0,1]^{\mathbf{F}(\mathcal{X})}$ auf eine Klasse von Bewertungsfunktionen, möglichst eine parametrisierte Familie (z. B. von Wahrscheinlichkeitsmaßen) einschränkt. Wegen einiger Beispiele s. BANDEMER/NÄTHER (1992).

Hier jedoch soll die Bewertung einem anderen Zwecke dienen: Für ein gegebenes Bewertungsprinzip und gegebene *gewöhnliche* unscharfe Daten ist eine Lösung des Datenanalyseproblems zu finden, die einen Bewertungsgrad aufweist, der so gut wie möglich ist. Dabei muß man sich auf parametrische Probleme beschränken, um die Sache numerisch beherrschbar zu halten, dies ist bei Anwendungsproblemen jedoch der Regelfall (s. die vorangehenden Abschnitte dieses Kapitels).

Für die folgenden Ausführungen nehmen wir an, daß $c \in I\!\!R^r$. Als einfaches Beispiel betrachten wir die unscharfe Gerade

$$Y = C_1 + C_2 z; \quad z \in I\!\!R^1; \tag{6.107}$$

wobei $C_i = < m_i; \delta_i, \delta_i >_{L/L} = [m_i, \delta_i]_L$ für $i = 1, 2$ symmetrische unscharfe Zahlen seien; vgl. (2.183). Dann stellt der vierdimensionale Vektor

$$c = (m_1, \delta_1, m_2, \delta_2)^T \tag{6.108}$$

den interessierenden Vektor dar.

Seien nun N unscharfe Daten $A_1, \ldots, A_N$ gegeben und das Ergebnis der Datenanalyse sei eine „Schätzung"

$$C^* = C^*(A_1, \ldots, A_N). \tag{6.109}$$

Da der Daten-Input unscharf ist, scheint es vernünftig, daß auch der Schätz-Output unscharf ist, d. h. $C^* \in I\!\!F(I\!\!R^r)$. Manchmal jedoch ist man auch mit einem scharfen Repräsentanten c^* von C^* zufrieden.

Unser Ziel ist es nun, C^* oder c^* mit *normativen Methoden zu bewerten*, die aus einer vernünftigen Modellierung des Datenumfelds erwachsen, und solche Mengen oder Werte zu wählen, die bezüglich dieser Bewertung optimal sind.

Wir betrachten hier nur einige Beispiele, wegen theoretischer Überlegungen und spezieller Ergebnisse muß aus Platzgründen auf BANDEMER/NÄTHER (1992) verwiesen werden.

Bei der *Bewertung über die Wahrheit* wird eine unscharfe Parametermenge $M(c) \in I\!F(\mathcal{X})$ als sogenannter *Ansatz* mit der entsprechenden Zugehörigkeitsfunktion gewählt, z. B. für das Beispiel (6.107),

$$m_{M(c)}(z,y) = L\Big(\frac{|y - m_1 - m_2 z|}{\delta_1 + \delta_2|z|}\Big). \tag{6.110}$$

Hier erscheint $M(c)$ als Ansatz in $I\!F(I\!R^2)$ für die verunschärfte Gerade.

Im Fall eines allgemeinen Ansatzes $M(c)$ mit $c \in \mathcal{C} \subset I\!R^r$ konzentriert sich die Bewertung eines Datums A_i bezüglich $M(c)$ auf die „Ausdehnung" von A_i längs der t-Niveaulinie von $M(c)$,

$$M^{=t}(c) \quad =_{\mathrm{def}} \quad \{x \in \mathcal{X} \mid m_{M(c)}(x) = t\}. \tag{6.111}$$

Bezeichnet man die Einschränkung von A_i auf $M^{=t}(c)$ mit $A_i \mid M^{=t}(c)$ und denkt man daran, daß die „Ausdehnung" einer unscharfen Menge durch ein Unschärfemaß F vom Energietyp (s. Abschnitt 5.5) beschrieben werden kann, dann läßt sich für eine Bewertung von A_i bezüglich $M(c)$ eine unscharfe Menge $T_i(c)$ auf $[0,1]$ vorschlagen mit

$$m_{T_i(c)}(t) := F(A_i \mid M^{=t}(c)), \tag{6.112}$$

mit den wohlbekannten Spezialfällen

$$m_{T_i(c)}(t) = \mathrm{hgt}\,(A_i \mid M^{=t}(c)) = \sup_{x : m_{M(c)}(x)=t} m_i(x) \tag{6.113}$$

und

$$m_{T_i(c)}(t) = \mathrm{card}\,_p(A_i \mid M^{=t}(c)) = \int_{M^{=t}(c)} m_i(x)p(x)\,\mathrm{d}x. \tag{6.114}$$

Dabei stimmt (6.113) mit der sogenannten Kompatibilität von A_i bez. $M(c)$ überein, die manchmal auch als Wahrheit von A_i bez. $M(c)$ bezeichnet wird (s. YAGER (1984a)). Dies motiviert die allgemeine Bezeichnung auch für (6.112).

Das Problem ist nun, solch einen Ansatz $M(c^*)$ zu finden, der bezüglich *aller* gegebenen Daten so wahr wie möglich ist. Dazu wäre eine Aggregation bezüglich i und die Optimierung bezüglich des

gewählten Bewertungskriteriums nötig. Wegen Einzelheiten muß
auf BANDEMER/NÄTHER (1992) verwiesen werden.

Dieser spezielle Zugang der Bewertung hinsichtlich der Wahrheit
ist eine Mischung zwischen beschreibender und normativer Auffassung. Auf der einen Seite soll der Ansatz $M(c)$ nicht nur alle aktuellen sondern auch alle potentiellen Daten beschreiben, das ist die
normative Komponente. Auf der anderen Seite wird nichts über den
konkreten Mechanismus der Datenerzeugnung angenommen. Die
Bewertung von c erfolgt nur bezüglich des gegebenen Ansatzes $M(c)$
und nicht bezüglich eines Risikos, etwa einer „erwarteten Wahrheit".

Bei einer *Bewertung bezüglich Possibilität* wird, anders als im
vorangehenden Fall, die Zugehörigkeitsfunktion von $M(c)$ als parametrische Possibilitätsverteilungsfunktion gedeutet:

$$m_{M(c)}(x) =: \pi(x, c). \qquad (6.115)$$

Nun wird als Mechanismus der Datenerzeugung angenommen, daß
die scharfen Kerne $x_1, x_2, \ldots, x_N$ der unscharfen Daten Realisierungen einer possibilistischen Variablen X sind.

Die Definition einer possibilistischen Variablen kann dabei wie folgt
gegeben werden. Seien $(\Omega, I\!\!B_\Omega), (U, I\!\!B_U)$ zwei meßbare Räume und Poss
ein Possibilitätsmaß auf Ω, (s. Abschnitt 5.1), das σ-endlich ist, d. h., für
das für jede Folge $\{B_i\}$ mit stets $B_i \in I\!\!B_\Omega$ gilt

$$\text{Poss}\left(\bigcup_i B_i\right) = \sup_i \text{Poss}(B_i).$$

Dann heißt eine $(I\!\!B_\Omega, I\!\!B_U)$-meßbare Abbildung $X : \Omega \to U$ eine possibilistische Variable auf Ω.

Damit verlieren die unscharfen Daten A_i in gewissem Sinne ihre
Individualität: Wir verwenden nur die scharfen Kerne und modellieren eine gewöhnliche Possibilität als ihren Hintergrund. Die Motivierung dazu resultiert aus einer Zusammenschau der Daten, die
zu $M(c)$ führt. Die scharfen Kerne liefern einen scharfen Schätzwert
c^*. Dieser Zugang hat den Vorteil, eine Bewertung des Schätzers c^*
bezüglich aller möglichen Versuchsergebnisse zu ermöglichen: Vom
Possibilitätsmaß Poss_c aus (6.115) wird ein Possibilitätsmaß $\text{Poss}_{c^*|c}$
von c^* für festes c abgeleitet. Die Bewertung von c^* besteht in der

Berechnung der Possibilität, daß c^* zu einem Parametergebiet J gehört, das in gewisser Weise interessant ist, z. B.

$$\text{Poss}_{c^*|c}(J) = \sup_{t \in R^r} \min\{\pi_{c^*|c}(t), M_J(t)\}. \tag{6.116}$$

Weiterhin läßt sich auch ein possibilistisches Risiko einführen, eine possibilistisch bewertete unscharfe Verlustfunktion, die den Verlust graduell bewertet, s. Abschnitt 5.4.

Schließlich läßt sich auch eine *Wahrscheinlichkeitsbewertung* betrachten, in der die unscharfen Daten A_i als Realisierungen einer Zufallsvariablen $\mathbf{X} : \Omega \to I\!\!F(\mathcal{X})$ aufgefaßt werden, die auf einem Wahrscheinlichkeitsraum $(\Omega, I\!\!B_\Omega, P)$ erklärt ist. Da die Bilder von $\mathbf{X}$ unscharfe Mengen über $\mathcal{X}$ sind, bezeichnet man gewöhnlich $\mathbf{X}$ als *unscharfe Zufallsgröße* (s. Abschnitt 5.3).

Nehmen wir an, daß die unscharfe Zufallsvariable von einem unbekannten interessierenden Parameter abhängt, d. h.

$$\mathbf{X} = \mathbf{X}(c). \tag{6.117}$$

Zum Beispiel betrachten wir die zufällige unscharfe Zahl $X = [m, \delta]_L$ mit zufälligem Zentrum m und zufälliger Spreizung δ. Bezeichne $c_1 = \mathsf{E}m, c_2 = \mathsf{E}\delta$ und $c = (c_1, C_2)^T$ den interessierenden Parameter.

Dann ist die Bestimmung von c ein *statistisches Problem* und ein Schätzer $c^*(A_1, \ldots, A_N)$ wird z. B. durch die Wahrscheinlichkeit bewertet, daß c^* zu einem gewissen Gebiet J von Interesse gehört, d. h. durch $\text{Prob}_{c^*|c}(J)$, wobei $\text{Prob}_{c^*|c}$ die Wahrscheinlichkeitsverteilung für $c^*(A_1, \ldots, A_N)$ bedeutet, die durch P für ein gegebenes c erzeugt wird.

Falls J sogar ein unscharfer Bereich ist, dann ist diese Wahrscheinlichkeit bekanntlich (s. Abschnitt 5.3)

$$\text{Prob}_{c^*|c}(J) = \int_R m_J(x)\, \mathrm{d}P_{c^*|c}(x). \tag{6.118}$$

Auch hier läßt sich ein Risiko einführen.

Falls jemand an der Bewertung mit einem unscharfen (eventuell linguistischen) Grad T der Wahrscheinlichkeit für c^* für die Zugehörigkeit zu J interessiert ist, erwähnen wir hier nur den Zugang von YAGER (1984a) mit $m_T(\text{Prob}_{c^*|c}(J^{\geq\alpha})) = \alpha$ als Hauptidee:

$$m_T(t) = \sup_{\alpha\in[0,1]} \{\alpha \mid \text{Prob}_{c^*|c}(J^{\geq\alpha}) \geq t\}. \tag{6.119}$$

Mit diesen Gedanken und Ansätzen läßt sich eine Schätz- und Entscheidungstheorie aufbauen, die analoge Begriffsbildungen wie jene für die mathematische Statistik verwendet. Vieles sieht recht ähnlich zu den Ergebnissen der mathematischen Statistik und der statistischen Entscheidungstheorie aus, manches jedoch recht befremdlich, z. B. in der possibilistischen Auffassung, wo „unabhängige", aber *identische* unscharfe Beobachtungen nicht zu einer Verbesserung der Schätzungen gegenüber der Schätzung führen, die auf nur einer von ihnen basiert.

Wegen theoretischer Ergebnisse und weiterer Einzelheiten sei auf NÄTHER (1990) und auf BANDEMER/NÄTHER (1992), Kapitel 7 verwiesen.

Literaturverzeichnis

Die folgenden Literaturangaben sind nach dem Namen des Verfassers bzw. des zuerst genannten Verfassers oder Herausgebers und der (in Klammer gesetzten) Jahreszahl des Erscheinens geordnet. Abkürzungen wurden wegen häufiger auftretender Verweise benutzt für eine Reihe von Sammelbänden; dies sind:

AFSTA – Advances in Fuzzy Set Theory and Applications (M. M. GUPTA, R. K. RAGADE, R. R. YAGER, Hg.), North-Holland Publ. Comp., Amsterdam 1979.

ARDA – Approximate Reasoning in Decision Analysis (M. M. GUPTA, E. SANCHEZ, Hg.), North-Holland Publ. Comp., Amsterdam 1982.

ARES – Approximate Reasoning in Expert Systems (M. M. GUPTA et al., Hg.), North-Holland Publ. Comp., Amsterdam 1985.

FADP – Fuzzy Automata and Decision Processes (M. M. GUPTA, G. N. SARIDIS, B. N. GAINES, Hg.), North-Holland Publ. Comp., Amsterdam 1977.

FFH D170 – Problems of Evaluation of Functional Relationships from Random-Noise or Fuzzy Data (H. BANDEMER, Hg.) Heft D170 der Reihe: Freiberger Forschungshefte, Deutscher Verlag für Grundstoffindustrie, Leipzig 1985.

FFH D187 – Some Applications of Fuzzy Set Theory in Data Analysis (H. BANDEMER, Hg.) Heft D187 der Reihe: Freiberger Forschungshefte, Deutscher Verlag für Grundstoffindustrie, Leipzig 1988.

FFH D197 – Some Applications of Fuzzy Set Theory in Data Analysis II (H. BANDEMER, Hg.) Heft D197 der Reihe: Freiberger Forschungshefte, Deutscher Verlag für Grundstoffindustrie, Leipzig 1989.

FIDP – Fuzzy Information and Decision Processes (M. M. GUPTA, E. SANCHEZ, Hg.), North-Holland Publ. Comp., Amsterdam 1982.

FSAMAR – Fuzzy Sets Applications, Methodological Approaches, and Results (ST. BOCKLISCH et al., Hg.); Mathematische Forschung, Bd. 30, Akademie-Verlag, Berlin 1986.

IAFC – Industrial Applications of Fuzzy Control (M. SUGENO, Hg.), North-Holland Publ. Comp., Amsterdam 1985.

MDSS – Management Decision Support Systems Using Fuzzy Sets and Possibility Theory (J. KACPRZYK, R. R. YAGER, Hg.), Verlag TÜV Rheinland, Köln 1985.

Außerdem wurden die Namen einiger oft zitierter Zeitschriften abgekürzt; dies sind:

EIK – Elektronische Informationsverarbeitung und Kybernetik;

FSS – Fuzzy Sets and Systems;

IJMMS – International Journal of Man-Machine Studies.

ADLASSNIG, K.-P. (1982): A survey on medical diagnosis and fuzzy subsets. In: ARDA, 203-217.

– ; KOLARZ, G. (1982): CADIAG-2: Computer-assisted medical diagnosis using fuzzy subsets. In: ARDA, 219-247.

AHNERT, G. (1986): Fuzzysteuerung von verfahrenstechnischen Prozessen mittels Beratungsrechner am Beispiel der An- und Abfahrsteuerung von Pyrolyseöfen. Dissertation, TH Leipzig.

ALBRECHT, M. (1991): Explorative und statistische Auswertung unscharfer Daten. Dissertation, Bergakademie Freiberg.

ALEFELD, G.; HERZBERGER, J. (1974): Einführung in die Intervallrechnung. Bibliograph. Institut, Mannheim.

ALEXEYEV, A. V. (1985): Fuzzy algorithms execution software: the FAGOL system. In: MDSS, 289-300.

ALTROCK, C. VON; KRAUSE, P.; ZIMMERMANN, H.-J. (1992): Advanced fuzzy logic control of a model car in extreme situations. FSS **48**, 41-52.

ANDERBERG, M. R. (1973): Cluster Analysis for Applications. Academic Press, New York.

ARENDT. F.; STRAUBE, B.; HANSEL, N. (1979): Durchflußvorhersage für Flüsse mittels unscharfer Mengen. Acta Hydrophysica **24**, 221-240.

ASAI, K.; TANAKA, H.; OKUDA, T. (1975): Decision-making and its goal in a fuzzy environment. In: Fuzzy Sets and Their Applications to Cognitive and Decision Processes (L. A. ZADEH et al., Hg.), Academic Press, New York, 257-277.

BALAS, E.; PADBERG, M. W. (1976): Set partitioning: A survey. SIAM Rev. **18**, 710-760.

BALDWIN, J. F. (1985): A knowledge engineering fuzzy inference language – FRIL. In: MDSS, 253-269.

– ; BALDWIN, P.; BROWN, S. (1985): A natural language interface for FRIL. In: MDSS, 270-279.

BANDEMER, H. (1985): Evaluating explicit functional relationships from fuzzy observations. FSS **16**, 41-52.

– (1987): From fuzzy data to functional relationships. Math. Modelling **9**, 419-426.

– (1990): A special measure of uncertainty. FSS **38**, 281-287.

– (1991): Some ideas to minimize an empirically given fuzzy function. optimization **22**, 139-151.

– ; BELLMANN, A. (1991): Unscharfe Methoden der Mehrphasenregression. In: Beiträge zur Mathematischen Geologie und Geoinformatik (G. PESCHEL, Hg.), Verlag Sven von Loga, Köln, 25-27.

– ; GERLACH, W. (1985): Evaluating implicit functional relationships from fuzzy observations. FHH D170, 101-118.

– ; HULSCH, F.; LEHMANN, A. (1986): A watershed algorithm adapted to functions on grids. EIK 22, 553-564.

– ; KRAUT, A. (1988): On a fuzzy-theory-based computer-aided particle shape description, FSS 27, 105-113.

– ; – (1990a): A case study on modelling impreciseness and vagueness of observations to evaluate a functional relationship. In: Progress in Fuzzy Sets and Systems (W. JANKO, M. ROUBENS, M., H.-J. ZIMMERMANN, Hg.). Kluwer Academic Publ., Dordrecht, 7-21.

– ; – (1990b): On fuzzy shape factors for fuzzy shapes. FFH D197, 9-26.

– ; – ; VOGT, F. (1988): Evaluation of hardness curves at thin surface layers – A case study on using fuzzy observations, FFH D187, 9-26.

– ; NÄTHER, W. (1988): Fuzzy analogues for partial-least-squares techniques in multivariate data analysis, FFH D187, 62-77.

– ; – (1988a): Fuzzy projection pursuits. FSS 27, 141-147.

– ; – (1992): Fuzzy Data Analysis. Kluwer Academic Publ., Dordrecht.

– ; OTTO, M. (1988): Methods to compare functions and some applications in analytical chemistry. FFH D187, 27-38.

– ; REIMANN, F. (1988): Ein neues Verfahren zur Optimierung empirischer Funktionen mit überlagerten Zufallsfehlern. messen steuern regeln 31, 293-297.

– ; ROTH, K. (1987): A method of fuzzy-theory-based computer-aided exploratory data analysis. Biom. J. 29, 497-504.

– ; SCHMERLING, S. (1985): Evaluating explicit functional relationships by fuzzifying the statement of its satisfying. Biom. J. 27, 149-157.

BEDDOW, J. K.; VETTER, A. F.; SISSON, K. (1976): Powder metalurgy review 9, Part II, Particle shape analysis. Powder Metallurgy International 8, 107-109.

BELLMAN, R.; GIERTZ, M. (1973): On the analytic formalism of the theory of fuzzy sets. Information Sci. 5, 149-156.

– ; ZADEH, L. A. (1970): Decision-making in a fuzzy environment. Management Science 17, B141-B164 [s. auch Zadeh (1987)].

– ; – (1977): Local and fuzzy logics. In: Modern Uses of Multiple-Valued Logic (J. M. DUNN, G. EPSTEIN, Hg.), Reidel, Dordrecht, 105-165.

BESSONET, C. G. DE (1991): A Many–Valued Approach to Deduction and Reasoning for Artificial Intelligence. Kluwer Academic Publ., Dordrecht.

BEZDEK, J. C. (1973): Fuzzy Mathematics in Pattern Classification. Ph.D. Thesis, Cornell University, Ithaca.

– (1974): Numerical taxonomy with fuzzy sets. J. Math. Biol. 1, 57-71.

– (1981): Pattern Recognition with Fuzzy Objective Function Algorithms. Plenum Press, New York.

BLAFFERT, T. (1984): Computer-assisted multicomponent spectral analysis with fuzzy data sets. Anal. Chim. Acta 161, 135-148.

BOCKLISCH, S. (1987): Prozeßanalyse mit unscharfen Verfahren. Verlag Technik, Berlin.

– ; BURMEISTER, J.; PAULINUS, D. (1987/88): Anwendung eines Klassifikationskonzeptes für die Automatisierung in der Schweißtechnik. I, II. ZIS-Mitteilungen **29**, 1005-1014; **30**, 127-136.

BÖHME, B. (1983): Optimierende Steuerung komplexer verfahrenstechnischer Systeme bei unvollständiger Ausgangsinformation. Dissertation B, TH Leipzig.

BOOLE, G. (1854): An investigation of the laws of thought on which are founded the mathematical theories of logic and probabilities. McMillan, Dover reprint 1958.

BOX, G. E. P.; WILSON, K. B. (1951): On the experimental attainment of optimum conditions. J. Roy. Statist. Soc., Ser. B, **13**, 1-45.

BRETSCHNEIDER, R. (1991): Fuzzy-Beratungssystem zur Steuerung eines industriellen Graphitierungsprozesses. Dissertation, TH Leipzig.

BRETSCHNEIDER, U. (1988): Untersuchungen zur Verbesserung der operativen Steuerung der kontinuierlichen Roggenbrotherstellung. Dissertation, Humboldt-Universität, Berlin.

CARLSSON, C. (1984): Fuzzy Set Theory for Management Decisions. Verlag TÜV Rheinland, Köln.

CELMINS, A. (1987): Least squares model fitting to fuzzy vector data. FSS **22**, 245-269.

CERUTTI, S.; PIERI, C. T. (1981): A method for the quantification of the decision-making process in a computer-oriented medical record. Intern. J. Bio-Medical Computing **12**, 29-57.

CHAPIN, E. W. (1974/75): Set-valued set theory. I, II. Notre Dame J. Formal Logic **15**, 614-634; **16**, 255-267.

CHOLEWA, W. (1985): Aggregation of fuzzy opinions – an axiomatic approach. FSS **17**, 249-258.

CHOQUET, G. (1954): Theorie of capacities. Ann. Inst. Fourier, Univ. Grenoble **5**, 131-295.

CIVANLAR, M. R.; TRUSSELL, H. J. (1986): Constructive membership functions using statistical data. FSS **18**, 1-13.

COURNOT, A. A. (1843): Exposition de la théorie des chances et des probabilités. Paris.

CZOGALA, E.; GOTTWALD, S.; PEDRYCZ, W. (1982): Aspects for the evaluation of decision situations. In: FIDP, 41-49.

– ; HIROTA, K. (1986): Probabilistic Sets: Fuzzy and Stochastic Approach to Decision, Control and Recognition Processes. Verlag TÜV Rheinland, Köln.

– ; PEDRYCZ, W. (1981): On identification in fuzzy systems and its application in control problems. FSS **6**, 73-83.

D'AMBROSIO, B. (1989): Qualitative Process Theory using Linguistic Variable. Springer-Verlag, Berlin.

DECOOMAN, G.; KERRE, E. E.; VANMASSENHOVE, F. R. (1992): Possibility theory: An integral theoretic approach. FSS **46**, 287-299.

DELUCA, A.; TERMINI, S. (1979): Entropy and energy measures of a fuzzy set. In: AFSTA, 321-338.

DEMPSTER, A. P. (1967): Upper and lower probabilties induced by a multivalued mapping. Ann. Math. Stat. **38**, 325-329.

DIAMOND, PH. (1988): Fuzzy least squares. Information Sci. **46**, 141-157.

DINOLA, A. (1984): An algorithm of calculation of lower solutions of fuzzy relation equation. Stochastica **3**, 33-40.

– (1985): Relational equations in totally ordered lattices and their complete resolution. J. Math. Anal. Appl. **107**, 148-155.

– ; SESSA, S.; PEDRYCZ, W.; SANCHEZ, E. (1989): Fuzzy Relation Equations and Their Applications to Knowledge Engineering. Theory and Decision Libr., ser. D, Kluwer Academic Publ., Dordrecht.

DUBOIS, D.; PRADE, H. (1978): Operations on fuzzy numbers. Intern. J. Systems Sci. **9**, 613-626.

– ; – (1980): Fuzzy Sets and Systems. Theory and Applications. Academic Press, New York.

– ; – (1980a): Systems of linear fuzzy constraints. FSS **3**, 37-48.

– ; – (1982): On several representations of an uncertain body of evidence. In: FIDP, 167-181.

– ; – (1983a): Twofold fuzzy sets - An approach to the representation of sets with fuzzy boundaries based on possibility and necessity measures. Fuzzy Mathematics **3**, 53-76.

– ; – (1983b): Ranking of fuzzy numbers in the setting of possibility theory. Information Sci. **30**, 183-224.

– ; – (1984): A note on measures of specificity for fuzzy sets. BUSEFAL **19**, 83-89.

– ; – (1985): Théorie des Possibilités: Applications à la Représentation des Connaissances en Informatique. Masson, Paris. [Engl. Übersetzung: Possibility Theory. An Approach to Computerized Processing of Uncertainty. Plenum Press, New York, 1988.]

– ; – (1987): Properties of measures of information in evidence and possibility theories. FSS **24**, 161-182.

DUNN, J. C. (1974): A fuzzy relative of the ISODATA-process and its use in detecting compact, well separated clusters. J. Cybern. **3**, 32-57.

FISZ, M. (1962): Wahrscheinlichkeitsrechnung und mathematische Statistik. Deutscher Verlag der Wissenschaften, Berlin.

FRIEDMAN, J. H.; TUKEY, J. W. (1974): A projection pursuit algorithm for exploratory data analysis. IEEE Trans. Comput. **23**, 881-889.

GAINES, B. (1976): Foundations of fuzzy reasoning. IJMMS **8**, 623-668.

GEYER-SCHULZ, A. (1986): Unscharfe Mengen im Operations Research. Dissertation, Wirtschaftsuniversität Wien.

GILES, R. (1976): Lukasiewicz logic and fuzzy set theory. IJMMS **8**, 313-327.

– (1979): A formal system for fuzzy reasoning. FSS **2**, 233-257.

GITMAN, I.; LEVINE, M. D. (1970): An algorithm for detecting unimodal fuzzy sets and its application as a clustering technique. IEEE Trans. Comput. **19**, 583-593.

GOETSCHERIAN, V. (1980): From binary to grey-tone image processing using fuzzy logic concepts. Pattern Recognition **12**, 7-15.

GOGUEN, J. A. (1968/69): The logic of inexact concepts. Synthese **19**, 325-373.

– (1974): Concept representation in natural and artificial languages: axioms, extensions and applications for fuzzy sets. IJMMS **6**, 513-561.

GOODMAN, I. R.; NGUYEN, H. T. (1985): Uncertainty Models for Knowledge–Based Systems. North-Holland Publ. Comp., Amsterdam.

GOTTWALD, S. (1979): A note on measures of fuzziness. EIK **15**, 221-223.

– (1979a): Mengentheoretische Eigenschaften unscharfer Begriffe. Math. Nachrichten **91**, 363-374.

– (1981): Fuzzy-Mengen und ihre Anwendungen. Ein Überblick. EIK **17**, 207-235.

– (1984): On the existence of solutions of systems of fuzzy equations. FSS **12**, 301-302.

– (1984a): Criteria for non-interactivity of fuzzy logic controller rules. In: Large Scale Systems: Theory and Applications 1983 (A. STRACZAK, Hg.) Pergamon Press, Oxford, 229-233.

– (1984b): Fuzzy set theory: some aspects of the early development. In: Aspects of Vagueness (H. J. SKALA, S. TERMINI, E. TRILLAS, Hg.), Reidel, Dordrecht, 13-29.

– (1986): Fuzzy set theory with t-norms and phi-operators. In: The Mathematics of Fuzzy Systems (A. DINOLA, A. G. S. VENTRE, Hg.), Interdisciplinary Systems Res., Bd. 88, Verlag TÜV Rheinland, Köln, 143-195.

– (1986a): Characterizations of the solvability of fuzzy equations. EIK **22**, 67-91.

– (1989): Mehrwertige Logik. Eine Einführung in Theorie und Anwendungen. Akademie-Verlag, Berlin.

– (1991): Fuzzified fuzzy relations. In: Proc. IFSA '91 Brussels (R. LOWEN, M. ROUBENS, Hg.), Bd.: Mathematics, Vrije Universiteit Brussels, Brüssel, 82-86.

– ; CZOGALA, E.; PEDRYCZ, W. (1982): Measures of fuzziness and operations with fuzzy numbers. Stochastica **6**, 187-205.

– ; PEDRYCZ, W. (1985): Analysis and synthesis of fuzzy controller. Problems Control Inform. Theory **14**, 33-45.

– ; – (1986): On the suitability of fuzzy models: an evaluation through fuzzy integrals. IJMMS **24**, 141-151.

– ; – (1986a): Solvability of fuzzy relational equations and manipulation of fuzzy data. FSS **18**, 1-21.

– ; – (1988): On the methodology of solving fuzzy relational equations and its impact on fuzzy modelling. In: Fuzzy Logic in Knowledge-Based Systems, Decision and Control (M. M. GUPTA, T. YAMAKAWA, Hg.), North-Holland Publ. Comp., Amsterdam, 197-210.

GOWER, J.; ROSS, G. (1969): Minimum spanning trees and single linkage cluster analysis. Appl. Statist. **18**, 54-64.

HARTIGAN, J. (1975): Clustering Algorithms. Wiley, New York.

HAMACHER, H. (1978): Über logische Aggregationen nicht-binär explizierter Entscheidungskriterien. Rita G. Fischer Verlag, Frankfurt/Main.

HIGASHI, M.; KLIR, G. J. (1983): Measures of uncertainty and information based on possibility distributions. Int. J. General Systems **9**, 43-58.

HIROTA, K. (1981): Concepts of probabilistic sets. FSS **5**, 31-46.

- ; ARAI, Y.; HACHISU, S. (1986): Moving mark recognition and moving object manipulation in fuzzy controlled robot. Control Theory and Advanced Technol. **2**, 399-418.

- ; YOSHINORI, A.; PEDRYCZ, W. (1985): Robot control based on membership and vagueness. In: ARES, 621-635.

HOLMBLAD, L. P.; ØSTERGAARD, J. J. (1982): Control of a cement kiln by fuzzy logic. In: FIDP, 389-399.

HUBER, P. (1985); Projection pursuits. Ann. of Statist. **13**, 425-525.

JAHN, K.-U. (1975): Intervall-wertige Mengen. Math. Nachrichten **68**, 115-132.

KALMYKOV, S. A.; ŠOKIN, JU. I.; JULDAŠEV, Z. CH. (1986): Metody interval'nogo analiza. Nauka, Moskva (in Russisch).

KANDEL, A. (1979): On fuzzy statistics. In: AFSTA, 181-199.

- (1982): Fuzzy Techniques in Pattern Recognition. Wiley, New York.

- (1986): Fuzzy Mathematical Techniques with Applications. Addison-Wesley, Reading (Mass.).

KAUFMANN, A. (1973): Introduction à la Théorie des Sous-Ensembles Flous; t.1: Eléments théorique de base. Masson, Paris.

- ; GUPTA, M. M. (1985): Introduction to Fuzzy Arithmetic: Theory and Applications. Van Nostrand Reinhold, New York.

KHURGIN, J. I.; POLYAKOV, V. V. (1986): Fuzzy analysis of the group concordance of expert preferences, defined by Saaty matrices. In: FSAMAR, 111-115.

KICKERT, W. J. M. (1979): An example of linguistic modelling: the case of Mulder's theory of power. In: AFSTA, 519-540.

- ; VAN NAUTA LEMKE, M. (1976): The application of fuzzy set theory to control a warm water process. Automatica **12**, 301-308.

KIEFER, J.; WOLFOWITZ, J. (1952): Stochastic estimation of the maximum of a regression function. Ann. Math. Stat. **23**, 462-466.

KISZKA, J. B.; GUPTA, M. M.; NIKIFORUK, P. N. (1985): Some properties of expert control systems. In: ARES, 283-306.

KLAUA, D. (1966): Über einen zweiten Ansatz zur mehrwertigen Mengenlehre. Monatsber. Deut. Akad. Wiss. Berlin **8**, 161-177.

- (1966a): Grundbegriffe einer mehrwertigen Mengenlehre. Monatsber. Deut. Akad. Wiss. Berlin **8**, 781-802.

KLEMENT, E. P. (1982): Some remarks on a paper of R. R. Yager. Information Sci. **27**, 211-220.

KLIR, G. J. (1987): Where do we stand on measures of uncertainty, ambiguity, fuzziness, and the like? FSS **24**, 141-160.

KNOPFMACHER, J. (1975): On measures of fuzziness. J. Math. Anal. Appl. **49**, 529-534.

KOLMOGOROV, A. N. (1933): Grundbegriffe der Wahrscheinlichkeitsrechnung. Springer-Verlag, Berlin.

KRUSE, R. (1983): Schätzfunktionen für Parameter von unscharfen Zufallsvariablen. Habilitationsschrift, TU Braunschweig.

– (1984): Statistical estimation with linguistic data. Information Sci. **33**, 197-207.

– ; MEYER, K. D. (1987): Statistics with Vague Data. Reidel, Dordrecht.

– ; SCHWECKE, E.; HEINSOHN, J. (1991): Uncertainty and Vagueness in Knowledge Based Systems. Springer-Verlag, Berlin.

KRUSINSKA, E.; LIEBHART, J. (1986): A note on the usefulness of linguistic variables for differentiating between some respiratory diseases. FSS **18**, 131-142.

KWAKERNAAK, H. (1978/79): Fuzzy random variables. I, II. Information Sci. **15**, 1-15; **17**, 253-278.

LAKOV, D. (1985): Adaptive robot under fuzzy control. FSS **17**, 1-8.

LARKIN, L. I. (1985): A fuzzy logic controller for aircraft flight control. In: IAFC, 87-104.

LARSEN, R. M. (1980): Industrial applications of fuzzy logic control. IJMMS **12**, 3-10.

LEIBNIZ, G. W. (1703): Brief an Bernoulli vom 3. 12. 1703. In: Mathematische Schriften (GERHARDT, Hg.), Band III/1, Halle 1855.

LESMO, L.; SAITTA, L.; TORASSO, P. (1982): Learning of fuzzy production rules for medical diagnosis. In: ARDA, 249-260.

LIPP, H.-P. (1980): Die Anwendung der unscharfen Mengentheorie für ein Steuerkonzept zur operativen Führung komplexer Systeme. Dissertation A, TH Karl-Marx-Stadt (Chemnitz).

– ; GUENTHER, R. (1986): An application of a fuzzy Petri net in complex industrial systems. In: FSAMAR, 188-196.

LIU, X. H.; WANG, P. Z.; CHEN, Y. P. (1985): Approximate reasoning in earthquake engineering. In: ARES, 519-528.

LOO, S. G. (1977): Measures of fuzziness. Cybernetica **20**, 201-210.

LOWEN, R. (1978): On fuzzy complements. Information Sci. **14**, 107-113.

LUKASIEWICZ, J.; TARSKI, A. (1930): Untersuchungen über den Aussagenkalkül. Comptes Rendus Soc. Sci. et Lettr. Varsovie, cl. III, **23**, 30-50.

MAMDANI, E. H. (1976): Advances in the linguistic synthesis of fuzzy controllers. IJMMS **8**, 669-678.

– ; ASSILIAN, S. (1975): An experiment in linguistic synthesis with a fuzzy logic controller. IJMMS **7**, 1-13.

– ; GAINES, B. R. (Hg.) (1981): Fuzzy Reasoning and Its Applications. Academic Press, New York.

MATHERON, G. (1975): Random Sets and Integral Geometry. Wiley, New York.

MEYER, K.-D. (1987): Grenzwertsätze zum Schätzen von Parametern unscharfer Zufallsvariablen. Dissertation, TU Braunschweig.

MIRKIN, B. G. (1979): Group Choice. Wiley, New York.

MISES, R. v. (1919): Grundlagen der Wahrscheinlichkeitsrechnung. Math. Zeitschr. **5**, 52-99.

MIYAKOSHI, M; SHIMBO, M. (1984): A strong law of large numbers for fuzzy random variables. FSS **12**, 133-142.

MIYAMOTO, S. (1990): Fuzzy Sets in Information Retrieval and Cluster Analysis. Kluwer Academic Publ., Dordrecht.

MIZUMOTO, M. (1982): Fuzzy inference using max-∧ composition in the compositional rule of inference. In: ARDA, 67-76.

– ; TANANKA, K. (1981): Fuzzy sets and their operations. Information and Control **48**, 30-48.

– ; ZIMMERMANN, H.-J. (1982): Comparison of fuzzy reasoning methods. FSS **8**, 253-283.

MOON, R. E.; JORDANOV, S.; PEREZ, A.; TURKSEN, I. B. (1977): Medical diagnostic system with human-like reasoning capability. In: MEDINFO 77 (D. B. SHIRES, H. WOLF, Hg.), North-Holland Publ. Comp., Amsterdam, 115-119.

MOORE, R. E. (1966): Interval Analysis. Prentice-Hall, Englewood Cliffs (N. J.).

– (1979): Methods and Applications of Interval Analysis. SIAM, Philadelphia.

MURAYAMA, Y. ET AL. (1985): Optimizing control of a diesel engine. In: IAFC, 63-72.

NÄTHER, W. (1990): On possibilistic inference. FSS **36**, 327-337.

– (1991): Sugeno's λ-fuzzy measures as hit-or-miss probabilities of Poisson point processes. FSS **43**, 251-254.

– ; KRAUT, A. (1992): Grey-tone image processing with fuzzy structural elements. (Erscheint in Syst. Anal. Model. Simul.)

NAGEL, M.; FEILER, D.; BANDEMER, H. (1985): Pattern Recognition in der Umweltanalytik. In: Mathematische Statistik in der Technik (H. BANDEMER, Hg.), Tagungsvorträge, Bergakademie Freiberg, Heft 1, 61-66.

NAHMIAS, S. (1979): Fuzzy variables in a random environment. In: AFSTA, 165-180.

NEITZEL, A. L.; HOFFMAN, L. J. (1980): Fuzzy cost/benefit analysis. In: Fuzzy Sets. Theory and Applications to Policy Analysis and Information Systems (P. P. WANG, S. K. CHANG, Hg.), Plenum Press, New York, 275-290.

NGUYEN, H. (1978): On conditional possibility distributions. FSS **1**, 299-310.

– (1979): Some mathematical tools for linguistic probabilities. FSS **2**, 53-65.

NOVAK, V. (1986): The origin and claims of fuzzy logic. In: FSAMAR, 21-26.

– (1989): Fuzzy Sets and Their Applications. Hilger, Bristol.

OGAWA, H.; FU, K. S.; YAO, J. T. P. (1985): SPERIL-II: an expert system for damage assessment of existing structure. In: ARES, 731-744.

O'HIGGINS HALL, L.; KANDEL, A. (1986): Designing Fuzzy Expert Systems. Verlag TÜV Rheinland, Köln.

ORLOVSKY, S. A. (1977): On programming with fuzzy constraint sets. Kybernetes **6**, 197-201.

OTTO, M.; BANDEMER, H. (1986): Calibration with imprecise signals and concentrations based on fuzzy theory. Chemometrics and Intelligent Laboratory Systems **1**, 71-78.

– ; – (1986a): Pattern recognition based on fuzzy observations for spectroscopic quality control and chromographic fingerprinting. Anal. Chim. Acta **184**, 21-31.

– ; – (1986c): A fuzzy method for component identification and mixture analysis in the ultraviolet range. Anal. Chim. Acta **191**, 193-204.

– ; – (1988a): A fuzzy approach to predicting chemical data from incomplete, uncertain, and verbal compound features. In: Physical Property Prediction in Organic Chemistry (C. JOCHUM, M. G. HICKS, J. SUNKEL, Hg.), Springer-Verlag, Berlin, 171-189.

– ; – (1988b): Fuzzy inference structures for spectral library retrieval systems. In: Proc. Intern. Workshop on Fuzzy Systems Applications, Iizuka, Fukuoka, 28-29.

PAPPIS, C. P.; MAMDANI, E. H. (1977): Fuzzy logic controller for traffic junction. IEEE Trans. Syst., Man and Cybernet. **7**, 707-712.

PAWLAK, Z. (1984): Rough probabilities. Bull. Polish Acad. Sci. Math. **32**, 607-612.

PEDRYCZ, W. (1989): Fuzzy Control and Fuzzy Systems. Research Stud. Press, Taunton sowie Wiley, New York.

PESCHEL, M.; STRAUBE, B.; MENDE, W. (1986): Fuzzy inferences for the analysis of qualitative behaviour. In: FSAMAR, 157-164.

POSPELOV, D. A. (Hg.) (1986): Nečetkie množestva v modelach upravlenija i isskusstvennogo intellekta. Nauka, Moskva (in Russisch).

PRADE, H.; NEGOITA, C. V. (Hg.) (1986): Fuzzy Logic in Knowledge Engineering. Verlag TÜV Rheinland, Köln.

PURI, M. L.; RALESCU, D. (1982): A possibility measure is not a fuzzy measure. FSS **7**, 311-313.

– ; – (1986): Fuzzy random variables. J. Math. Anal. Appl. **114**, 409-422.

RALESCU, D. (1982): Towards a general theory of fuzzy variables. J. Math. Anal. Appl. **86**, 176-193.

RAMAN, B.; KERRE, E. E. (1985): Application of fuzzy programming to ship steering. In: ARES, 719-730.

RAMIK, J.; RIMANEK, J. (1985): Inequality relation between fuzzy numbers and its use in fuzzy optimization. FSS **16**, 123-138.

RATSCHEK, H. (1971): Die Subdistributivität der Intervallarithmetik. Z. Angew. Math. Mech. **51**, 189-192.

RAY, K. S.; DUTTA MAJUMDER, D. (1985): Structure of an intelligent fuzzy logic controller and its behaviour. In: ARES, 593-619.

REICHELT, A. (1986): Optimale Fertigungsmittelkonfiguration nach dem Ähnlichkeitsprinzip unter der Anwendung der multivariaten Datenanalyse. Dissertation, TU Dresden.

RODABAUGH, S. E.; KLEMENT, E. P.; HÖHLE, U. (Hg.) (1992): Applications of Category Theory to Fuzzy Subsets. Kluwer Academic Publ., Dordrecht.

ROMMELFANGER, H. (1988): Entscheiden bei Unschärfe. Fuzzy Decision Support Systeme. Springer-Verlag, Heidelberg.

RUSPINI, E. H. (1970): Numerical methods for fuzzy clustering. Information Sci. **2**, 319-350.

- (1973): New experimental results in fuzzy clustering. Information Sci. **6**, 273-284.

SAITTA, L.; TORASSO, P. (1981): Fuzzy characterization of coronary disease. FSS **5**, 245-258.

SAMBUC, R. (1975): Fonctions Φ-floues. Application a l'aide au diagnostic en pathologie thyroidienne. Dissertation, Universität Marseille.

SANCHEZ, E. (1977): Solutions in composite fuzzy relation equations: application to medical diagnosis in Brouwerian logic. In: FADP, 221-234.

- (1984): Solution of fuzzy equations with extended operations. FSS **12**, 237-248.

SAVAGE, L. J. (1972): The Foundations of Statistics. 2nd edition, Dover Publications, New York.

SCHARF, E. M.; MANDIC, N. J. (1985): Application of a fuzzy controller to the control of a multi-degree-of-freedom robot arm. In: IAFC, 41-62.

SCHMERLING, S.; BANDEMER, H. (1985): Methods to estimate parameters in explicit functional relationships. FFH D170, 69-90.

SCHMUCKER, K. J. (1984): Fuzzy Sets, Natural Language Computations, and Risk Analysis. Computer Science Press, Rockville.

SCHÜLER, W. (1985): Experimentelle Expertsysteme für röntgenologische Diagnostikaufgaben unter Verwendung eines unscharfen Systemkonzepts. Dissertation B, TH Karl-Marx-Stadt (Chemnitz).

SCHWEIZER, B.; SKLAR, A. (1960): Statistical metric spaces. Pacific J. Math. **10**, 313-334.

- ; - (1961): Associative functions and statistical triangle inequalities. Publ. Math. Debrecen **8**, 169-186.

- ; - (1983): Probabilistic Metric Spaces. North-Holland Publ. Comp., Amsterdam.

SERRA, J. (1988): Image Analysis and Mathematical Morphology; Vol. 2. Academic Press, New York.

SESSA, S. (1984): Some results in the setting of fuzzy relation equations theory. FSS **14**, 281-297.

SHAFER, G. (1973): Allocation of probability. Ph.D. Thesis, Princeton University.

- (1976): A Mathematical Theory of Evidence. Princeton University Press, Princeton.

SMETS, PH. (1978): Un modèle mathématico-statistique simulant le processus du diagnostic médical. Thèse d'agrégation, Université Libre de Bruxelles.

- (1981): The degree of belief in a fuzzy event. Information Sci. **25**, 1-19.

- (1981a): Medical diagnosis: fuzzy sets and degrees of belief. FSS **5**, 259-266.

- (1982): Probability of a fuzzy event: an axiomatic approach. FSS **7**, 153-164.

- (1983): Information content of an evidence. IJMMS **19**, 33-43.

- (199x): Belief functions: the disjunctive rule of combination and the generalized Bayesian theorem. Intern. J. Approximate Reasoning (im Druck).

SMITHSON, M. (1987): Fuzzy Set Analysis for Behavioral and Social Sciences. Springer, New York.

SOMBÉ, LÉA (1991): Schließen bei unsicherem Wissen in der Künstlichen Intelligenz. Vieweg, Braunschweig.

STOYAN, D.; KENDALL, W. S.; MECKE, J. (1987): Stochastic Geometry and Its Applications. Wiley, New York.

STRAUBE, B. (1983): Anwendung der Theorie unscharfer Mengen bei der Modellierung realer Systeme. Dissertation B, Akademie der Wissenschaften, Berlin.

– (1986): Model building and fuzzy systems. In: FSAMAR, 133-146.

SUGENO, M. (1974): Theory of Fuzzy Integral and Its Applications. Ph.D. Thesis, Tokyo Inst. of Technology, Tokyo.

– (1977): Fuzzy measures and fuzzy integrals: a survey. In: FADP, 89-102.

– ; NISHIDA, M. (1985): Fuzzy control of a model car. FSS 16, 103-113.

– ; TERANO, T. (1977): A model of learning on fuzzy information. Kybernetes 6, 157-166.

TANAKA, H.; UEJIMA, S.; ASAI, K. (1982): Linear regression analysis with fuzzy model. IEEE Trans. Syst., Man and Cybernet. 12, 903-907.

– ; WATADA, J. (1988): Possibilistic linear systems and their applicaton to the linear regression model. FSS 27, 275-289.

TERANO, T.; ASAI, K.; SUGENO, M. (1991): Fuzzy Systems Theory and Its Applications. Academic Press, New York.

TURKSEN, I. B.; ZHONG, Z. (1990): An approximate analogical reasoning schema based on similarity measures and interval-valued fuzzy sets. FSS 34, 323 - 346.

TUSCH, G. (1981): Ein fuzzy Algorithmus zur diagnostischen Klassifizierung in der cranialen Computertomographie. In: GI-11. Jahrestagung (W. BAUER, Hg.), Informatik-Fachberichte 50, Springer-Verlag, Berlin, 598-605.

UMANO, M. (1985): Fuzzy-set-theoretic data structure system and its application. In: MDSS, 301-313.

VIERTL, R. (1990): Statistical inference for fuzzy data in environmetrics. Environmetrics 1, 37-42.

– (1992): On statistical inference based on non-precise data. In: Modelling uncertain data (H. BANDEMER, Hg.), Akademie-Verlag, Berlin, 121 - 130.

WAGENKNECHT, M.; HARTMANN, K. (1986): On the solution of direct and inverse problems for fuzzy equation systems with tolerances. In: FSAMAR, 37-44.

– ; – (1986a): Fuzzy modelling with tolerances. FSS 20, 325-332.

WANG P.-Z.; SANCHEZ, E. (1982): Treating a fuzzy subset as a projectable random subset. In: FIDP, 213-219.

WEBER, S. (1983): A general concept of fuzzy connectives, negations, and implications based on t-norms and t-conorms. FSS 11, 115-134.

– (1984): Measures of fuzzy sets and measures of fuzziness. FSS 13, 247-271.

WEIDNER, A. J. (1981): Fuzzy sets and Boolean-valued universes. FSS 6, 61-72.

WEISS, W.; HÖRIG, H.-J.; SCHÜTTE, J. (1983): Anwendung der unscharfen Systembeschreibung für die mikrorechnergestützte Steuerung eines Hochtemperaturprozesses. messen steuern regeln 26, 213-216.

WENSTØP, F. (1975): Deductive verbal models of organizations. IJMMS **8**, 301-357.

– (1980): Quantitative analysis with linguistic values. FSS **4**, 99-115.

WOLD, H. (1982): Soft modeling: The basic designs and some extensions. In: Systems under Indirect Observations (K. G. JÖRESKOG, H. WOLD, Hg.), North-Holland Publ. Comp., Amsterdam, Bd. 2, 1-54.

– (1985): Systems analysis by partial least squares. In: Measuring the Unmeasurable (P. NIJKAMP, H. LEITNER, N. WRIGLEY, Hg.). Martinus Nijhoff Publ., Dordrecht.

YAGER, R. R. (1979/80): On the measure of fuzziness and negation. Part I: Membership in the unit interval. Intern. J. General Systems **5**, 221-229; Part II: Lattices. Information and Control **44**, 236-260.

– (1980): On a general class of fuzzy connectives. FSS **4**, 235-242.

– (1981): Measurement of properties on fuzzy sets and possibility distribution. In: Proc. 3rd Int. Seminar on Fuzzy Set Theory (E. P. KLEMENT, Hg.), Johannes-Kepler-Universität Linz, 211-222.

– (1983): An introduction to application of possibility theory. Human Systems Management **3**, 246-253.

– (1984): Fuzzy subsets with uncertain membership grades. IEEE Trans. Syst., Man and Cybernet. **14**, 271-275.

– (1984a): A representation of the probability of a fuzzy subset. FSS **13**, 273 - 283.

YAGISHITA, O.; ITOH, O.; SUGENO, M. (1985): Application of fuzzy reasoning to the water purification process. In: IAFC, 19-40.

YASUNOBU, S.; HASEGAWA, T. (1986): Evaluation of an automatic container crane operation system based on predictive fuzzy control. Control Theory and Advanced Technol. **2**, 419-432.

YASUNOBU ; MIYAMOTO, S. (1985): Automatic train operation system by predictive fuzzy control. In: IAFC, 1-18.

ZADEH, L. A. (1965): Fuzzy sets. Information and Control **8**, 338-353 [s. auch (1987)].

– (1965a): Fuzzy sets and systems. In: Systems Theory (J. FOX, Hg.), Polytechnic Press, Brooklyn, 29-37.

– (1968): Probability measures of fuzzy events. J. Math. Anal. Appl. **23**, 421-427 [s. auch (1987)].

– (1969): The concepts of system, aggregate and state in system theory. In: System Theory (L. A. ZADEH, E. POLAK, Hg.), McGraw Hill, New York, 3-42.

– (1971): Similarity relations and fuzzy orderings. Information Sci. **3**, 159-176 [s. auch (1987)].

– (1971a): Toward a theory of fuzzy systems. In: Aspects of Network and System Theory (R. E. KALMAN, N. DE CLARIS, Hg.), Holt, Rinehart and Winston, New York, 469-490.

– (1973): Outline of a new approach to the analysis of complex systems and decision processes. IEEE Trans. Systems, Man and Cybernet. **3**, 28-44 [s. auch (1987)].

- (1975): The concept of a linguistic variable and its application to approximate reasoning. I–III. Information Sci. **8**, 199-250, 301-357; **9**, 43-80 [s. auch (1987)].
- (1976): A fuzzy-algorithmic approach to the definition of complex or imprecise concepts. IJMMS **8**, 249-291 [s. auch (1987)].
- (1978): Fuzzy sets as a basis for a theory of possibility. FSS **1**, 3-28 [s. auch (1987)].
- (1978a): PRUF – a meaning representation language for natural languages. IJMMS **10**, 395-460 [s. auch (1987)].
- (1979): A theory of approximate reasoning. In: Machine Intelligence 9 (J. E. HAYES, D. MICHIE, L. I. MIKULICH, Hg.), Wiley, New York, 149-194 [s. auch (1987)].
- (1981): Test-score semantics for natural languages and meaning representation via PRUF. In: Empirical Semantics I (B. RIEGER, Hg.), Brockmeyer, Bochum, 281-349.
- (1982): Possibility theory as a basis for representation of meaning. In: Sprache und Ontologie, Akten 6. Intern. Wittgenstein Symp. 1981, Kirchberg/Wechsel, Hölder-Pichler-Tempsky, Wien, 253-262.
- (1983): The role of fuzzy logic in the management of uncertainty in expert systems. FSS **11**, 199-227 [s. auch (1987)].
- (1984): A theory of commonsense knowledge. In: Aspects of Vagueness (H. J. SKALA, S. TERMINI, E. TRILLAS, Hg.), Reidel, Dordrecht, 257-295 [s.auch (1987)].
- (1985): Syllogistic reasoning in fuzzy logic and its application to usuality and reasoning with dispositions. IEEE Trans. Syst., Man and Cybernet. **15**, 754-763 [s.auch (1987)].
- (1987): Fuzzy Sets and Applications. Selected Papers. (R. R. YAGER et al., Hg.), Wiley, New York.

ZEMANKOVA-LEECH, M.; KANDEL, A. (1984): Fuzzy Relational Data Bases – A Key to Expert Systems. Verlag TÜV Rheinland, Köln.
- ; – (1985): Uncertainty propagation to expert systems. In: ARES, 529-54.
ZHANG, J.-W. (1980): A unified treatment of fuzzy set theory and Boolean-valued set theory – fuzzy set structures and normal fuzzy set structures. J. Math. Anal. Appl. **76**, 297-301.
ZIMMERMANN, H.-J. (1976): Description and optimization of fuzzy systems. Int. J. General Systems **2**, 209-215.
- (1978): Fuzzy programming and linear programming with several objective functions. FSS **1**, 45-55.
- (1979): Theory and applications of fuzzy sets. In: Operational Research '78, Proc. 8th IFORS Intern. Conf. Toronto (K. B. HALEY, Hg.), North-Holland Publ. Comp., Amsterdam, 1017-1033.
- (1985): Fuzzy Set Theory and Its Applications. Kluwer-Nijhoff, Dordrecht. [2. Aufl. 1991]
- (1987): Fuzzy Sets, Decision Making and Expert Systems. Kluwer-Nijhoff, Dordrecht.

Index